中国科学院
战略性先导科技专项报告

大气灰霾追因与控制

贺　泓　王新明　王跃思
王自发　刘建国　陈运法　主编

Formation Mechanism and Control Strategies of Haze in China

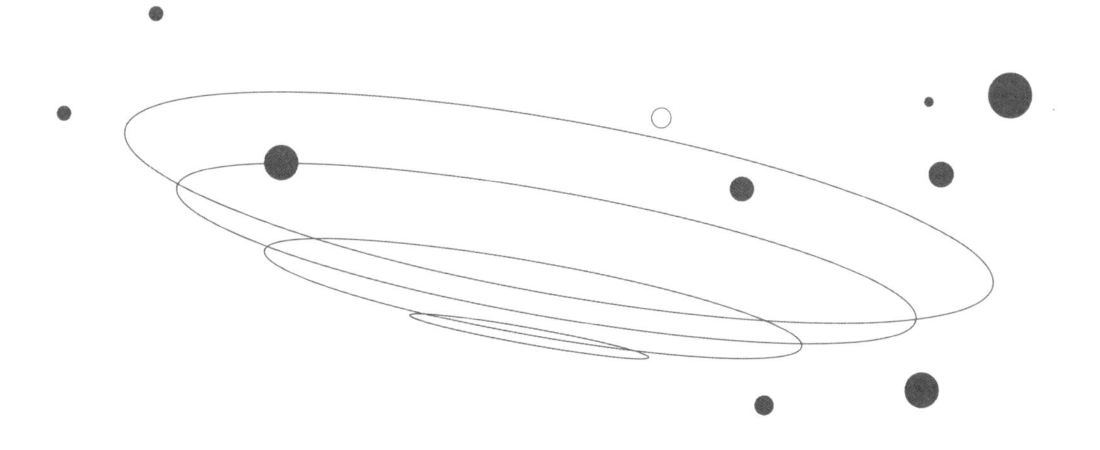

序

空气是人类赖以生存的环境条件。工业化、城市化等人类活动排放的污染物超出自然承载能力，就造成空气污浊，进而损害人体健康和社会经济良性发展。受产业结构和发展方式的影响，我国的大气污染呈现显著的阶段性特征。二十世纪七八十年代饱受燃煤导致的酸雨问题困扰，之后是以机动车尾气为主因的光化学烟雾问题。到了二十一世纪初，灰霾问题开始显现，逐渐成为“心肺之患”。

相较于之前出现的大气污染类型，灰霾的成因更为复杂。灰霾是各种源排放的污染物在特定的大气流场条件下，经过一系列物理、化学过程形成的大气消光现象。我国污染源类型众多、排放特征复杂，大气氧化性持续升高，大气复合污染特征明显。如果不能准确解析雾霾的成因和形成机制，就难以有效地加以控制。

为此，中国科学院于 2012 年启动 B 类战略性先导科技专项“大气灰霾追因与控制”，以大气细颗粒物（$PM_{2.5}$）的生成、演化与控制为核心科学问题，以京津冀、长三角和珠三角地区为重点研究区域，通过可控实验、外场观测和数值模拟，阐明区域灰霾的形成机制，识别关键污染物和污染源，发展具有自主知识产权的预测预警模式，研发致霾关键污染物的控制技术，为国家制定大气灰霾污染控制策略和实施方案提供科技支撑。

该专项的特色是从国家环境保护的迫切需求中寻找科学选题，通过多学科交叉、大团队协作的方式，推动重大成果产出。在国家推进高质量发展的进程中，面临着一些瓶颈问题的制约。广大科技工作者要善于从国家发展需求出发，通过科技创新，真正解决实际问题。

专项首席科学家贺泓院士早年负笈海外，2001 年回国后一直致力于大气环境净化研究工作，在机动车尾气控制等方面有很高的学术造诣。在专项执行的五年间，他花费了大量心血，与团队成员精诚合作、持续攻关，在灰霾成因前沿领域取得了一批重要理论成果，提出了区别于伦敦烟雾和洛杉矶光化学烟雾的第三类霾化学烟雾的概念模型和理论框架，对我国后续一系列大气污染防控研究的重大科技计划的立项和实施起到了先导作用。该专项构建了大气环境监测、源清单和预报预警技术系统，加强了我国大气科学研究的能力建设，相关成果已为 APEC 等国家重大活动空气质量保障和减排方案制定提供了重要科技支撑。

目前，大气灰霾的主要成因基本清楚。不利的气象条件是外因，过量的污染排放是内因。从根本上解决灰霾问题，不能靠“天帮忙”，更需要“人努力”，不断优化调整能源结构、产业结构，研发和应用高效、精准的污染源监管及污染控制技术体系，通过更加有力的源头减排，把超出环境容量的污染物排放降下来。希望通过本书的介绍，不仅能让广大读者领略专项取得的学术成果，更能激发其对大气灰霾问题的关注和思考。毕竟，绿水青山的美丽中国，需要大家共同的努力和奋斗。

是为序。

丁仲礼

第十三届全国人大常务委员会副委员长

中国科学院院士

2020 年 6 月于北京

前　言

随着我国社会经济飞速发展，化石燃料使用量大大增加，其产生的污染物被排放到大气中，导致空气质量恶化，人民群众身体健康受影响等问题。我国大气污染具有典型的复合污染特征，发达国家经历的不同阶段、不同类型的大气污染历程在我国当下集中爆发，造成大气氧化性升高，灰霾事件频发。这是发达国家所没有经历过的新情况，我国大气复合污染的防控和治理没有现成的经验可以借鉴。因此，开展灰霾追因与控制相关研究是我国大气污染防控的迫切需求。

中国科学院经过长达两年的酝酿，于 2012 年启动了 B 类战略性先导科技专项“大气灰霾追因与控制”。本专项由中国科学院生态环境研究中心负责牵头承担，共有 14 家院内单位和 19 家院外单位参与，集合了国内在大气物理、大气化学、环境光学、大气污染控制和环境政策等研究领域的优秀团队。本专项共设 5 个项目，分别开展灰霾追因模拟、大气灰霾溯源、大气灰霾数值模拟与协同控制方案、灰霾监测关键技术和设备研制、灰霾重点污染物控制前沿技术等研究，资助总经费达 2.5 亿元。专项的启动和实施有力地影响和推动了国家后续相关研究部署，包括国家自然科学基金委员会联合重大研究计划“中国大气复合污染的成因、健康影响与应对机制”（2015）、科技部重点研发计划重点专项“大气污染防治”（2016）和总理基金项目“大气重污染成因与治理攻关”（2017）的立项和实施。

本专项创新组织管理机制，通过凝练前瞻科技目标、动态调整研究布局、优化资源配置等一系列改革举措，聚焦国家重大战略需求，紧密结合国际科学前沿，凝聚了院内外一批优秀科研人才，显著提升了团队协同创新能力。本专项培育了学科门类齐全、结构合理的大气灰霾研究的优秀团队，培养了一批具有国际影响力的学术带头人和优秀青年科技人才。研究团队成员在后续我国大气污染防控重大项目立项和实施过程中发挥了核心骨干作用。

本专项的科研团队研发了多项自主知识产权的核心技术，取得了具有重要国际影响的原创性研究成果，提出了区别于伦敦烟雾和洛杉矶光化学烟雾的第三类霾化学烟雾的概念模型和理论框架，对我国大气环境学科发展起到了引领作用，为科学可行的灰霾控制技术和解决方案提供了关键科技支撑，整体研究水平跻身国际先进行列；构建了大气环境监测、源清单和预报预警技术系统，加强了我国大气科学研究的能力建设；研发技术的推广应用成效显著，推动了我国灰霾防控工作的开展。本专项向党中央和国务院提交的咨询报告中有 11 份被采用。

本专项在实施过程中，形成了大量论文、报告、专利、技术、软件、设备、平台、示范工程等研究成果。为了能够更好地凝练和推广这些研究成果，研究团队总结了本专项实施以来所取得的重大研究成果，包括基础理论、关键技术、平台设备和关键领域的应用实施，并编写了本书。书稿执笔人包括全部课题负责人。书中的数据和图表均来自专项结题报告。出版本书一方面是为了满足科技信息公开和共享的需要，另一方面是为了给我国从事大气污染研究和防控相关人员提供有益的参考，继续为推动我国大气污染的治理和空气质量持续好转做出应有的贡献。

最后，感谢中国科学院对“大气灰霾追因与控制”先导专项的启动和资助，感谢丁仲礼院士领衔的专项领导小组、郝吉明院士领衔的咨询专家组和专项总体组的共同努力，感谢中国科学院生态环境研究中心和其他参与单位的联合组织实施，更要感谢专项所有参与人员为本专项的圆满完成及实施做出的巨大贡献。感谢团队成员马庆鑫博士、马金珠博士、楚碧武博士、张鹏博士、陈天增博士等在本书编辑和校稿过程中的努力和付出。

贺泓

2019 年 10 月于北京

“大气灰霾追因与控制”项目及课题负责人

项目首席科学家：贺泓

项目一	灰霾追因模拟	贺泓 / 王新明
课题 1	实际大气中典型污染物对二次颗粒物生成的贡献	牟玉静
课题 2	典型污染源对颗粒物的贡献	王新明
课题 3	大气颗粒物的老化过程与理化性质及对成霾的影响	贺泓
课题 4	大气氧化过程对二次细粒子形成及成霾的影响	葛茂发
课题 5	大气自由基的形成和转化机制	张远航

项目二	大气灰霾溯源	王跃思
课题 1	区域大气灰霾的卫星遥感解析	陈良富
课题 2	区域致霾粒子及前体物和气象要素综合立体观测	王跃思
课题 3	大气污染源清单完善及校核	王书肖
课题 4	大气致霾粒子理化特性及源解析	王格慧
课题 5	区域灰霾事件生消过程追踪观测	孙业乐

项目三	大气灰霾数值模式与协同控制方案	王自发
课题 1	区域大气灰霾数值模式研制	张美根
课题 2	大气灰霾集合预报技术及预警	王自发
课题 3	大气灰霾跨界输送途径与定量评估	傅平青
课题 4	大气灰霾协同控制方案设计技术	柴发合

项目四　灰霾监测关键技术和设备研制　刘建国

课题 1　烟雾箱系统研制及应用　刘永春

课题 2　大气氧化性（HO_x、NO_3 自由基）现场测量技术　刘文清 / 谢品华

课题 3　大气细粒子、水汽和臭氧激光雷达探测技术　刘建国 / 张天舒

课题 4　大气细粒子谱和消光特性自动监测技术　马庆鑫

课题 5　光化学关键组分高灵敏在线测量技术　束继年

项目五　灰霾重点污染物控制前沿技术　陈运法

课题 1　燃煤锅炉烟气电袋复合细粒子高效捕集技术及示范　朱廷钰

课题 2　工业 VOCs 的减排控制技术与示范　郝郑平

课题 3　餐饮及生活面源污染物净化技术与示范　陈运法

课题 4　无机膜多污染物一体化控制技术　刘海弟

课题 5　活性焦多污染物协同控制技术　陈进生

课题 6　环境大气中典型致霾前体物光催化去除技术　马金珠

目　录

1 引 言

随着经济发展和城市化进程的加速，我国面临严峻的大气复合污染问题，主要表现为大气氧化性增加，灰霾（雾霾）频发。2009 年的卫星观测结果表明，我国约 30% 的国土面积、近 8 亿人口正遭受灰霾的危害。尤其是京津冀、长三角和珠三角等区域面临着严重的灰霾污染。其中，北京、上海灰霾发生频率大于 50%，广州、深圳等地灰霾发生频率也超过 30%。2010 年，环境保护部、发展改革委、科技部、工业和信息化部、财政部、住房城乡建设部、交通运输部、商务部、能源局共同发布的《关于推进大气污染联防联控工作改善区域空气质量的指导意见》中明确指出："近年来，我国一些地区酸雨、灰霾和光化学烟雾等区域性大气污染问题日益突出，严重威胁群众健康，影响环境安全。"

灰霾的危害包括：影响公众身心健康和环境安全；降低大气能见度，影响区域气候；影响国家形象和环境外交等。因此，如何保持经济快速稳定发展同时又能保障空气质量达标，是各级政府部门亟待解决的问题。解决大气灰霾问题的最佳途径，首先是对现状的认知、评估和趋势预测，第二步是确定污染源头和权重，第三步是整体规划污染物减排目标，循序渐进、分步实施，最终使空气质量全面达标。因此，为了保持经济发展、保障环境质量、提高政府公信力及稳定和谐社会，必须在科学、技术及相应的对策方面对灰霾问题进行深入的综合研究。

欧美发达国家曾出现过严重的大气污染问题，代表性事件有 1952 年伦敦烟雾事件以及 20 世纪 40—50 年代开始的美国洛杉矶光化学烟雾等。针对这些大气污染问题，以欧美为代表的发达国家逐渐形成了实验研究－外场观测－数值模拟相结合的闭合研究体系，这极大地提高了人们对大气污染的物理、化学过程的认识。对伦敦烟雾的研究表明，1952 年伦敦烟雾事件发生的直接原因是燃煤产生的二氧化硫（SO_2）和粉尘污染，间接原因是开始于 1952 年 12 月 4 日的逆温层所造成的大气污染物蓄积。大气中的 SO_2 被氧化形成硫酸盐，与燃煤产生的粉尘结合，导致表面大量吸附水，成为凝聚核，这样便形成了浓雾。针对 1952 年伦敦烟雾事件，著名的《比佛报告》（the Beaver Report）应运而生。英国政府于 1956 年颁布了《清洁空气法》（Clean Air Act，1958 年又加以补充）。该法案是一部控制大气污染的基本法，对煤烟等排放做了详细具体的规定。洛杉矶光化学烟雾现象是汽车、工厂等污染源排入大气的碳氢化合物（HC）和氮氧化物（NO_x）等一次污染物在阳光的作用下发生光化学反应，生成臭氧（O_3）、醛、酮、酸、过氧乙酰硝酸酯（PAN）等二次污染物，一次污染物和二次污染物混合，形成浅蓝色有刺激性的烟雾。1955 年，美国国会通过了第一部联邦大气污染控制法规《空气污染控制法》（Air Pollution Control Act）；1963 年美国国会再次通过更全面的空气质量管理办法《清洁空气法》（Clean Air Act），并且根据不同地区的地形和气象的特点来制定不同的空气参数指标，加利福尼亚州制定了当时世界上最严格的机动车排放法规。通过实施上述法案，伦敦彻底摆脱了雾都的称号，洛杉矶光化学烟雾也在 20 世纪 80 年代以后得到很大缓解。

我国历来十分重视大气污染问题的治理，20 世纪 70 年代就展开了对酸雨问题的研究。在“七五”和“八五”期间，国家均将酸雨列为重点课题，高度重视酸雨形成机制的研究。研究揭示，排放到大气中的 SO_2 被强氧化剂氧化形成的硫酸是导致酸雨形成的最关键因素；建立了我国酸沉降控制技术评价与筛选的原则、方法和指标体系，以及基于硫沉降临界负荷的控制规划和对策；在大气污染物输送过程方面也积累了一定的理论基础，开发了硫化物输送模式，初步计算了省区间和跨国的输送量。在此基础上，我国于1987年制定并在1995年进一步修正了《大气污染防治法》，提出了污染排放控制的相关办法，尤其是针对SO_2排放的燃煤过程，制定了总量控制的管理办法，使烟气脱硫技术和工艺得到了长足发展和广泛应用，这一系列措施极大地控制了酸雨污染的恶化。

我国城市大气污染虽受以煤炭为主的能源结构的制约，早期呈现出明显的煤烟型污染特征，但随着中国汽车拥有量的激增，大城市氮氧化物污染逐渐加重，光化学烟雾的出现不容忽视。20世纪70年代末，研究人员在兰州地区首次发现了由当地地形和特殊的产业结构形成的光化学烟雾，并开展了大气物理和大气化学的综合研究。随后，在北京、上海、广州等地都有光化学烟雾发生的报道。研究发现，光化学烟雾是典型的二次污染，O_3浓度与NO_x和挥发性有机物（volatile organic compound，VOC）呈高度非线性关系，大城市中VOC和NO_x的主要来源是汽车排放的尾气。因此，我国于2000年对《大气污染防治法》进行了修正，将机动车船排放污染的防治纳入法规管理的范围，并对机动车的排放标准多次加严调整。

然而，随着社会经济的发展，我国大气污染日益呈现出复合污染的态势，即由煤烟型污染与机动车尾气污染及其他污染相叠加构成。大气中具有多种来源的多种污染物，它们在一定的大气条件（如温度、湿度、阳光等）下发生多种界面间的相互作用、彼此耦合构成复杂的大气复合污染体系。我国大气复合污染的重要特征为大气氧化性增强和$PM_{2.5}$（细颗粒物）浓度增加，后者即是导致灰霾产生的根本原因。

1.1 我国大气灰霾污染和研究背景

大气灰霾是细颗粒物消光造成的大气能见度下降的现象。大气灰霾现象并不是我国特有的，但这一现象在我国和东南亚地区尤为严重。因此，科学家们围绕亚太地区的颗粒物先后开展了一系列大型观测实验，例如太平洋地区大气化学与输送研究计划（TRACE-P 和 INTEX-B）、印度洋试验（INDOEX）以及针对东亚和西太平洋的大型气溶胶特性观测实验（ACE-Asia）。值得一提的是，诺贝尔化学奖获得者马里奥·莫利纳（Mario J. Molina）组织欧美 30 多个国家 150 家科研机构超过 450 名专家对墨西哥城的霾问题开展了“特大城市倡议：地方和全球研究观察”（Megacity Initiative: Local and Global Research Observations，MILAGRO）研究。这些研究极大地促进了对气溶胶特征的认识。尽管如此，由于欧美发达国家大气污染问题具有明显的阶段性，而我国大气污染物问题属于混合污染类型，因此发达国家在大气污染治理过程中并未经历过我国所面临的新老问题集中爆发的状况，对于灰霾的治理，我们尚无直接的国际经验可借鉴。

2010 年以来，灰霾污染出现了发生频率增加、成霾区域面积增大的特点。据中国科学院监测数据，2013 年 1 月京津冀地区发生了 5 次强霾污染过程。其中，北京城区 $PM_{2.5}$ 超过国家二级标准（75 $\mu g \cdot m^{-3}$）22 d，超过国家一级标准（35 $\mu g \cdot m^{-3}$）27 d。若按世界卫生组织（World Health Organization，WHO）规定的安全标准（10 $\mu g \cdot m^{-3}$），几乎全月都是超标的。2013 年 1 月 29 日的灰霾发生面积达到 1.30×10^6 km^2。这次持续的、高强度的灰霾事件席卷了我国中东部、东北及西南共计 10 个省区市，受害人口高达 8 亿以上，造成了极大的健康风险。WHO 在 2005 年版《空气质量准则》（Air Quality Guidelines）中指出：当 $PM_{2.5}$ 年均浓度达到 35 $\mu g \cdot m^{-3}$ 时，人的死亡风险比 $PM_{2.5}$ 年均浓度为 10 $\mu g \cdot m^{-3}$ 时约增加 15%。

灰霾的形成受制于两个因素：①以水平静风和垂直逆温为特征的不利气象因素；②以悬浮细颗粒物浓度增加为特征的污染因素。气象是外因，具有不可控性；污染是内因，与人为活动密切相关，是可控的。因此，控制灰霾污染需要根据区域气候特征形成的环境容量和经济水平，合理削减各种导致大气细颗粒物形成的污染物排放，最终降低大气细颗粒物的浓度。然而，大气细颗粒物既有一次源，如工业粉尘、机动车尾气、道路扬尘等，也有二次源，即气态污染物在大气中经过气－粒转化（凝聚、吸附、反应等）生成的细颗粒物。研究认为，二次生成是我国大气细颗粒物的主要来源，且前体污染物和细颗粒物浓度之间并不具有简单的线性关系。因此，要科学控制灰霾，首先必须科学认识不同区域灰霾的成因。

早期学术界对我国及周边地区灰霾成因有一些初步的但尚存争议的认识。例如，瑞典学者 Gustafsson 等基于同位素研究方法，指出生物质燃烧和化石燃料燃烧一次排放的碳质气溶胶是南亚灰霾形成的主要原因。我国科学家基于多年观测研究认为，复杂的大气复合污染和二次细颗粒物才是我国灰霾形成的主要原因。当时国内对灰霾的研究还未成体系，已有的研究尚不能回答以下基本问题：典型区域灰霾形成关键前体污染物是什么？关键污染物源权重如何？如何科学有效控制？这些问题的具体表现如下。

（1）致霾颗粒物中各组分的时空分布特征不明晰。一些研究机构已在全国不同地区开展了对颗粒物的分析。但是，仍缺乏对细颗粒物的粒径、组成和浓度的时空分布特性的长期系统监测，尚未获得灰霾天气下致霾颗粒物分布的一般规律。

（2）生成致霾细颗粒物的关键前体污染物和关键化学机制不清楚。对于复合污染，究竟何种污染物是该区域灰霾形成的主控因子，尚不明确。国外在相对清洁大气条件下获得的大气化学机制，与我国高颗粒物浓度和高气态污染物浓度条件下的大气化学机制的差异，尚待研究。因我国不同区域排放模式和污染水平不同，各地灰霾形成的关键污染物和化学机制是否存在差异尚不清楚。

（3）致霾细颗粒物中各组分的物理化学性质及其耦合效应不确定。虽然已定性认识到细颗粒物的粒径、组成、混合状态等对其消光性质有显著影响，但未能建立这些参数间的定量关系。

（4）缺乏关于前体污染物传输对灰霾形成贡献的研究。虽然灰霾更容易在静风状态下形成，大多来自局域污染物的贡献，但是发生灰霾前以及灰霾发生期间污染物的传输对灰霾形成和演化的贡献尚不清楚。同时，对于灰霾发生后的扩散对其他区域空气质量的影响也缺乏评估。

（5）致霾细颗粒物的来源不明确、源权重不清楚。基于外场观测的源解析结果存在较大的不确定性，其原因主要在于我国排放源清单还存在较大的不确定性和强烈的动态变化。

（6）不同区域控制方案不明确。由于对生成致霾细颗粒物的关键前体污染物和关键化学机制不清楚，模式研究结果和观测数据差异较大，不同区域污染物的控制方案无法确定，导致灰霾的控制效果不显著。

1.2 专项研究内容

针对我国严峻而复杂的灰霾问题，中国科学院于 2012 年启动了 B 类战略性先导科技专项“大气灰霾追因与控制”（简称本专项），共设 5 个项目，分别开展灰霾追因模拟、大气灰霾溯源、大气灰霾数值模拟与协同控制方案、灰霾监测关键技术和设备研制、灰霾重点污染物控制前沿技术等研究。包括生态环境研究中心、大气物理研究所、广州地球化学研究所、安徽光学精密机械研究所、过程工程研究所等在内的 14 家中国科学院研究所参加了本专项，还有包括清华大学、北京大学、中国环境科学研究院等在内的 19 家院外单位参与，参与科研人员超过 500 人。

本专项集合了国内在大气物理、大气化学、环境光学、大气污染控制和环境政策等研究领域的优秀团队，充分发挥了各单位的研究优势，实现了我国大气科学优势科研资源的有效整合，促进了我国大气科学研究基础和研究队伍的建设，加强了与国际同领域专家的交流，提升了我国在大气科学研究领域的国际影响力。

“大气灰霾追因与控制”总体研究框架如图 1.1 所示。本专项以 $PM_{2.5}$ 为桥梁连接灰霾与不同污染物及排放源，开展追因和溯源两条研究路线的研究；通过实验室手段模拟不同污染物和污染源对成霾的贡献，同时通过外场观测对产生灰霾的气溶胶的时空分布及其来源进行追踪，相互之间进行闭合校验，并由数值模拟进行整合和反馈，以揭示致霾关键污染物和污染源及其权重；通过实验研究和外场观测推动我国灰霾研究和监测设备的自主化研发，促进我国灰霾研究和监测的全面开展；在此基础上开展有针对性的致霾关键前体物减排前沿技术的研发和示范，最终提出我国多污染物协同控制的方案。

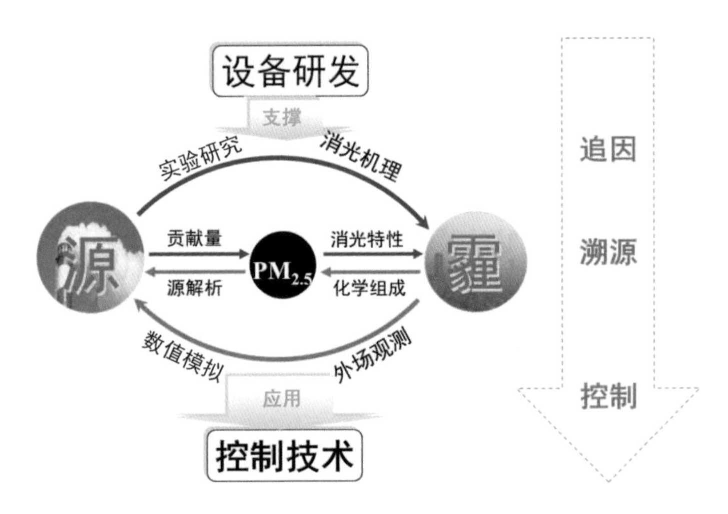

图 1.1 “大气灰霾追因与控制”总体研究框架

本专项的研究目标是结合实验研究、外场观测和数值模拟研究方法，揭示我国京津冀、长三角和珠三角区域灰霾成因。基于实验研究直接测定我国典型行业排放污染物对大气细颗粒物的源权重和源成分谱，系统研究在我国大气环境条件下，气态污染物向细颗粒物的转化、细颗粒物在大气环境中的演化过程，识别我国区域灰霾的关键污染物，实现大气化学机制和参数的本土化；利用外场观测，获得上述三个区域灰霾的主要类型、出现频次、强度和时空分布特征及其灰霾形成的临界气象条件，完善并校核污染物源排放清单，对细颗粒物及关键前体物进行源解析，与实验研究进行闭合验证，获得致霾污染物的源权重；利用观测结果和实验研究获得的本土化参数，研发适合我国国情的大气灰霾模式，耦合到区域空气质量模式，实现区域灰霾预测预报，模拟不同减排方案对区域空气质量的改善情况，进而科学地提出我国不同区域灰霾控制方案。基于追因研究，发展一批具有自主知识产权的污染物控制技术。在外场观测和实验研究过程中，针对有些观测和研究仪器设备没有商品化的问题，研制一批具有自主知识产权的国际领先的仪器设备。

本专项共设 5 个项目，下设 25 个课题。主要研究技术路线如下。

（1）灰霾追因模拟

该项目重点回答我国区域灰霾成因机制，即在我国典型区域大气环境条件下，细颗粒物如何产生、演化、致霾。具体包括如下关键问题：致霾细颗粒物以二次生成为主，大气氧化是二次气溶胶形成最重要的过程机制，但对 O_3、NO_x、HO_x 自由基等重要大气氧化剂的形成、转化和再生机制认识尚不完全；二次有机气溶胶（secondary organic aerosol，SOA）形成机制是国际大气化学前沿领域，有机碳（organic carbon，OC）或 SOA 模型预测值远低于实测值，是一直困扰大气科学工作者的一个难题，其根本原因是对气粒转化机制和大气多相界面过程缺乏深入认识。研究我国大气复合污染现状下二次气溶胶的形成机制，需要在国内外已有相对简单体系模拟的基础上，针对我国实际复杂大气污染条件开展进一步的深入研究工作。

面向我国实际需求和科学前沿，该项目利用我国已有的和即将建成的烟雾箱平台，开展区域灰霾形成机制的模拟研究。主要开展的研究包括实际大气中典型污染物对二次颗粒物生成的贡献、典型污染源对颗粒物的贡献、大气颗粒物的老化过程与理化性质对成霾的影响、大气氧化过程对二次细颗粒物形成及成霾的影响，以及大气自由基的形成和转化机制等。

该项目重点完善和升级我国灰霾、细颗粒物和二次污染物等方面研究平台，在深入认识成核、多相反应、自由基生消等过程机制的基础上，从科学层面为灰霾模式的改进提供理论基础和合理的参数化方案；识别人为源和自然源中的关键致霾污染物，明确典型地区重要污染源对细颗粒物生成和成霾的贡献，与大气灰霾溯源研究形成相互校验；科学评价大气污染控制技术对削减一次和二次致霾粒子的成效，为灰霾控制决策和相关设备技术研发提供依据。

（2）大气灰霾溯源

该项目利用多种高技术监测手段，包括地面联网、高塔梯度、系留艇、无线探空和卫星探测，重点对京津冀、长三角、珠三角严重霾污染典型区域开展三维立体观测；完善校核全国和典型区域污染源排放清单。将全国污染源排放清单升级至 0.25° × 0.25° 分辨率，京津冀、长三角和珠三角区域升级至 3 km × 3 km 分辨率；采集不同区域不同季节的致霾粒子分粒径段，分析其质量浓度谱、数浓度谱和精细化学组成，并对重点区域颗粒物的吸湿性、混合状态和单颗粒结构进行剖析，定量每个物理、化学参数对颗粒物消光系数的影响，颗粒物的源解析和化学成分重组拟合度达到 90% 以上。

通过三维立体连续观测、源清单编制升级校核、颗粒物理化特性分析与源解析三项研究任务，获得全国大尺度大气灰霾分布、颗粒物浓度及其时空演变规律。研究京津冀、长三角和珠三角三个重点区域致霾颗粒物及其前体物的高分辨率时空分布特征。建立全国和重点区域高分辨率及可动态更新的排放源清单。获得不同源头排放的污染物种对区域大气灰霾污染形成的权重及气象要素成因诊断与量化，阐释不同区域、不同季节严重霾污染的产生和消散机制，与灰霾追因模拟研究形成相互校验。为烟雾箱模拟提供真实大气参量，为数值模式提供适用的动态源排放清单和预测预警结果检验，并为研制仪器和控制技术提供示范平台。

（3）大气灰霾数值模拟与协同控制方案

该项目重点回答的核心科学问题包括：①如何用数值方法科学表征灰霾在大气边界层中的演化过程，并实现预报预警；②如何定量评估影响区域灰霾事件生消的关键因子；③如何合理估算灰霾的跨界输送量和制定多污染物协同控制方案。

如何有效地制定灰霾控制措施是我国环境管理部门面临的难题。该项目的研究旨在阐明气溶胶粒子在边界层内的演变规律，揭示影响区域灰霾事件生消的关键因子，从而实现灰霾事件的预报预警。这是解决这一问题的关键，也是制定大气灰霾协同控制方案的科学基础。三维数值模式作为核心研究手段，既可量化众多物理化学过程的综合作用，解析不同过程和来源的相对贡献及其时空分布，还可实现对大气污染的预报预警。然而目前国内外数值模式均难以模拟我国区域灰霾的生消过程。该项目通过外场观测和烟雾箱模拟获得灰霾中各气溶胶成分、光学特性、粒子谱等时空分布特征及相关反应参数，研发适合我国大气污染特征的区域大气灰霾模式，构建区域灰霾集合预报系统，发展基于同位素分析技术和数值模拟技术的跨界输送评估方法，制定基于灰霾控制目标的多污染物减排方案。

（4）灰霾监测关键技术和设备研制

该项目针对灰霾污染特征和过程监测中的关键技术问题，进行灰霾监测国际先进技术和专业设备的研发，为有效掌握我国灰霾污染特征和变化趋势、揭示灰霾形成机制和来源提供实验模拟和外场观测技术支撑平台。该项目研究任务包括：烟雾箱系统研制与应用；大气氧化性（HO_x、NO_3

自由基）在线测量技术；大气细颗粒物、水汽和臭氧激光雷达探测技术；大气细颗粒物谱和消光特性自动监测技术；大气光化学关键组分高灵敏在线测量技术。通过研制大气氧化剂的高灵敏测量技术设备，研制大气细颗粒物、水汽、臭氧时空分布高分辨探测激光雷达，建设具有国内领先水平的室内烟雾箱，完善气溶胶理化性质的综合表征与研究平台，最终创新多项国际先进水平的灰霾氧化性监测技术，研发满足业务化应用或科学研究应用需求的灰霾监测关键技术及设备。

（5）灰霾重点污染物控制前沿技术

该项目旨在针对多种关键的致霾污染物，研究和开发相应的处理与净化技术，从源头上为削减灰霾前驱体排放提供新型的技术储备和解决方案，并阐明相关的科学问题。其研究任务包括：燃煤锅炉烟气均流高效高通量电袋复合细颗粒物捕集技术与示范；工业 VOC 的减排控制技术与示范；餐饮及生活面源污染物催化净化技术与示范；无机膜多污染物一体化控制技术；活性焦多污染物协同控制技术；环境大气中典型致霾前体物光催化去除技术。该项目立足我国当前污染现状和构成，与其他灰霾追因的系列课题相互协作，为整个专项研究团队给出行之有效的灰霾污染物处理技术和解决方案。

1.3 专项研究成果

2017 年，本专项已完成预期任务目标，整体研究水平跻身国际先进行列。专项研发了多项自主知识产权的核心技术，取得了有重要国际影响的原创性研究成果，对我国大气环境学科发展起到了引领作用，为科学可行的灰霾控制技术和解决方案提供了关键科技支撑。

本专项的主要成果包括以下几个方面。

（1）前沿基础研究取得系列突破

在灰霾成因前沿领域，如大气氧化性形成机制、复合污染条件下二次颗粒物爆发增长物理化学机制、气象条件及污染物传输对灰霾形成的影响等方面，取得了一批国际瞩目的重要理论成果，提出了区别于伦敦烟雾和洛杉矶光化学烟雾的第三类霾化学烟雾的概念模型和理论框架，对我国后续一系列大气污染防控研究的重大科技计划，包括国家自然科学基金委员会联合重大研究计划“中国大气复合污染的成因、健康影响与应对机制”（2015）、科技部重点研发计划重点专项“大气污染防治”（2016）和总理基金项目“大气重污染成因与治理攻关”（2017）的立项与实施起到了先导作用。在 *Chem. Rev.*， *Nat. Geosci.*， *PNAS* 等期刊发表论文 682 篇，发表 SCI 论文 516 篇，申请专利 167 项，获得授权专利 64 项、软件著作权 22 项，获国家科学技术进步奖二等奖 3 项。

本专项结合实验研究、外场观测和数值模拟，认识到我国大气污染不同于伦敦烟雾和洛杉矶光化学烟雾，我国的灰霾是新型的霾化学烟雾，进而提出“霾化学”的概念模型（见图 1.2）。由于把发达国家经历的不同阶段、不同类型的大气复合污染历程压缩到当下这个特殊阶段，在以燃煤为主的能源结构下，我国以京津冀为代表的典型区域形成了目前燃煤－机动车－工业排放－农业排放多类型污染、高负荷共存的重度复合大气污染类型，这是发达国家所没有经历过的新情况。在京津冀的重度复合大气污染中，大气氧化性增强，促进了气态污染物 SO_2、NO_x、NH_3 和 VOC 等向颗粒态污染物（硫酸盐、硝酸盐、铵盐和二次有机颗粒物等）的快速转化，造成气态污染物的大气环境容量下降。气态污染物向颗粒态污染物的转化呈现爆发性增长，造成我国中东部灰霾污染事件频繁出现。诺贝尔化学奖得主马里奥·莫利纳认为，“这是一项关于大气化学的重要工作”。

（2）构建大气环境监测、源清单和预报预警技术系统

本专项研制了一系列具有自主知识产权的大气污染物监测设备，部分设备达到世界先进水平；构建了我国首个包含 36 个站点的地基气溶胶光学与化学同步观测站网，形成了地面观测、高塔、地基遥感和卫星遥感的立体观测网络，形成了大气灰霾综合立体观测网络（见图 1.3），为解析我

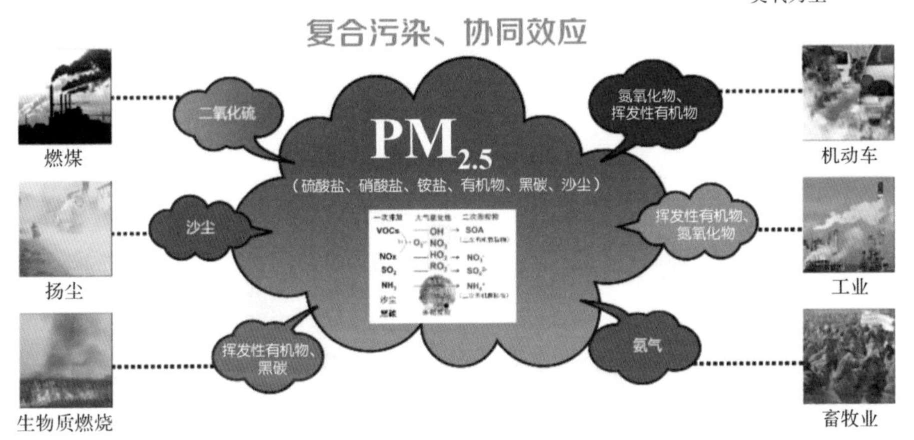

图 1.2　霾化学概念模型

国致霾污染物来源和评估相关控制效果提供了独立第三方数据；针对国际上卫星产品不能正确反演我国重污染条件下大气细颗粒物浓度的难题，通过修正大气细颗粒物光学和微物理特性改进了大气成分的探测机制模型，首次实现基于卫星遥感的我国区域灰霾的准确识别和大气细颗粒物定量反演；建立和完善了全国范围内大气污染物的多尺度嵌套高分辨率排放清单，研制了我国具有国际先进水平的区域大气灰霾集合预报预警系统，并进入了相关业务流程，为建立国家 - 区域 - 省 - 市四级业务化预报体系提供了强有力的科技支撑；获得了我国 2000—2015 年区域灰霾、气态前体物以及典型区域大气细颗粒物浓度时空分布数据集和 2012 年以来的典型区域大气细颗粒物分粒径段的成分数据集，确认了机动车、燃煤、工业排放和扬尘为我国不同区域大气颗粒物的主要来源，识别出 SO_2、NO_x、NH_3 和 VOC 是关键致霾前体物。

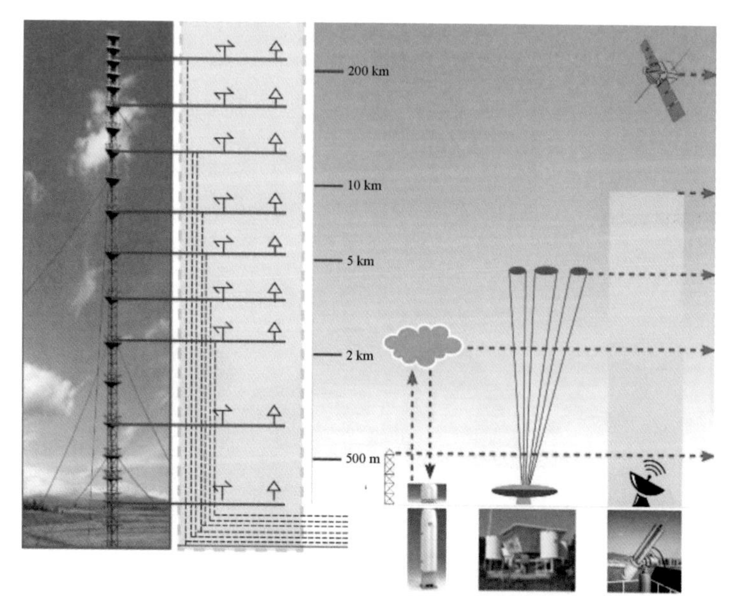

图 1.3　大气灰霾综合立体观测网络

外场综合观测平台和预报预警系统为亚太经济合作组织（APEC）会议（2014）、抗战胜利 70 周年阅兵（2015）、G20 峰会（2016）、金砖国家领导人会议（2017）、“一带一路”峰会（2017）等国家重大活动空气质量保障和减排任务提供了重要科技支撑，推动了我国大气污染协同控制方式由简单粗暴向精准调控的转变。

（3）研发技术的推广应用成效显著

本专项研制了一系列地基、车载、机载大气污染物时空分布监测设备，突破了自由基低损耗采样、极微弱信号探测等关键技术，研制了 OH、HO_2 和 NO_3 自由基高灵敏现场探测系统，实现了具有自主知识产权的大气自由基探测系统研制，其性能达到国际先进水平；大气监测仪器（如大气颗粒物激光雷达、臭氧激光雷达、气溶胶质谱仪等）实现了产业化和业务化运行；国家环境空气质量高性能集群预报系统已经实现业务化运行，自 2013 年以来长期应用于中国环境监测总站，协助建立国家大气灰霾集合预报预警系统及业务预报体系，准确预报了京津冀区域历次重污染“红色预警”过程，对京津冀重污染过程的预报准确率超过 90%，系统年运行故障率低于 1%。

本专项的污染物控制技术研究成果颇丰：研发了餐饮 VOC 控制等多项技术，建设示范工程 20 多个；钢铁行业超低排放技术在河北钢铁集团建立 5 个示范工程，实现销售金额超过 20 亿元，推进了《政府工作报告》《中共中央国务院关于全面加强生态环境保护 坚决打好污染防治攻坚战的意见》《国务院关于印发打赢蓝天保卫战三年行动计划的通知》等关于钢铁行业超低排放要求的实施，有力削减了京津冀钢铁行业污染排放；开发了柴油车选择性催化还原（selective catalytic reduction，SCR）催化剂技术，在中国重汽集团等企业建立了年产 70 万套的催化转化器生产线，产品性能满足国四和国五重型柴油车排放标准，实现超过 100 万辆规模化应用（见图 1.4），后处理系统产值达 65 亿元，获得国家科学技术进步奖二等奖，有效支撑了我国柴油车污染排放控制。

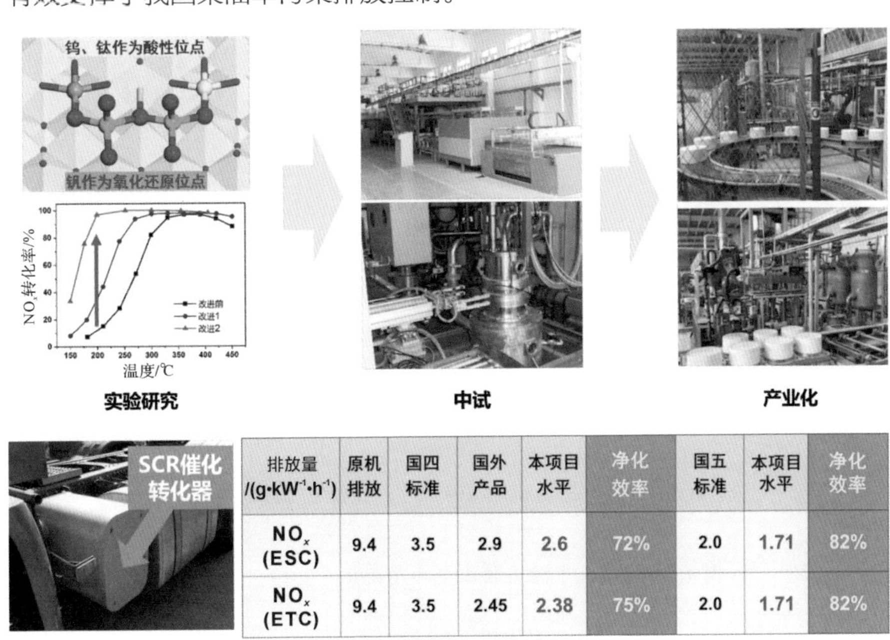

排放量/($g·kW^{-1}·h^{-1}$)	原机排放	国四标准	国外产品	本项目水平	净化效率	国五标准	本项目水平	净化效率
NO_x (ESC)	9.4	3.5	2.9	2.6	72%	2.0	1.71	82%
NO_x (ETC)	9.4	3.5	2.45	2.38	75%	2.0	1.71	82%

图 1.4 重型柴油车排气净化关键材料研发与应用

1.4 展　望

本专项的研究促进了对我国灰霾成因的深入认识，为大气复合污染的控制提供了理论支撑，有力地影响和推动了后续大气专项的部署。同时，本专项研究成果也有助于推动《大气污染防治行动计划》（“国十条”）和《打赢蓝天保卫战三年行动计划》的实施。根据《中国生态环境状况公报》统计结果，2018 年 PM_{10}（可吸入颗粒物）、$PM_{2.5}$、SO_2、CO、NO_2 和 O_3 全国平均浓度分别为 71 $\mu g \cdot m^{-3}$，39 $\mu g \cdot m^{-3}$，14 $\mu g \cdot m^{-3}$，1500 $\mu g \cdot m^{-3}$，29 $\mu g \cdot m^{-3}$ 和 151 $\mu g \cdot m^{-3}$，其中 SO_2、NO_2、CO 达到国家一级标准，$PM_{2.5}$ 和 O_3 达到国家二级标准，PM_{10} 接近国家二级标准。与 2013 年相比，PM_{10}、$PM_{2.5}$、SO_2、CO、NO_2 和 O_3 的变化比例分别为 −39.8%，−45.8%，−65%，−40%，−34.1% 和 8.6%。由此可见，随着科学治霾和精准防控措施的实施，我国大气污染防控成效显著，空气质量逐年好转（见图 1.5）。

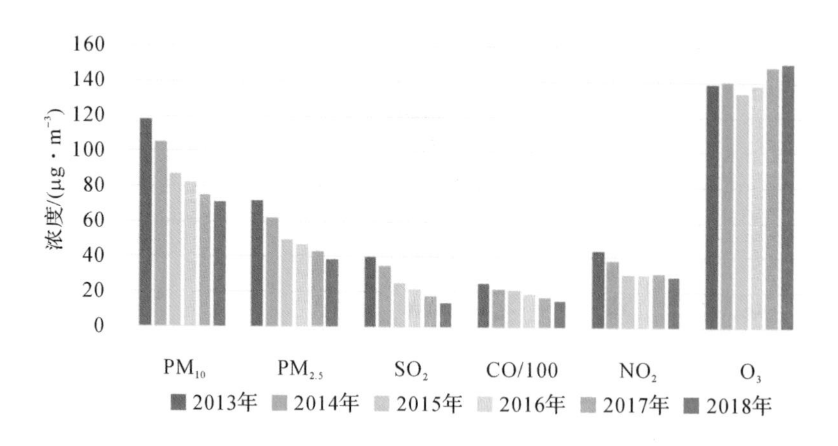

图 1.5　我国大气污染物浓度年度变化（2013—2018）

但是，目前我国大气污染仍存在一些问题：① $PM_{2.5}$ 浓度仍然较高，与 WHO 的标准存在较大差距；②中东部地区（尤其是京津冀区域）$PM_{2.5}$ 污染仍较为严重；③随着 $PM_{2.5}$ 浓度的下降，O_3 浓度逐年增长，这逐渐成为空气质量不达标的主要原因之一。这些问题说明，目前对于我国大气复合污染的形成机制仍有待深入揭示。例如，NH_3 和部分 VOC 如何影响二次污染的形成，NO_x 在二次污染形成上的关键作用，以及 $PM_{2.5}$ 和 O_3 的相互耦合机制等科学问题仍需要进一步研究。

大气环境领域研究的最终目标是降低污染物的浓度，达到国家制定的污染标准，实现人体健康风险预防。因此，需要继续推进污染防控，巩固蓝天保卫战成果。今后大气环境研究应进一步揭示我国大气复合污染条件下的二次污染形成的关键机制，在不影响经济发展的前提下实现对二次污染物的有效控制；基于污染物排放与空气质量之间的非线性关系，构建以改善空气质量和保护人群健康为目标的污染物精准减排方案；促进大气污染物减排、资源化利用及产业发展的深度融合，实现常规与新型污染物、区域污染物与全球气候变化污染物协同防控和绿色发展；在此基础上，构建完善的大气污染检测网络系统和符合我国大气条件的数值模式，深入分析和研究我国大气污染物的健康效应，结合我国经济和社会发展状况，制定新的环境标准，发展大气 $PM_{2.5}/O_3$ 协同优化控制新技术，将大气污染的健康风险降到最低，建设蓝天白云的美丽中国。

2 大气氧化性和二次粒子形成

随着经济发展和城市化进程的加速，我国大气复合污染的态势也日益严峻。2009 年的研究结果表明，我国约 30% 国土面积、近 5 亿人口正遭受灰霾的危害，尤其是泛渤海、长江三角洲和珠江三角洲等区域面临着严重的灰霾污染。从 20 世纪 70 年代开始，我国针对酸雨和光化学烟雾逐渐开展了专项研究，成功揭示了这两种污染现象的本质是大气氧化性所驱动的二次污染，并表现为区域大气复合污染。同步监测结果表明，NO_x、SO_2 和 PM_{10} 的大气浓度均呈现不同程度的下降趋势；然而，O_3 浓度和灰霾发生频率并未得到有效遏制。一次污染向二次污染转化的重要原动力是 OH 自由基。但目前缺乏对于复合型污染中 OH 自由基化学机制的研究，这限制了我们对二次污染成因的认识。

2.1 OH 自由基再生机制

在我国，快速的城市化使得城市与郊区相互嵌套，天然源和人为源并存于东部沿海城市区域。VOC 浓度高、组分复杂，NO_x 浓度的变化尺度较大（三个量级），对我国复合型大气污染条件下自由基机制研究提出了挑战。已有的大气自由基化学体系是基于发达国家的大气化学环境建立的，并不适用于我国的情形。通过已有的研究成果和经验解决我国的问题，需要在我国典型

地区开展大气 RO_x 自由基的闭合实验，检验和发展大气化学机制。

为此，2006 年夏季，北京大学研究团队联合国内外多个单位进行合作，分别在我国珠三角和北京地区开展了两次自由基综合观测实验，发现了 OH 自由基浓度为文献报道中的最高值，证实了我国复合型污染的强氧化性特征；另外，通过闭合实验，发现了 OH 自由基来源缺失问题，并提出了 OH 自由基的非传统再生机制。这随后引发了一轮对于 OH 自由基非传统再生机制的研究，其中大部分研究围绕生物源挥发性有机物（biogenic volatile organic compound，BVOC）的降解过程，发现了以异戊二烯氢转移机制（LIM）为代表的 OH 自由基非传统再生来源，但都无法完全解释我国复杂大气条件下的高浓度 OH 自由基。在我国，污染大气前体物浓度较高，其中人为源 VOC 物种占据重要的比例，其降解机制尚不清楚，如芳香烃的降解过程可能出现自由基的再生（Bloss et al.，2005；Nehr et al.，2011，Nehr et al.，2012；Nehr et al.，2014）。但是，由于技术限制，2006 年的观测实验中缺少关键物种的测量结果，如 RO_2 自由基、含氧挥发性有机物（oxygenated volatile organic compound，OVOC）等，导致无法完全定量分析自由基化学转化过程。

2006 年的研究仅对夏季的自由基化学过程进行了讨论，而对于其他季节的自由基浓度水平、关键来源和转化过程少有涉及。因此，有必要在我国开展更多的大气自由基综合观测实验，从时间和空间两个维度扩展自由基研究的代表性，填补相关研究工作的空白。

近年来，我国大气污染事件频发，大气污染防治已经成为关系国计民生的大事，受到广泛关注。在污染减排逐步加强的情况下，一次污染排放量和浓度逐年下降，但以 O_3 和二次细颗粒物为典型代表的二次污染却依然严峻，突显出大气污染防治困难重重。由于 OH 自由基是一次污染向二次污染转化的主要原动力，要开展针对复合型污染中自由基二次污染物的成因分析，关键就是要加深 OH 自由基化学研究。研究自由基化学，也就是从机制层面分析大气复合型污染的成因。最终，基于对大气化学过程的深入认识，厘清一次污染物与二次污染物之间的关系，为空气质量控制、区域联防联控策略制定提供理论基础。

2.1.1 大气 HO_x 自由基测量技术建立和综合观测实验

由于 OH 自由基浓度低（约 1×10^6 molecules·cm^{-3}）、寿命短（大气环境寿命 < 1 s）、反应活性高，其浓度检测需要满足高灵敏度、高选择性、实时在线测量等特点，国际上仅有少数研究团队发展了几种大气 OH 自由基的可靠检测技术。其中，气体扩张激光诱导荧光（fluorescence assay by gas expansion，FAGE）技术满足 OH 自由基探测需求，是目前大气 OH 自由基测量的主要技术之一；同时，相对于差分吸收光谱（differential optical absorption spectroscopy，DOAS）技术、化学电离质谱（chemical ionization mass spectrometry，CIMS）技术等探测技术而言，FAGE 技术受大气环境干扰较小，适用于我国复杂污染条件下的大气 OH 自由基监测。因此，本研究选用 FAGE 技术来对大气 OH 自由基进行探测研究。

北京大学研究团队与德国于利希研究中心（Forschungszentrum Jülich，FZJ）合作搭建了一套基于激光诱导荧光（LIF）技术的模块化大气自由基测量系统。测量系统定标准确度为 10%。在高时间分辨率（30 s）的条件下，能够实现高精度的 OH 自由基（0.01 ppt[①]）和 HO_2 自由基（0.4 ppt）的检测。该系统留有 RO_2 自由基和 OH 自由基总反应性测量模块的接口，在外场观测中，与德国于利希研究中心合作增加了 RO_2 自由基和 OH 自由基反应活性的测量模块，为自由基的闭合实验提供了完整的实验数据。

研究团队从实验室流管实验、大型烟雾箱的比对实验、外场观测中的化学滴定测量应用三个方面，探索了复杂大气条件下 OH 自由基测量干扰的可能来源机制；定量发现高 VOC、低 NO_x 条件下，OH 自由基测量干扰

① ppt（part per trillion）即万亿分之……，1 ppt = 10^{-12}。

小于 $1\times10^6\ cm^{-3}$，显著小于夏秋季外场观测期间 OH 自由基日间峰值浓度，确保系统测量结果可用于 OH 自由基非传统再生机制的深入探索。结果表明，北京大学的 LIF 技术在受测试的条件下均未发现显著的测量干扰，证明了测量的准确性，为后续的分析工作奠定了基础。

2014 年夏季（6—7 月）、秋季（10—11 月）以及 2016 年冬季（1—3 月），研究团队分别于京津冀地区的保定望都、珠江三角洲的江门鹤山以及北京怀柔进行了三次自由基综合观测实验，对自由基的浓度以及自由基化学过程的关键参数进行了测量。在自由基化学研究方面，三次观测实验的基本实验设计理念相同——不仅对自由基的浓度水平进行了描述，而且对自由基的来源及转化过程进行了表征。研究团队使用了国际广泛应用的测量技术对自由基化学中的关键物种进行测量，包括自由基浓度、OH 自由基总反应性、活性氮物种（HONO、NO、NO_2）、挥发性有机物等；还对气溶胶的物理化学参数进行了测量，包括颗粒物数浓度、质量浓度、粒径分布、气溶胶化学组分等。

基于 2006 年观测结果，为了探究 OH 自由基非传统再生机制的具体化学机制，研究团队增加了 RO_2 自由基和 OVOC 的测量手段，测得包括甲醛（HCHO）、乙醛（CH_3CHO）、甲基乙烯基酮（MVK）、甲基丙烯醛（MACR）等的浓度结果，以表征和定量分析完善自由基化学来源转化的关键过程。

2.1.2 自由基来源转化的关键过程表征

RO_x 自由基的反应可分为两类：①非自由基物种经过光解、热解等作用生成自由基，即自由基初级来源（radical primary source）过程，或者自由基之间发生碰并失活，即自由基链终止（radical termination）反应；②自由基链传递（radical propagation）反应，属于 RO_x 自由基内部的反应，自由基的数量在反应前后相等。严格意义上，NO_3 自由基化学属于自由基链传递反应。但就 RO_x 自由基体系而言，NO_3 并不属于其中，因此归并到初级来源过程中。

RO_x 自由基反应体系在望都、鹤山和怀柔实验中的收支分析如图 2.1 所示，包括自由基初级来源过程（蓝色）、链终止反应（黑色）、与储库分子的热力平衡（橙色）以及 RO_x 自由基之间发生的链传递反应。OH、HO_2 和 RO_2 自由基都有各自的初级来源过程，若将三者之和进行横向比较，可以发现，望都夏季观测结果和鹤山秋季观测结果基本相当，日间 RO_x 自由基初级来源速率均值为 3.0 $ppb \cdot h^{-1}$；怀柔冬季观测结果则显著下降，日间均值为 0.7 $ppb \cdot h^{-1}$，主要是因为光解过程受限[②]。比较 RO_x 自由基初级来

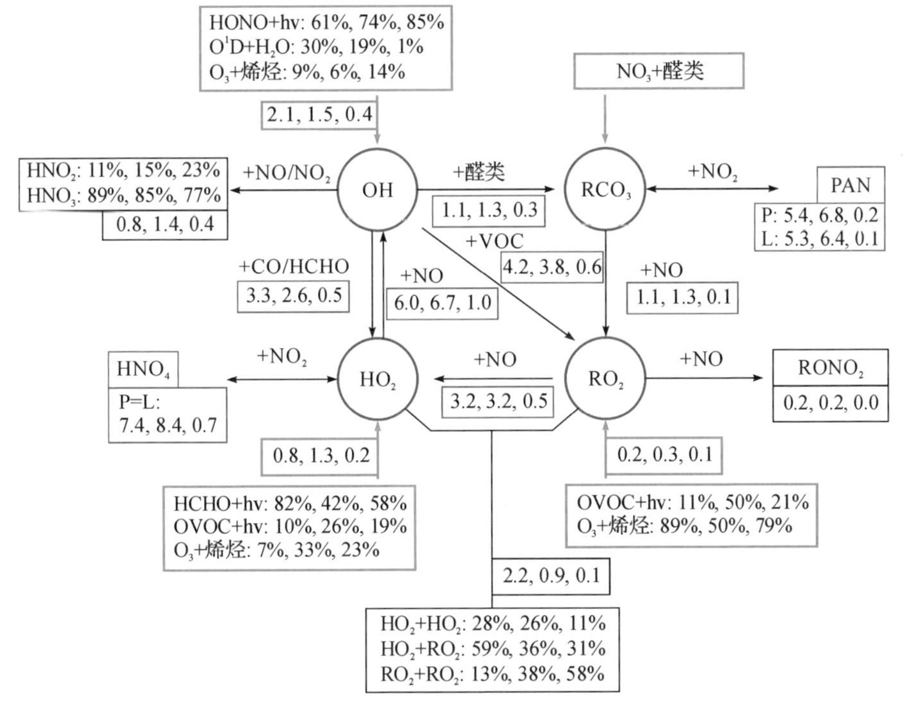

所有结果均为 06:00—18:00 平均值，每个方框内的数字从左至右分别表示望都、鹤山和怀柔的观测结果

图 2.1　望都夏季、鹤山秋季和怀柔冬季观测实验的 RO_x 自由基收支分析

② ppb（part per billion）即十亿分之……，1 ppb = 10^{-9}。

源的起始点，可以发现，OH 自由基初级来源过程在三次观测中都比 HO_2 自由基和 RO_2 自由基的初级来源过程速率快，分别占日间 RO_x 自由基总初级来源的 68%、48% 和 57%，这说明 OH 自由基的初级来源过程对 RO_x 自由基的贡献十分重要。甲醛光解是 HO_2 自由基重要的初级来源过程，其他羰基化合物的光解能够产生 HO_2 自由基和 RO_2 自由基，大致能够贡献两者来源过程的 20%。臭氧烯烃反应是 RO_x 自由基夜间重要的初级来源过程，而且属于暗反应过程，无阳光作用也可发生。在冬季观测时，臭氧烯烃反应的贡献可占整体日间 RO_x 初级来源过程的三分之一。

RO_x 自由基的链终止反应分为与 NO_x 反应的通道和过氧自由基自碰并反应的通道两类，由大气中的 NO_x 浓度决定。在三次观测中，通过 NO_x 反应通道去除的 RO_x 自由基分别占整体去除过程的 32%、64% 和 80%。

RO_x 自由基初级来源由光解过程主导，所有观测均发现了 OH 自由基浓度与光解速率常数具有极强的相关性，OH 自由基浓度和 $j(O^1D)$ 相关斜率为（4.5 ± 0.5）$\times 10^{11}$ $cm^{-3} \cdot s^{-1}$。其中，HONO 光解是最重要的 RO_x 自由基初级来源过程，占已知来源的 30%~40%。在其他城市地区的观测实验也都发现 HONO 光解是重要的初级来源过程。此外，甲醛光解、臭氧烯烃反应都是重要的来源过程，臭氧光解则变化较大。

2.1.3　自由基收支闭合实验与 OH 自由基再生机制的探索

OH 自由基由于寿命极短，理应时刻处于光稳态。因此，通过比较 OH 自由基在大气中的去除速率和已知的 OH 自由基来源之和，可以进行 OH 自由基的收支闭合实验。以望都观测实验为例，通过基于观测结果进行的收支分析可以发现，OH 自由基的来源速率和去除速率整体大致闭合，来源速率由 HO_2 自由基和 NO 反应再生 OH 所主导。早上 10 时至次日 6 时，去除速率始终高于来源速率 2~3 $ppb \cdot h^{-1}$。收支不平衡的原因可能包括两个方面：①存在未知的 OH 自由基测量干扰；②未知的 OH 自由基来源机制缺失。对于可能的 OH 自由基测量干扰，在观测实验期间进行了若干次化学滴定试验。结果表明，OH 自由基测量干扰不超过 $1\times10^{6}cm^{-3}$，而且存在较大的不确定性，与仪器测量 OH 自由基的检测限相当。而且，滴定实验表征得到的测量干扰大小在不同大气化学条件下都较为稳定，这说明其结果可能对应较为普遍的大气化学条件。另外，由于化学滴定实验（主要是滴定效率）存在较大的不确定性，因此该干扰项并未在 OH 自由基常规测量中扣除，而是被当作 OH 自由基测量的不确定性来源之一。测量结果的不确定性主要影响了夜间 OH 自由基的收支闭合实验结果的分析，绝大部分的 OH 自由基来源与去除速率差别基本可以由滴定实验所增加的测量不确定性所解释，即在目前测量精度条件下，OH 自由基的来源与去除过程基本闭合。

本研究的创新点在于增加了 RO_2 自由基的测量，可以实现 HO_2 自由基的收支闭合实验。类似于 OH 自由基的收支闭合实验，已有的测量参数可以提供 HO_2、RO_2、OH 自由基的浓度，NO、HCHO、CO 等痕量气体浓度，以及光解速率常数，从而进行基于观测结果的 HO_2 自由基收支闭合实验。但是，由于没有 HO_2 自由基反应活性的测量结果，无法准确定量 HO_2 自由基整体的去除速率。因此，只能通过列举法考虑若干个重要的 HO_2 自由基转化通道，包括与 NO 的反应和与过氧自由基的自碰并反应。列举法可能对去除速率描述不完整，导致去除速率低于来源速率，据此可以判断 HO_2 自由基去除机制缺失的情况。遗憾的是，当 HO_2 自由基的来源速率和去除速率相等时，无法得出收支的准确定论。在收支分析中，考虑的来源和去除过程并不完整，两者可能巧合地实现了收支闭合，但实际上同时缺失了重要的来源和去除途径。因此，HO_2 自由基的收支闭合实验并不能严格且确凿地推导出来源或去除途径缺失的结论，但是它可以结合 OH 自由基的收支闭合实验，作为支撑 OH 自由基收支闭合实验分析的有力证据。

继续以望都观测实验为例，基于平均日变化比较 HO_2 自由基的来源速率和去除速率，可以发现来源速率和去除速率之差仅为 ±2 $ppb \cdot h^{-1}$。若考虑测量的不确定性，则 HO_2 收支在全天都能闭合。结合 OH 自由基的收支闭合实验结果，并不能推断得到现有化学机制中缺失由 HO_2 自由基向 OH 自由基转化的通道的证据。从平均日变化的结果判断，由 HO_2 自由基向 OH 自由基转化的通道基本正确，因此 HO_2 自由基的转化速率理应正确。不过，基于目前测量技术的限制，本研究所设计的 HO_2 自由基收支闭合实验同样无法在已有的来源与去除过程基本一致的条件下得到源汇机制的完整结论，亦即无法判断是否同时出现来源和转化通道的缺失，且两者的大小恰好互相抵消的情况。

分析鹤山观测实验结果发现，HO_2 自由基的来源速率显著高于去除速率，此时导致了 HO_2 自由基的净来源。但考虑 HO_2 自由基的寿命极短，更快的来源速率必将导致 HO_2 自由基浓度迅速提升，打破光化学稳态。然而，HO_2 自由基浓度的测量结果却未出现快速增长，这说明必定存在未知的去除途径去抵消过快的来源。结合 OH 自由基的收支分析可知，缺失的 OH 自由基来源与 HO_2 自由基去除途径存在极好的一致性，合理的推论就是存在 HO_2 自由基向 OH 自由基转化的通道。

基于上述对 OH 自由基和 HO_2 自由基的收支分析，在一定条件（低 NO_x 区间）下出现了一定的 OH 自由基来源缺失和 HO_2 自由基去除途径缺失的问题。类似地，2006 年在广州后花园观测实验和北京榆垡观测实验中也发现，在高 VOC、低 NO 条件下，缺少 OH 自由基来源过程。由于缺少 RO_2 自由基的测量结果，无法判断再生机制是否存在 RO_2 自由基向 HO_2 自由基转化的通道（Lu et al.，2012）。

建立 OH 自由基和 HO_2 自由基源汇缺失坐标系（见图 2.2），发现望都的大部分观测结果位于 OH 自由基来源缺失和 HO_2 自由基去除缺失的象限之内。在鹤山观测实验中，同样发现 OH 自由基来源缺失和 HO_2 自由基去除途径缺失，而且两者的相关性更强，可能与鹤山较强的来源缺失有关。

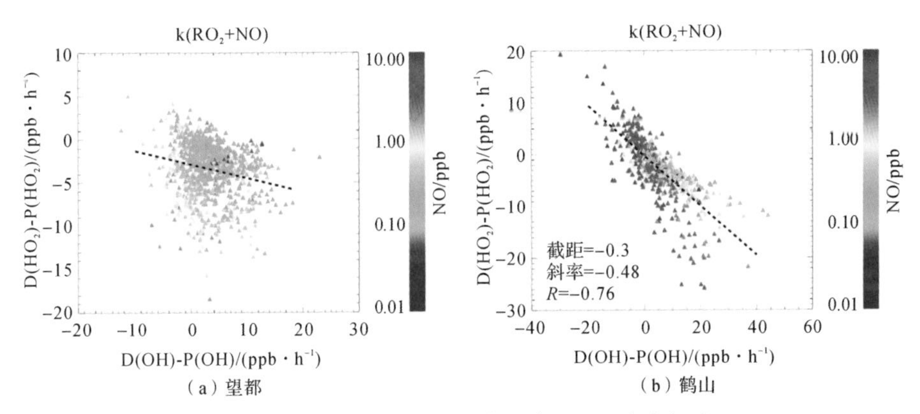

（a）望都　（b）鹤山

图 2.2　OH 自由基和 HO_2 自由基源汇缺失坐标系

两者较好的相关性说明了 HO_2 自由基向 OH 自由基转化通道的缺失。

由于 HO_2 自由基向 OH 自由基的转化是 1∶1 的关系，理论上相关斜率应为 −1。实际上，HO_2 斜率分别为 −0.16 和 −0.48，这说明目前的反应体系中还缺失了部分 HO_2 自由基来源，从而抵消了 HO_2 自由基去除程度。在 RO_x 自由基初级来源反应和链终止过程基本闭合的前提条件下，结合来源缺失的日变化规律和反应速率，最合理的机制是 RO_2 自由基再生 HO_2 自由基。所以，通过 OH 自由基和 HO_2 自由基的收支分析可以推断，非传统再生机制 X 应该包括 RO_2 自由基向 HO_2 自由基的转化和 HO_2 自由基向 OH 自由基的转化两个环节，其表观效果与 NO 相同。

基于平均日变化的结果（见图 2.3 和图 2.4），对 OH 自由基的收支闭

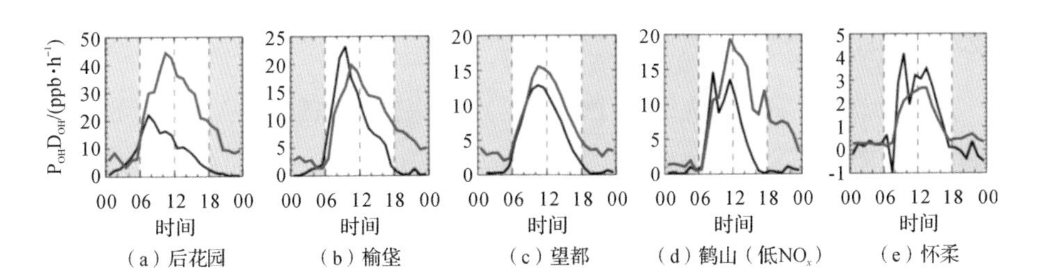

（a）后花园　（b）榆堡　（c）望都　（d）鹤山（低NO_x）　（e）怀柔

去除速率用 OH 自由基浓度与反应活性的乘积表示（红线）；OH 自由基的来源考虑 HONO 光解、O_3 光解、臭氧烯烃反应，以及通过 HO_2 自由基与 NO 或 O_3 反应再生的过程（黑线）

图 2.3　综合观测实验的 OH 自由基收支闭合实验结果

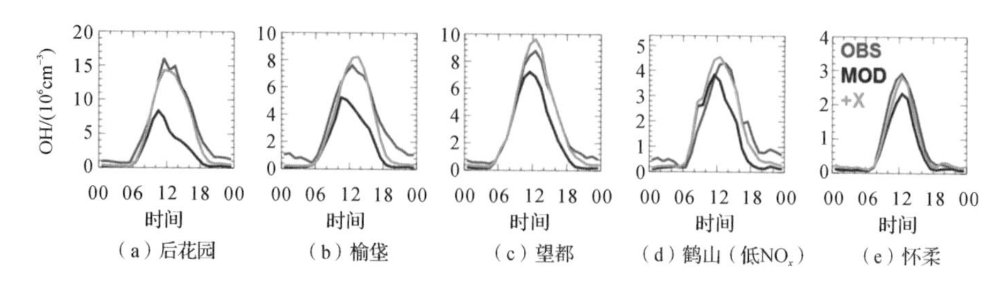

图 2.4 综合观测实验 OH 自由基测量与模拟结果比对

合分析发现，在除北京怀柔以外的四次观测实验中，在午后低 NO_x 条件下，OH 自由基均出现了收支不闭合的情况。在怀柔冬季观测实验中，自由基的转化速率偏低，难以从平均日变化的角度判断自由基收支闭合情况。

平均日变化结果显示，三个夏季观测实验（广州后花园、北京榆垡、保定望都）都在午后出现了 OH 自由基来源缺失问题，而在早上收支闭合。江门鹤山秋季观测实验则根据 NO_x 浓度分为两种情况：①低 NO_x 条件与前述三次观测类似，在午后出现了显著的来源缺失问题；②高 NO_x 条件下 OH 自由基收支基本闭合。北京怀柔冬季观测实验的 OH 自由基收支基本闭合。虽然 OH 自由基浓度出现一定的低估问题，但是由于 OH 自由基的转化速率极低，仅数 $ppb \cdot h^{-1}$，少量初级来源的缺失即可有效提升 OH 自由基浓度。同时，由于冬季观测的 VOC 活性水平很低（日间均值低于 2 s^{-1}），Rohrer 等（2014）提出非传统再生机制需要在高 VOC 活性条件下才会发生（$k_{VOC} > 10\ s^{-1}$），因此在怀柔观测实验中并未发现显著的未知来源过程这一结果是可预期的。

OH 自由基来源缺失的一个显著特点是来源缺失的相对大小与 NO 浓度呈负相关，即 NO 浓度越低，来源缺失问题越严重（Lu et al.，2013）。类似于 OH 自由基未知来源与 NO 浓度呈负相关，盒子模型低估的 OH 自由基浓度也与 NO 浓度呈负相关。一个关键的前提是在 5 次观测实验中，模型对 OH 自由基的去除速率基本描述准确，或者存在一定的 OH 自由基未知反应活性，当模型在低 NO_x 条件下低估 OH 自由基浓度时，在现有化学机制中缺少了重要的 OH 自由基来源过程。

虽然闭合实验的结果显示基本在低 NO_x 区间出现显著的来源缺失，但来源缺失的程度有所不同。结合盒子模型的模拟结果进行分析可知，OH 自由基浓度在午后低 NO 条件下被低估。在基准模型中加入非传统再生机制 X，其作用与 NO 相当，将 RO_2 自由基转化为 HO_2 自由基，将 HO_2 自由基转化为 OH 自由基。根据 OH 自由基来源缺失情况，选择一定量的 X，使 OH 自由基的测量与模拟结果相吻合。表 2.1 总结了各观测实验所需要的 X 的大小，以及缺失来源过程时的气象化学条件。

表 2.1　综合观测实验中非传统再生过程的比较（NO<1 ppb）

观测实验	X/ppb	OH/（$10^6 cm^{-3}$）	obs/mod	k_{VOC}/s^{-1}	k_{ISO}/s^{-1}	k_{NO_2}/s^{-1}	$j(O^1D)/(10^{-5} s^{-1})$
后花园	0.8	12	3.8	16	3.8	0.5	2.2
榆垡	0.4	7	2.0	14	1.8	0.7	1.7
望都	0.2	8	1.2	7	2.5	0.8	1.6
鹤山	0.4	6	1.6	15	1.7	1.9	1.1

自从 Hofzumahaus 等（2009）提出 OH 自由基的非传统再生机制以来，一系列基于量子化学的计算、烟雾箱的模拟实验均发现了一些 VOC 物种的降解过程中存在非传统 OH 自由基再生反应通道。其中，最为重要的发现是异戊二烯的氧化产物可以发生 1,5-H 转移和 1,6-H 转移反应，能够在缺少 NO 的条件下再生 OH 自由基（Peeters et al.，2009）。早期的研究提出了 LIM0 机制，该机制中的氢转移反应速率极高，对低 NO 条件下的 OH 自由基再生有重要贡献（Nguyen et al.，2010；Peeters et al.，2010）。但是，实验结果却发现上述机制的实际反应速率比理论计算慢两个量级（Crounse et al.，2011；Fuchs et al.，2013）。随后，Peeters 等（2014）也重新进行了计算，更新后的反应速率与实验结果相符合。新版本的异戊二烯氢转移机制（LIM1）与传统 NO 参与的再生过程竞争。尽管相对于旧版本，新版本

的异戊二烯氢转移作用有所降低，但是更多的实验表明氢转移化学可能普遍存在于大气化学体系中（Crounse et al.，2013；Jokinen et al.，2014），包括乙二醛（Lockhart et al.，2013）、MACR（Crounse，2012；Fuchs et al.，2014）、MVK（Praske et al.，2015）、MSP（Wu et al.，2015）等均能发生氢转移反应，实现低 NO 条件下的 OH 自由基再生。

为了验证化学机制研究的最新成果，研究团队以夏季在京津冀地区的区域性站点望都为基地，展开了新的自由基综合观测实验。同时，为了探究非传统再生机制的具体化学机制形式，增加了 OVOC 的测量手段，测得甲醛、乙醛、MVK、MACR 等的浓度结果。这次观测实验使用新一代 RACM2 机制，与 2006 年观测实验所使用的 RACM-MIM-GK 机制相比，OH 自由基的模拟结果并没有发生显著变化，都缺少约 200 ppt（NO 当量）的非传统再生机制。另外，相比于 2006 年两次观测实验，该观测实验增加了两个支链烷烃（2,2- 二甲基丁烷、2,3,4- 三甲基戊烷）和一个烯烃（1- 己烯）的测量，整体的浓度和活性贡献极低，对自由基模拟的影响基本可以忽略。低 NO 区间 OH 自由基浓度的维持机制如图 2.5 所示。若增加 LIM 机制，可以解释将近 30% 的 OH 自由基的非传统再生机制。然而，约

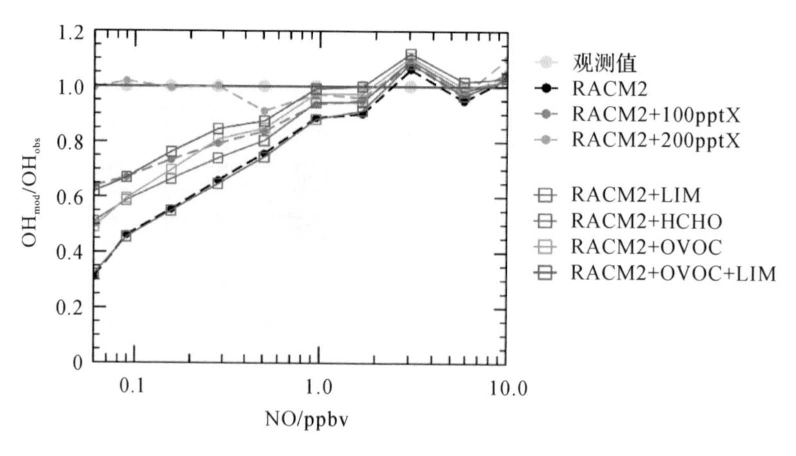

图 2.5　低 NO 区间 OH 自由基浓度的维持机制（以望都观测实验为例）

束甲醛对 OH 自由基的影响基本可以忽略。若将模型增加 OVOC 测量结果作为约束条件，则模型减少了 60 ppt 的 X 需求量。增加 OVOC 物种包括乙醛、MVK 和 MACR，OH 自由基模拟提升的效果相当于非传统再生机制的 30%。这是因为基准模型高估了 OVOC 的浓度，导致 OH 自由基去除速率被高估 15%。若使用实测的 OVOC 作为模型约束条件，则可以提升 OH 自由基的模拟效果。若同时结合 LIM 机制和 OVOC 的测量结果，就能够解释 50% 的非传统再生机制（Tan et al.，2017）。

可以看出，对 OVOC 的测量结果不仅有助于减少盒子模型的不确定性，而且可能可以解释 OH 自由基的非传统再生过程。遗憾的是，后花园、榆垡和鹤山观测实验中都缺少 OVOC 的测量结果，无法进行类似的试验。鹤山和怀柔观测实验中虽具备了 HCHO 的测量结果，但约束 HCHO 对 OH 自由基模拟结果的影响不显著。

基于午后的平均结果（各观测实验中 OH 自由基非传统再生机制比较），对 LIM 机制的效果进行比较后可以发现，除望都外，LIM 机制的作用都极为有限（后花园 5%；榆垡 5%；望都 30%；鹤山 3%）。这可能是因为 LIM 机制与传统 NO 再生过程之间是竞争关系。后花园、榆垡和鹤山观测实验的 NO 浓度都比望都高，因此异戊二烯的氢转移化学过程受到抑制。

将上述对 OH 自由基来源缺失的规律推广至其他观测实验，将 OH 自由基的收支闭合实验结果按 NO_x 的浓度水平区分。在低 NO_x 区间，除了在我国开展的综合观测实验，在森林地区开展的两个观测实验中，均发现 OH 自由基来源缺失问题。特别地，HUMPPA 观测实验是在芬兰的北方森林展开的，当地主要的 VOC 物种是萜烯，与异戊二烯等短链 VOC 物种的化学特性存在较大的差别（Hens et al.，2014）。然而，在该观测实验中也发现了显著的 OH 自由基来源缺失问题，这说明 OH 自由基的非传统再生机制普遍存在于化学结构迥异的 VOC 物种氧化过程中。

已有研究表明，大部分含 β - 羟基的过氧自由基均可发生氢转移反应，在缺少 NO 参与的情况下，完成 OH 和 HO_2 自由基的再生，这有效地解释了低 NO_x 条件下 OH 自由基来源缺失的问题（Crounse et al.，2013）。针对我国城市地区，最重要的 VOC 物种是人为源排放的污染物，如烯烃、芳烃等。烯烃可以与 OH 自由基发生加成反应，产生含 β-羟基的过氧自由基；苯环与 OH 自由基反应则发生开环反应，产生含多双键的过氧自由基，后者可以继续与 OH 反应，同样产生含有 β-羟基的过氧自由基。上述过程可能可以解释我国复合型大气污染条件下的 OH 自由基未知来源的问题。然而，在目前开展的观测实验中，无论是从 OH 自由基测量和模拟的比值还是从两者的差值来看，均未发现 OH 自由基水平与烯烃或芳烃的活性水平相关。模型低估程度与整体 AVOC 浓度不相关，可能是由于大量的数据波动掩盖了部分能够引起 OH 自由基非传统再生反应的 VOC 物种。因此，复杂 VOC 物种降解过程对于 OH 自由基再生的作用，有待进一步实验研究，具体的反应速率、产物产率等需要量子化学计算确定。

而在高 NO_x 区间（增加了数个在城市地区的观测结果，人为源影响较强），OH 自由基的来源速率与去除速率大致相同，甚至在部分观测实验中，去除速率较来源速率略低，这可能与 HO_2 自由基和 NO 反应的气团阻隔效应有关。

2.1.4 OH 自由基再生机制的归一化分析

超大城市和森林等高 VOC 大气环境是人类和动植物赖以生存的主要地理区域。研究团队在珠三角地区和北京地区观测发现，实际 OH 自由基浓度远高于现有大气化学模式模拟值，在其他多个高 VOC 区域也有类似发现。这说明现有大气化学模式在此类大气环境中存在重大缺陷。学术界对此缺陷给出了不同解释，比如过氧自由基碰并再生 OH 自由基、过氧自由基光解再生 OH 自由基、过氧自由基异构化再生 OH 自由基以及大气化学与湍流的耦合机制等。针对 OH 自由基化学的现有研究都是对某一地域的单一描述，缺乏统一的平台对观测现象进行比较研究和综合描述。针对这种情况，研究团队从环境化学的研究角度出发，跳出原有研究的时空限制，采用统一的化学坐标系统，对不同观测实验中OH自由基化学进行探讨，从而探索不同地理区域中的普适性规律。

基于 OH-j(O^1D) 和 OH-NO_x 这两个传统的化学坐标系，对 OH 自由基化学展开研究，发现北京和珠三角两个观测实验中 OH 自由基浓度虽然相去甚远，但 OH-j(O^1D) 的回归斜率非常接近。从 OH-NO_x 体系可以很清楚地看到，模型在高 NO_x 区间均可以复现 OH 自由基观测结果，而在低 NO_x 区间低估了 OH 自由基观测结果（Lu et al.，2012，2013）。研究团队进一步探讨了 OH 自由基观测值 / 模拟值（OH_{obs}/OH_{mod}）与相关光化学反应参数（如 NO_x、VOC、CO、温度、光强等）的响应关系。在此坐标系下探索发现，高 VOC 观测中 OH_{obs}/OH_{mod} 与异戊二烯浓度呈正相关（Lu et al.，2012）而与 NO_x 浓度呈反相关（Lu et al.，2013）。这说明 OH 自由基未知再生机制与异戊二烯的降解有关，而与 NO_x 化学呈显著的竞争关系。

研究团队对珠三角、北京及其他 7 个高 VOC 地区的 OH 自由基观测结果进行分析（见图 2.6），发现模拟 OH-NO_2 响应函数的基本属性在各地非常类似，由此构建了一个新的化学坐标系（Rohrer et al.，2014）。该坐标以归一化 OH 自由基为纵轴，以归一化 NO_2 为横轴，去除了 OH 初级来源过程的影响，而专注于对 OH 自由基再生机制的考查。研究表明，所有高 VOC 地区的 OH 自由基观测结果均可为同一模型所描述。

此模型与传统光化学理论存在显著不同：新构建的模型在低 NO_x 区间预测的OH自由基浓度远高于传统光化学理论预测结果。上述新模型为“OH 自由基非传统再生机制”的理论探索构建了新的约束条件，更重要的是，它揭示了对流层大气氧化能力的一种普遍属性，即处于低 NO_x 与高 VOC 地区的 OH 自由基浓度已达现有理论所能预测的峰值水平。通俗地说，自然界正以最大效能来氧化人类与自然界所排放的一次污染物。一般峰值运

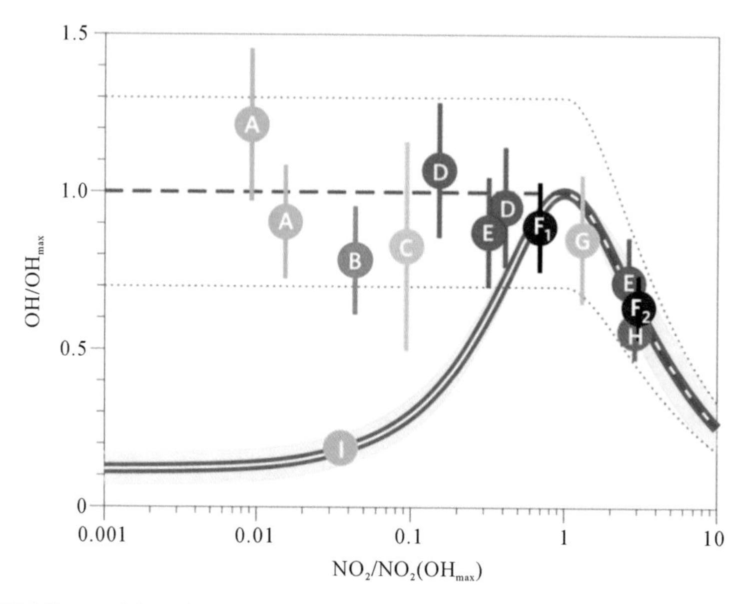

A—亚马孙森林；B—马来西亚婆罗森林；C—美国东部阔叶林；D—珠三角；E—北京；F—墨西哥城；G—东京；H—纽约；I—美国黄松林

图 2.6 全球九个不同森林与地区 OH 自由基观测结果的归一化分析结果

行状态并不是最稳定的运行状态。在发展中国家和地区的人类排放持续稳步增长的背景下，对流层大气氧化能力的未来发展变化值得关注。

2.1.5 小 结

研究团队搭建了北京大学激光诱导荧光系统，可实现 OH 和 HO_2 自由基的精准测量，其测量准确性和检测限满足复合污染大气条件下的自由基测量要求。在京津冀地区的综合观测实验研究框架下，获得了我国该区域典型季节的自由基浓度数据序列。其中，在北京怀柔获得了我国首套冬季 OH 自由基观测结果。三次观测结果显示，OH 自由基的主要初级来源分别为 HONO 光解、HCHO 光解和臭氧烯烃反应，传统来源——O_3 光解通道在冬季的贡献可以忽略。

基于 OH 和 HO_2 自由基的收支闭合实验结果，在多个观测中再次发现，

OH 自由基的非传统再生机制（RO_2+X → HO_2，HO_2+X → OH）存在。在同一个数据分析框架下对比多个地区研究成果，发现在高 VOC 环境中，OH 自由基观测结果可以为同一个经验函数解释，OH 自由基非传统再生机制显示出全球普遍性；对其机制内涵进行探讨，发现非传统再生机制的可能解释包括异戊二烯氢转移机制（LIM1）和 OVOC 对模型的约束。自由基收支闭合实验表明，现有机制显著低估了我国污染大气条件下二次污染生成速率。基于自由基实测结果，量化了机制缺失所导致的环境效应：低 NO_x 区间二次污染的产生主要受 VOC 控制。

2.2 二次颗粒物生成机制

2.2.1 大气氧化过程研究

（1）含氧挥发性有机物气相反应动力学和机制研究

采用烟雾箱系统获得了 3- 甲基 -3- 丁烯 -2- 酮（MBO332）和 3- 甲基 -3- 戊烯 -2- 酮（MPO332）与 O_3、Cl 原子的气相反应动力学数据，测定相应的反应速率常数，并用质子转移反应质谱（PTRMS）对产物组成成分进行了分析。在（293 ± 1）K 和 1.01×10^5 Pa 条件下，选择丙烯、1- 丁烯和环己烷作为参比物，采用相对速率法进行实验。计算得到不饱和酮与 Cl 原子反应的速率常数，如表 2.2 所示。Cl 原子与 MBO332 及 MPO332 的反应速率常数分别为（2.35 ± 0.24）× 10^{-10} $cm^3 \cdot molecule^{-1} \cdot s^{-1}$ 和（2.90 ± 0.25）× 10^{-10} $cm^3 \cdot molecule^{-1} \cdot s^{-1}$。产物分析表明，Cl 原子与 MBO332 反应的主要产物为甲醛和氯丙酮，Cl 原子与 MPO332 反应的主要产物为 $CH_3C(O)C(O)Cl$ 和乙醛。

表 2.2　氯原子与不饱和酮反应速率常数

待测物	Cl 原子引发剂	参比物	k_x/k_R	$k_x/10^{-10}$	平均值 /（10^{-10} $cm^3 \cdot molecule^{-1} \cdot s^{-1}$）
3- 甲基 -3- 丁烯 -2- 酮	二氯亚砜	丙烯	0.96 ± 0.005	2.21 ± 0.01	2.35 ± 0.24
		丁烯	0.75 ± 0.002	2.25 ± 0.01	
		环己烷	0.74 ± 0.004	2.59 ± 0.01	
3- 甲基 -3- 戊烯 -2- 酮	二氯亚砜	丙烯	1.20 ± 0.008	2.76 ± 0.02	2.90 ± 0.25
		丁烯	0.93 ± 0.008	2.79 ± 0.02	
		环己烷	0.90 ± 0.007	3.15 ± 0.02	

实验中不饱和酮与 O_3 反应的速率常数的测定采用绝对速率法，在不饱和酮浓度大大过量的条件下测量 O_3 浓度的衰减。O_3 在反应器内壁上的壁损失可被看作一级反应，这样以 $\ln([O_3]_0/[O_3]_t)$ 对时间作图，所得直线的斜率就是 O_3 壁损失速率，由此得到的 O_3 壁损失速率为 $k_1 = 3.23 \times 10^{-6}\ s^{-1}$。选择 3- 甲基 -3- 丁烯 -2- 酮的不同初始浓度，利用臭氧分析仪监测反应过程中 O_3 浓度随时间的衰减，可以得到不同初始有机物浓度条件下反应的准一级曲线，结果如图 2.7（a）所示。直线斜率即为反应的准一级速率 $-\mathrm{dln}[O_3]/\mathrm{d}t$。将所得 $-\mathrm{dln}[O_3]/\mathrm{d}t$ 值对 $[VOC]_0$ 作图，结果如图 2.7（b）所示。可以看出，$-\mathrm{dln}[O_3]/\mathrm{d}t$ 值与 $[VOC]_0$ 呈现出很好的线性关系。对于 O_3 与 MBO332 及

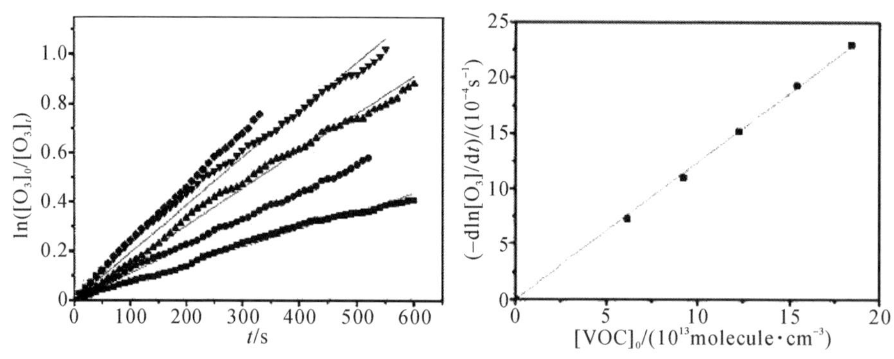

（a）不同初始浓度条件下反应的准一级曲线　（b）$-\mathrm{dln}[O_3]/\mathrm{d}t$ 随3-甲基-3-丁烯-2-酮浓度的变化

图 2.7　O_3 浓度变化

MPO332 的反应，采用绝对速率法得到反应速率常数分别为（1.18 ± 0.21）$\times 10^{-17}\ cm^3 \cdot molecule^{-1} \cdot s^{-1}$ 和（4.07 ± 0.45）$\times 10^{-17}\ cm^3 \cdot molecule^{-1} \cdot s^{-1}$。$O_3$ 与 MBO332 及 MPO332 反应的主要产物均是丁二酮。

此外，甲醛、乙醛也分别是两者的主要产物，反应机制如图 2.8 所示。根据实验结果可推测出两种不饱和酮的反应通道，在某些高浓度 Cl 原子及 O_3 的区域内，基于 Cl 反应的 MBO332 和 MPO332 大气寿命分别为 11 h 和 9 h，基于 O_3 反应的 MBO332 和 MPO332 大气寿命分别为 8 h 和 2 h，以上反应途径可能对两种酮的降解起到了重要作用。

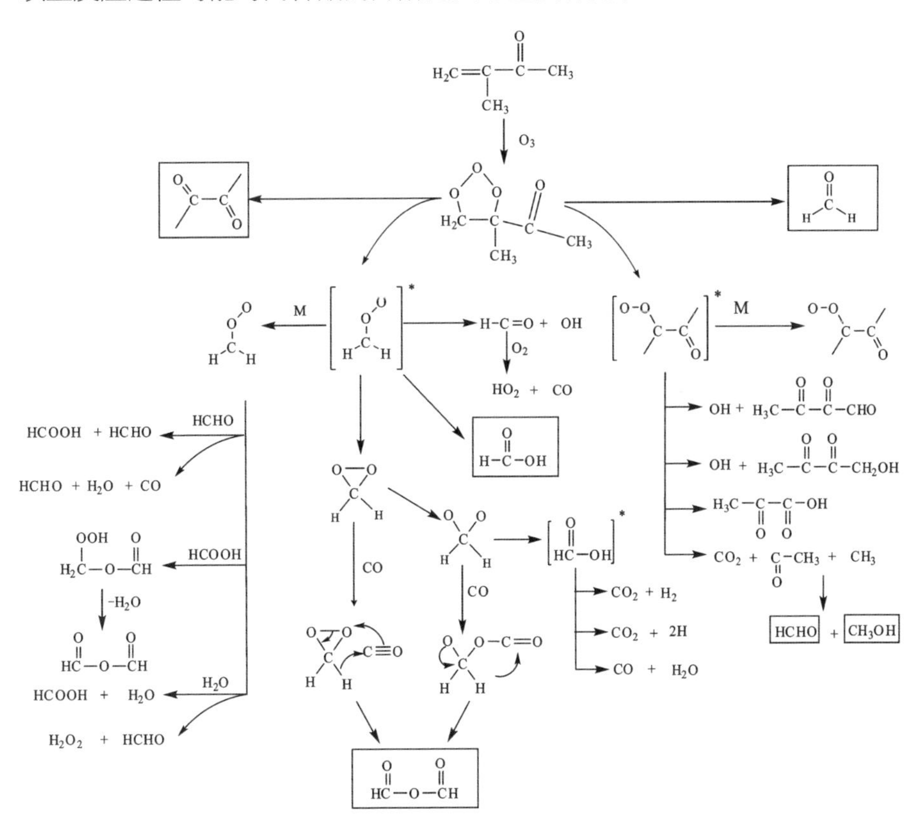

图 2.8　O_3 氧化 MPO332 的反应机制

（2）HONO 分析仪的研发与外场观测试验

实验中设计搭建的 HONO 分析仪主要由采样模块、染色模块和检测模块三个部分组成。

①采样模块。该模块用于采集大气中的 HONO 气体，为了避免 NO_2 在管壁通过非均相反应生成 HONO 而使大气中的 HONO 浓度被高估，使用环形双螺旋管的设计直接吸收 HONO。环形螺旋管的传质阻力很小，在吸收液一定的情况下，能够尽可能提高吸收液对 HONO 的吸收效率。再次，使用的 HONO 吸收液为 0.06 $mol \cdot L^{-1}$ 磺胺和 1 $mol \cdot L^{-1}$ HCl 的混合溶液（吸收液 R1），在采样流速为 1 $L \cdot min^{-1}$ 的条件下，HONO 在吸收液 R1 中几乎完全被吸收（99% 以上）。同时，吸收液的 pH 值约为 1，该 pH 值能有效减少大气中 SO_2、NO_2 等酸性气体的吸收，进而减少其对 HONO 测量的干扰。最后，采样管采用双通道的设计，第一个螺旋通道（通道 1）吸收了几乎全部 HONO 和一小部分干扰气体，而第二个螺旋通道（通道 2）只吸收了部分干扰气体。由于干扰气体在吸收液 R1 中溶解度较低，因此可近似认为两个螺旋通道中吸收的干扰气体含量相同。将通道 1 测得的浓度减去通道 2 测得的浓度，即可得到真实的 HONO 浓度。

②染色模块。双通道采样螺旋管中流出的吸收了 HONO 气体的吸收液 R1 经过蠕动泵，与染色剂 R2（0.8 mmol/L *N*-(1- 萘) 乙二胺二盐酸盐）相混合，二者混合完全并最终生成一种淡粉色的偶氮染料。

③检测模块。R1 和 R2 的混合溶液继而在蠕动泵的作用下流入长光程光纤池，光纤长度为 50 cm 或 250 cm，由所测 HONO 的浓度范围决定。长光程光纤池可以有效提高 HONO 分析仪的灵敏度并降低检测限，它的内部由特制的特氟龙材料制成，透光性在 95% 以上。光纤池的一端接有可见光光源，当被染色的偶氮染料流过时，可见光通过光纤聚焦到管道中。由于光纤池管壁材料的折射率低于液体的折射率，可见光在管道内壁发生多次全反射。在光纤池的末端可用玻璃纤维收集光信号，并可使用二极管阵列检测器（Ocean Optics SD2000）和微型光谱仪进行检测。得到的实时吸收光谱存储在计算机上，用于以后的数据分析。HONO 作为 OH 自由基的

重要来源，其实际大气浓度是霾形成的重要因素之一。研究团队利用 NO_x 分析仪和自主搭建的 HONO 分析仪，对北京地区大气进行了观测，获得了一周内 HONO 浓度、相对湿度（relative humidity，RH）和 NO_2 浓度等数据（见图 2.9）。观测发现，NO_2 浓度越高，HONO 浓度越高；相对湿度越大，HONO 浓度越高。高湿度下 HONO 的消耗受到抑制，这时它的生成反应起主导作用。HONO、NO_2 和 RH 有相同的变化趋势。HONO 和 NO_2 浓度基本是早晨五六点钟达到最大值，中午光照强度最大时呈现最小值。

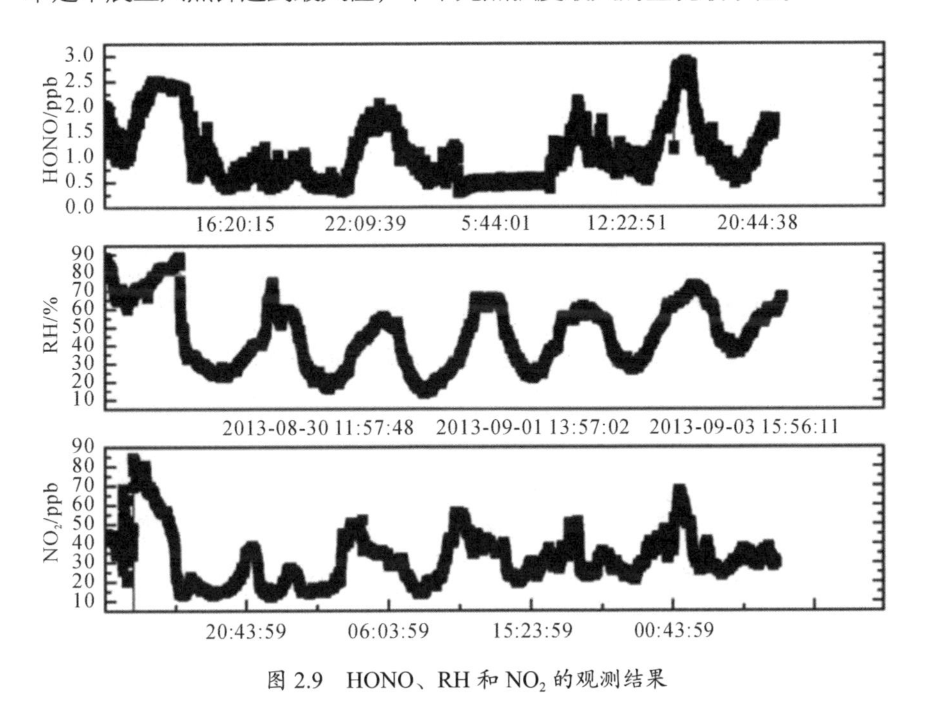

图 2.9　HONO、RH 和 NO_2 的观测结果

（3）案例分析

亚硝酸是大气中重要的活性物种，是 OH 自由基的重要来源之一。由于 OH 自由基能够与一系列化合物反应最终影响大气氧化性和二次粒子的生成，因而 HONO 的作用不容小觑。相比于直接排放和均相生成，非均相生成在反应机制和动力学参数上还存在很大争议，因此是研究的热点。研

究团队对北京城区与郊区在霾污染时期和清洁天气下的 HONO 及相关气态污染物分别进行了观测和对比。结果显示，北京城区和郊区的 HONO 浓度有相似的变化趋势，但城区的 HONO 浓度明显高于郊区。且不论是在城区还是郊区，HONO 浓度在污染天气下更高。此外，HONO 与 NO_x、NO_2、$PM_{2.5}$ 以及相对湿度的相关性研究表明，北京城区与郊区在霾污染时期和清洁天气下 HONO 的生成机制存在很大差异。具体实验如下。

- 北京城区在霾污染时期和清洁天气下大气亚硝酸的对比研究

本研究对 2014 年 2 月 22 日到 3 月 2 日期间大气中的 HONO 以及其他气态污染物（O_3、SO_2、NO_x 等）进行了观测，观测经历了一个典型的霾污染过程和一个清洁过程。观测数据显示，在霾污染时期 HONO 的浓度为 0.51~3.13 ppbv，远高于清洁天气下 HONO 的浓度（0.30~1.53 ppbv），并伴随着较高的 SO_2、NO、NO_2、NO_x 浓度。此外，在霾污染时期 HONO、NO、NO_2、NO_x 的日变化幅度相对于清洁天气都明显减缓。相关性研究显示，清洁天气时 HONO 与 NO_2 的相关性更强，这表明清洁天气时 NO_2 的非均相转化率更高。此外，HONO 与 $PM_{2.5}$ 和 RH 存在一定的相关性。当 $PM_{2.5} < 350\ \mu g \cdot m^{-3}$ 时，HONO 及 HONO/NO_2 与 $PM_{2.5}$ 有较好的正相关性；当 $PM_{2.5} > 350\ \mu g \cdot m^{-3}$ 时，HONO 趋于定值且 HONO/NO_2 的变化不明显。同样，HONO 及 HONO/NO_2 与 RH 在 RH ≤ 65% 时呈明显正相关，在 RH > 65% 时相关性不明显。HONO 日间的收支计算显示，霾污染时期 HONO 未知来源的产率约为 1.86 $ppbv \cdot h^{-1}$，远大于清洁时期的 0.93 $ppbv \cdot h^{-1}$。

- 霾污染时期北京城区与郊区的亚硝酸对比研究

为了研究霾污染时期 HONO 的生成机制，本研究对北京城区和郊区 HONO 及其他气态污染物的变化情况进行了观测。观测期间城区和郊区的 $PM_{2.5}$ 平均浓度为 201 $\mu g \cdot m^{-3}$ 和 137 $\mu g \cdot m^{-3}$，城区 HONO、CO、SO_2、NO、NO_2、NO_x 的浓度分别为 1.45 ppbv、0.61 ppmv、8.7 ppbv、44.4 ppbv、37.4 ppbv、79.4 ppbv，远高于郊区的 0.72 ppbv、1.00 ppmv、1.2 ppbv、

3.7 ppbv、8.2 ppbv、11.9 ppbv。郊区 NO_2 的非均相转化率高于城区，且不论是城区还是郊区，$HONO/NO_2$ 都受到 $PM_{2.5}$ 及 RH 的影响。当 $PM_{2.5}<$ 100 μg·m^{-3} 时，$HONO/NO_2$ 与 $PM_{2.5}$ 呈正相关；当 $PM_{2.5}$ 浓度 >100 μg·m^{-3} 时，RH 的值也相应增加；当 RH > 85% 时，$HONO/NO_2$ 的值反而降低，表明 $HONO/NO_2$ 的降低很可能是由高相对湿度引起的，即高相对湿度可能会抑制 NO_2 向 HONO 非均相转化。此外，计算结果表明，直接排放和均相反应是城区 HONO 的主要来源，而非均相反应则是郊区 HONO 的主要来源。

- 北京地区大气中亚硝酸生成机制的研究

本研究对 2014 年 12 月北京城区和郊区大气中的 HONO 进行了连续观测。观测期间城区和郊区都经历了清洁－污染－清洁的变化过程。观测期间，城区和郊区的 HONO 变化趋势相似，但城区的 HONO 浓度不论是在霾污染天气下还是在清洁天气下都要高于郊区的 HONO 浓度。同时，HONO 与 NO_x、NO_2、NO、$PM_{2.5}$ 及 RH 的相关性研究显示，城区与郊区 HONO 的生成机制存在很大差异。NO_2 非均相转化表现为清洁时期高于污染时期，郊区高于城区。此外，较高的 NO、NO_x 浓度致使直接排放和均相反应对城区 HONO 生成的贡献不容小觑。

2.2.2 二次细粒子的形成和增长

（1）不同温度下 NO_2 在颗粒物表面的摄取系数和反应机制

矿尘颗粒物年排放量高达 1000~3000 Tg，为气态前体物的非均相化学反应提供了场所。应用克努森－质谱系统研究了 NO_2 在中国实际矿尘颗粒物表面的非均相反应。实验结果表明，中国矿尘表面上的 NO_2 摄取系数大多在 10^{-6} 量级，并且随温度变化不明显。对反应过程进行研究后可以发现，该非均相反应不但能够产生一定浓度的 HONO，成为 HONO 源，而且可以消耗 HONO，成为 HONO 的一个重要的汇。

研究团队利用漫反射傅里叶变换红外光谱（diffuse reflectance infrared

Fourier transform spectroscopy，DRIFTS）技术，首次获取了系列温度下 NO_2 在颗粒物表面向硝酸盐转化的动力学数据（见表 2.3 和图 2.10），检测到亚硝酸盐是此过程中的重要中间产物。此项研究结果可为外场观测中冬季硝酸盐浓度增加的模式模拟提供动力学参数。

表 2.3　不同温度下 NO_2 在中国矿尘颗粒物表面的摄取系数

温度 /K	内蒙古沙化土 $\gamma_{BET, int}/10^{-5}$	新疆钙化土 $\gamma_{BET, int}/10^{-6}$
258	—	4.88 ± 0.98
265	1.23 ± 0.23	—
285	1.32 ± 0.26	4.66 ± 0.93
298	1.32 ± 0.26	4.87 ± 0.97
313	1.15 ± 0.23	4.75 ± 0.95

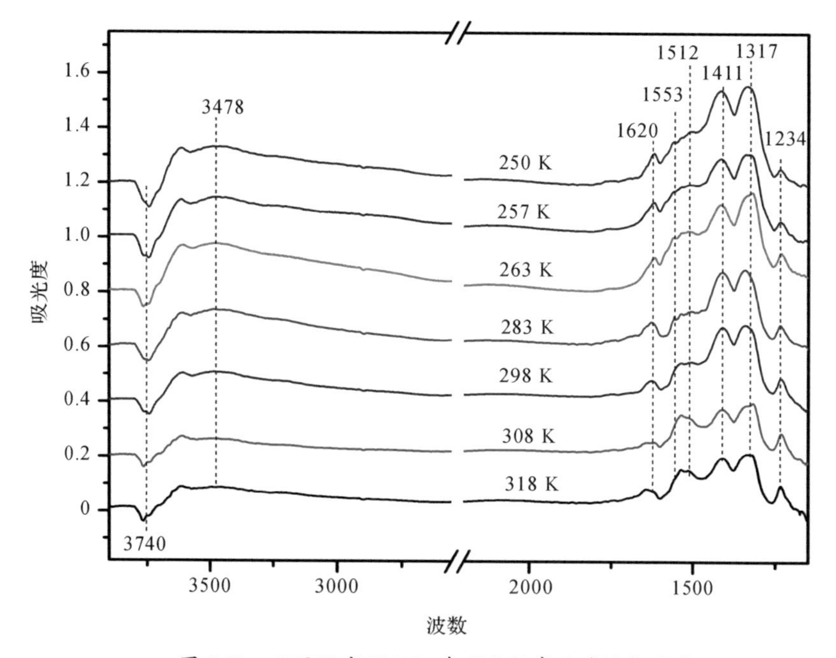

图 2.10　不同温度下 NO_2 在颗粒物表面非均相反应

研究团队应用 DRIFTS 以及显微拉曼光谱研究了二氧化氮气体在碳酸钙与硫酸铵混合颗粒物表面不同湿度下的非均相反应，发现硫酸铵对二氧化氮的非均相摄取的影响随湿度变化而明显不同。在干态条件下，硫酸铵几乎不参与反应，二氧化氮在碳酸钙表面转化为硝酸钙，产生的硝酸钙的质量与混合物中碳酸钙的质量分数成正比。当相对湿度增加到 40% 或 60% 时，一方面硫酸铵与碳酸钙相互作用，使得部分碳酸钙被消耗，从而减少其与二氧化氮的反应；另一方面硫酸铵能够与碳酸钙表面生成的硝酸钙继续反应，从而使表面离子的移动能力增加，促进碳酸钙与二氧化氮的反应。综合这两种作用的影响，硫酸铵整体上对二氧化氮的非均相转化和硝酸盐的产生有促进作用。当相对湿度增加到 85% 时，第一种抑制作用会进一步增强，从而在整体上表现出抑制作用。研究结果表明，应当考虑实际大气中混合颗粒物各成分之间的相互作用。

（2）颗粒物表面无机污染物和有机污染物反应的复合相互作用

研究团队研究了颗粒物表面无机污染物（SO_2）和有机污染物（HCOOH）的复合相互作用，发现氧化铁能促进硫酸盐的形成和有机物的解离（见图 2.11 和图 2.12）。

研究团队进一步研究了不同相对湿度条件下 SO_2 在颗粒物表面被 O_3 非均相氧化的过程（见图 2.13）。研究发现，随着相对湿度的增加，硫酸盐的生成速率及生成量均快速增长。当相对湿度为 60% 时，生成的硫酸盐的浓度是干态条件下的 18 倍；并且，当相对湿度大于 50% 时，硫酸盐的增长速率在 200 min 内始终未达到稳态增长；而在干态条件下，25 min 后就开始进入稳态增长。这一结果初步解释了外场观测中，高相对湿度（通常大于 50%）条件下，硫酸盐快速增长的原因。

（3）系列脂肪醇酸催化反应动力学和机制研究

有机氢过氧化物（ROOH）作为氧化剂和 OH、HO_2 自由基的储存剂，在大气中扮演着重要角色，并且被认为是 SOA 的重要组分。一系列的 ROOH（包括甲基过氧化氢、乙基过氧化氢、羟甲基过氧化氢等）在外场观测中被发现，到目前为止，一般认为大气 ROOH 是通过以下两种途径生

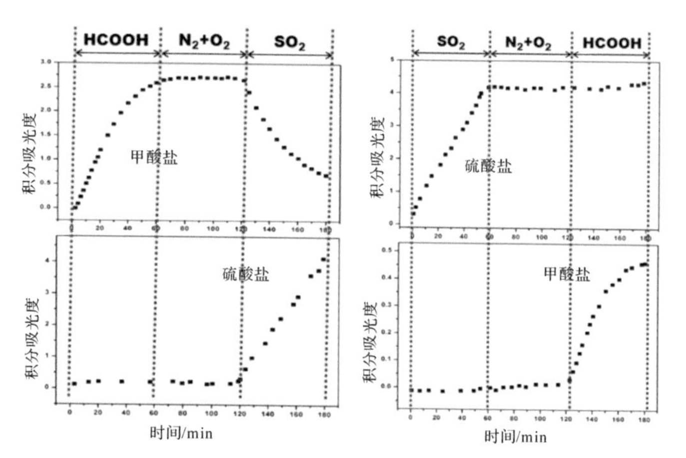

图 2.11　颗粒物分步暴露于 SO_2 和 HCOOH 气体中，表面甲酸盐和硫酸盐的积分吸光度随时间变化情况

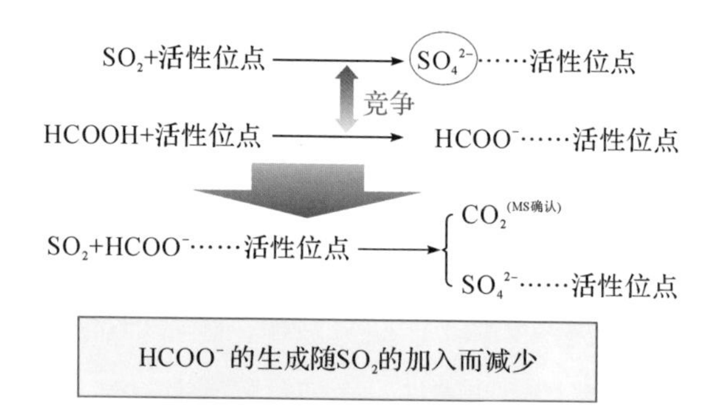

图 2.12　SO_2 和 HCOOH 在颗粒物表面非均相复合反应机制

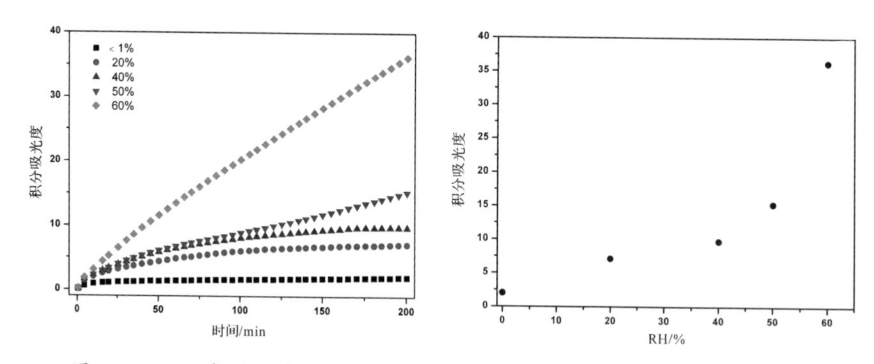

图 2.13　不同相对湿度下硫酸盐随时间的变化和硫酸盐随相对湿度的变化

成的：①过氧自由基 RO_2 和 HO_2 的双分子反应；②臭氧氧化烯烃。结合流动管－真空紫外激光单光子电离飞行质谱和液相反应研究，本研究团队发现酸催化过氧化氢（H_2O_2）多相氧化脂肪醇可能促进 ROOH 的生成。

选取结构不同的三种脂肪醇，即 2- 甲基 -2- 丁醇、3- 丁烯 -2- 醇、2- 丁醇（分别代表大气中的三级醇、烯丙基醇、二级醇），获取它们在硫酸（H_2SO_4）和 H_2O_2 混合溶液中的摄取系数，并比较动力学差异。实验发现这三种醇的摄取系数最大的是 2- 甲基 -2- 丁醇，最小的是 2- 丁醇，这与它们在酸性溶液中脱去羟基后形成的碳正离子稳定性相一致，即三级碳正离子最稳定，二级碳正离子最不稳定。H_2O_2 的存在促进了 2- 甲基 -2- 丁醇和 3- 丁烯 -2- 醇的摄取，但对 2- 丁醇没有影响，这是由于 2- 甲基 -2- 丁醇和 3- 丁烯 -2- 醇可通过酸催化 H_2O_2 形成 ROOH 与二烷基过氧化物（ROOR），改变了反应历程，2- 丁醇则不能通过此途径形成 ROOH，三者的差异也是由碳正离子稳定性决定的。以 2- 甲基 -2- 丁醇和 H_2SO_4/H_2O_2 的多相氧化反应为例，机制如图 2.14 所示，2- 甲基 -2- 丁醇通过多相氧化形成 ROOH 和 ROOR。ROOH 在 H_2SO_4 溶液中通过两种途径降解：①酸催化重排反应生成丙酮、乙醇等小分子化合物；②形成有机过氧硫酸酯。有机化学研究者常用脂肪醇和 H_2SO_4/H_2O_2 分步反应合成 ROOH，首先脂肪醇和 H_2SO_4 合成硫酸酯，硫酸酯再与 H_2O_2 反应生成 ROOH，ROOH 可能是由 HO_2 或 OH 和硫酸酯反应两种途径生成的，但具体历程不明确，本研究团队用同位素（$H_2{}^{18}O_2$）实验证实 HO_2 途径为主要反应路径。

以上研究拓展了对 ROOH 的认识。酸催化多相氧化反应为 ROOH 可能的源，ROOH 酸催化重排反应以及 ROOH 与 H_2SO_4 反应生成过氧烷基硫酸酯两个过程为 ROOH 可能的汇。把酸催化多相氧化纳入现有的 OH 循环中（见图 2.15），将对 OH 循环产生一定影响。气相 H_2O_2 进入液相与三级或烯丙基脂肪醇反应生成主产物 ROOH 和副产物 ROOR。一方面，H_2O_2 被消耗；另一方面，液相 ROOH 可重新进入气相参与 OH 循环，液相 ROOR 进入气

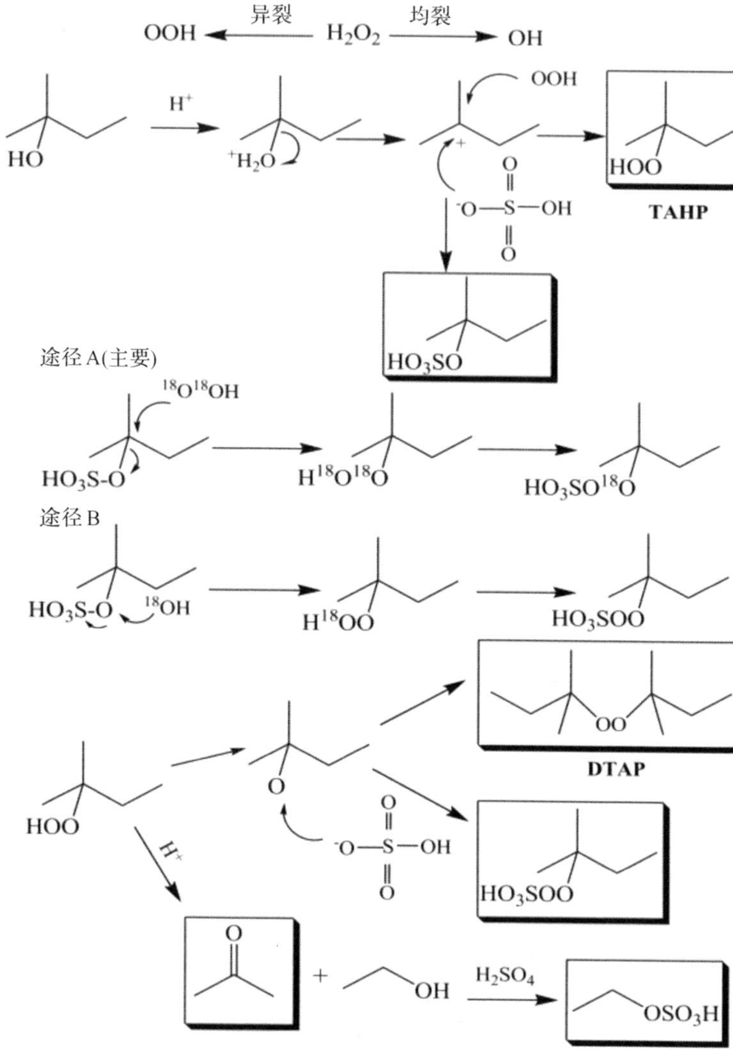

图 2.14 酸催化多相氧化 2- 甲基 -2- 丁醇机制

相后光解为烷氧自由基（RO），RO 在氧气作用下生成 RO_2，重新进入 OH 循环。此外，多相氧化生成的硫酸酯和过氧硫酸酯由于其低挥发性倾向于停留在颗粒物内，促进 SOA 的生长。根据外场观测结果，在重度灰霾期间，当相对湿度较大时，颗粒物表面形成一层液膜，多相氧化可能发生在液膜上，从而生成 ROOH，进而参与 OH 循环，促进 SOA 增长。

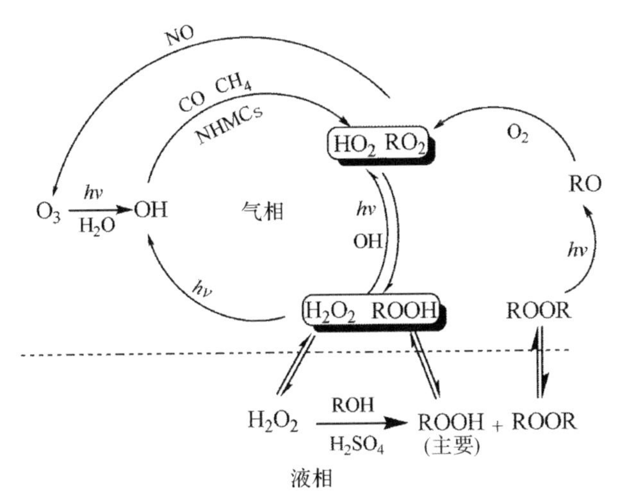

图 2.15 多相氧化过程对大气 OH 循环的影响

2.2.3 细粒子吸湿与光学性质及成霾影响

（1）生物质燃烧产生一次有机气溶胶促进硫酸盐气溶胶提前潮解

利用 H-TDMA 结合拉曼光谱、高速摄像仪研究了生物质燃烧的主要产物的吸湿性质。选取外场观测中生物质燃烧产物中含量较高的 L- 葡萄糖、对羟基苯甲酸、腐殖酸，分别研究了干湿季节时生物质燃烧产生的颗粒物主要组分与硫酸铵混合后的吸湿性及形貌的变化（见图 2.16）。

研究发现，不同比例的混合物对硫酸铵的潮解点不同。随着生物质燃烧产物的质量比例增大，混合物质易提前吸水，从而使硫酸铵的潮解点提前，这可能是低湿成霾的一个原因。此外，对于不同比例的混合物，相态随湿度的变化而变化。在湿季，当相对湿度不太高时，混合物相态为固 – 固相隔离，部分吞噬或是核壳结构；当相对湿度达 80% 时，有部分硫酸铵潮解，变成液 – 液 – 固相隔离，伴随部分吞噬或是核壳结构；当相对湿度达 90% 时，有机物的混合物潮解，变成液 – 液相隔离，核壳结构；当相对湿度达到 95% 时，整个混合物变成单相的液相。在干季，当相对湿度不太高时，混合物相态为固 – 固相隔离，部分吞噬或是核壳结构；随着相对湿度增加，

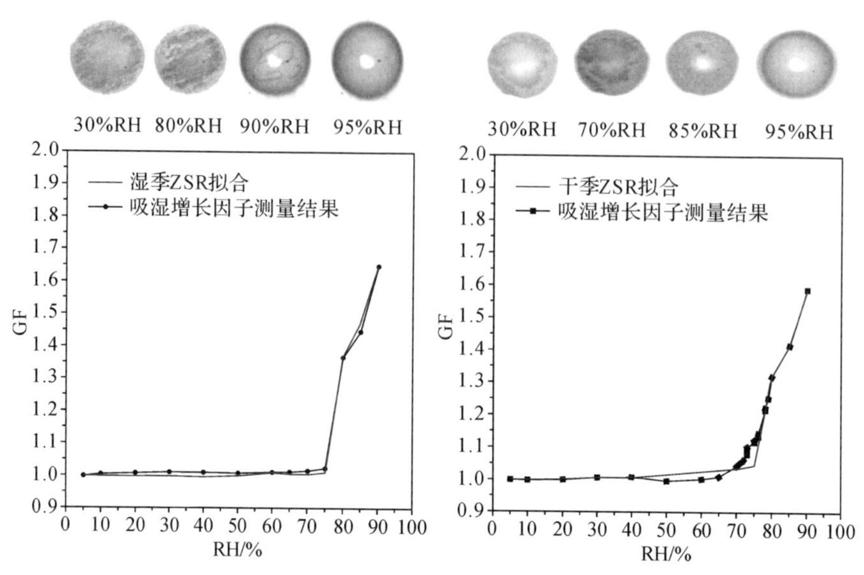

图 2.16　干湿季节生物质燃烧的混合产物与硫酸铵的吸湿性及形貌变化

相态变为液－液－固相隔离，伴随部分吞噬或是核壳结构；当相对湿度达70% 时，相态变为液－液相隔离，并且部分吞噬；当相对湿度达 85% 时，混合物变为单相的液相。因此，不同的比例对相态的影响是不同的。

（2）典型芳香烃、长链烷烃光氧化生成 SOA 的光学特性

灰霾的产生与大气中 SOA 的生成密切相关。在京津冀地区，快速成霾的过程往往伴随着高湿状态。研究团队通过自行搭建的孪生烟雾箱研究了种子气溶胶存在下间二甲苯光氧化反应过程，研究对比了干态及高湿度等不同条件下生成 SOA 的光学性质。研究结果表明，干态条件下种子气溶胶的存在可以促进气粒分配过程，使更多的高挥发性物种分配到颗粒相中，进而降低复折射率（CRI）；对生成的 SOA 进行加湿，发现水的存在能够使颗粒物发生简单的吸湿增长，导致复折射率偏低。在高湿条件下的光氧化反应中，水参与了化学反应过程，并生成低聚物，复折射率会随着低聚物的相对分子质量及不饱和度的增大而增高，使生成的 SOA 复折射率升高。本研究表明，当大气湿度较高时，生成的 SOA 复折射率也相应

升高，即使在灰霾形成过程中 SOA 的含量不高，也会导致大气能见度降低。研究结果如图 2.17 和图 2.18 所示。

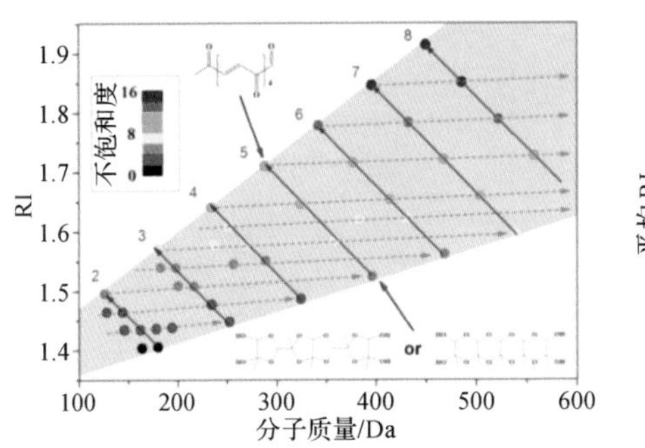

图 2.17　光学性质与化学成分之间的关系

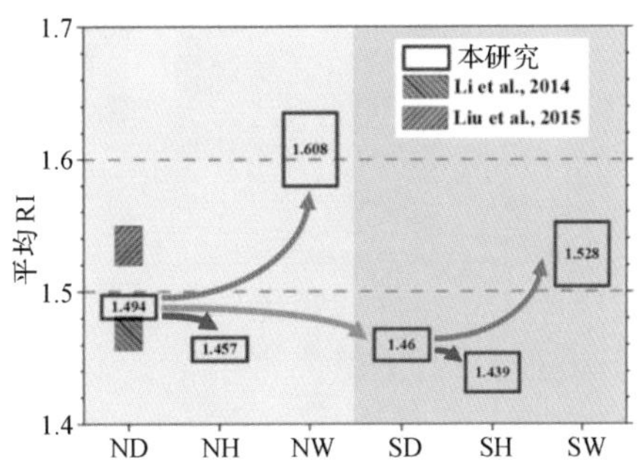

图 2.18　不同条件下间二甲苯所生成 SOA 的复折射率

研究团队利用烟雾箱模拟系统、扫描电迁移粒径谱仪（scanning mobility particle sizer，SMPS）和光腔衰荡光谱（cavity ring-down spectroscopy，CRDS）研究了苯系物 SOA 的生成特点和光学性质。选取北京地区大气中 SOA 生成贡献较高的人为污染物苯、甲苯、乙苯、间二甲苯（BTEX），分别研究了在低 NO_x 浓度和高 NO_x 浓度条件下二次粒子的生成特点和光学性质。

低 NO_x 浓度条件下，苯系物 SOA 复折射率排序为：间二甲苯 > 乙苯 > 苯 > 甲苯（见图 2.19）。间二甲苯 SOA 具有最高的复折射率，并且在相同反应条件下，二次粒子粒径也最大，所以其消光贡献最大；苯 SOA 虽然具有较高的复折射率，但生长的粒子粒径相对其他三个小很多，综合消光贡献最小；与甲苯 SOA 相比，乙苯 SOA 的复折射率和粒径都稍大，所以消光贡献较强。因此在低 NO_x 浓度条件下，氧化条件相同时，消光贡献排序应为：间二甲苯 > 乙苯 > 甲苯 > 苯。

在高 NO_x 浓度条件下，二次粒子的复折射率有所不同，排序为：甲苯 > 苯 > 乙苯 > 间二甲苯。间二甲苯 SOA 虽然复折射率较小，但粒径远远大

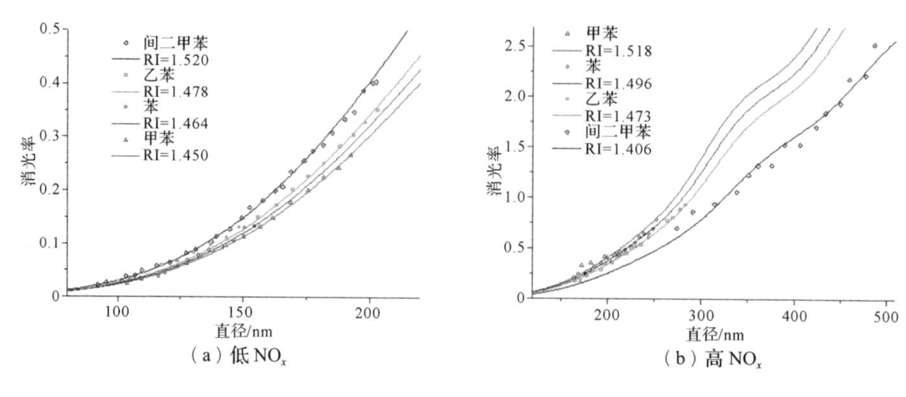

（a）低 NO_x　　（b）高 NO_x

图 2.19　不同 NO_x 浓度下 BTEX 二次粒子的消光特性曲线

于其他三者，所以消光贡献也最大。研究发现，无论 NO_x 浓度高低，间二甲苯都有最高的消光贡献，是对成霾影响最大的苯系物。通过不同 NO_x 条件下复折射率的对比发现，NO_x 浓度对于乙苯和苯二次粒子复折射率的影响最小，对甲苯和间二甲苯二次粒子复折射率的影响较大，尤其是间二甲苯，其二次粒子的复折射率值从低 NO_x 浓度下的最大值 1.520 减小至高 NO_x 浓度下的最小值 1.406，这主要是不同的分子结构所造成的。另外发现，高 NO_x 浓度会使苯系物形成的二次粒子粒径偏大，从而具有更大的消光值，更利于形成灰霾。

2.3　典型污染源的二次颗粒物生成

2.3.1　机动车尾气烟雾箱模拟

城市中的机动车尾气是 $PM_{2.5}$ 的重要来源。受体模型结果表明，在北京，机动车尾气对 $PM_{2.5}$ 的贡献占 17%~22%（Cheng et al.，2013；Yu et al.，2013）。控制机动车尾气排放对于保障城市地区空气质量而言非常重要。要制定有效的排放标准，需要对机动车尾气生成 SOA 的组成和性质进行深入了解。

本研究分别选取了三辆汽油车和三辆柴油车。所有汽油车均使用93号汽油，该汽油油品符合国家第三阶段机动车污染物排放标准（简称国三标准）。所有柴油车均使用0号柴油，三辆柴油车均没有尾气后处理装置。烟雾箱模拟系统如图2.20所示。

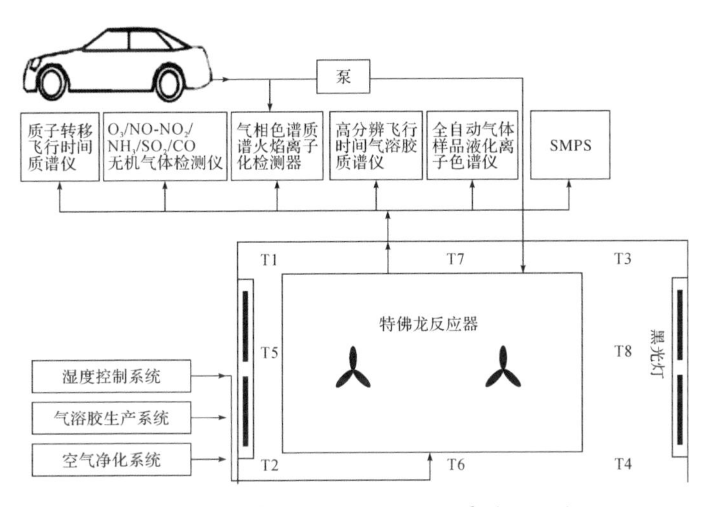

图2.20 机动车尾气加样系统和烟雾箱模拟系统

实验开始前，用大约100 L·min^{-1}的干净空气清洗反应器24 h以上，保证实验开始前，反应器中NO_x、SO_2、O_3、VOC以及颗粒物的本底均在仪器的检测限以下。在尾气通进烟雾箱之前，先让机动车在怠速行驶状态下运行0.5 h以上，使机动车充分预热。汽油车尾气经过两个无油抽气泵（Gast Manufacturing公司）注入反应器内，流量可达40 L·min^{-1}。尾气注入时间从几分钟至1 h不等，取决于汽油车尾气中非甲烷碳氢化合物（non-methane hydrocarbon，NMHC）的初始排放浓度。柴油车尾气先经过Dekati公司的喷射式稀释器用100 ℃的干净空气以8∶1的比例稀释，稀释后的气体用内径为1 cm的铜管通入烟雾箱，直至烟雾箱中颗粒物浓度达到50 μg·m^{-3}（即广州市2014年年均$PM_{2.5}$浓度）。然后，加入丙烯或NO，调节反应器中VOC/NO_x比例。经过0.5 h的充分混合后，打开黑光灯，进行柴油车尾气光照老化实验。

机动车尾气初始排放污染物P的排放因子（EF_P）和SOA生成因子（PF_P）根据以下公式计算：

$$EF_P \text{ or } PF_P = 10^3 \cdot [\Delta P] / \left(\frac{[\Delta CO_2]}{MW_{CO_2}} + \frac{[\Delta CO]}{MW_{CO}} \right) \cdot \frac{C_f}{MW_C} \tag{2-1}$$

总颗粒物数浓度的排放因子（EF_{TN}, # $kg\text{-}fuel^{-1}$）根据以下公式计算：

$$EF_{TN} = 10^{15} \cdot [PN_{tot}] / \left(\frac{[\Delta CO_2]}{MW_{CO_2}} + \frac{[\Delta CO]}{MW_{CO}} \right) \cdot \frac{C_f}{MW_C} \tag{2-2}$$

其中，$[\Delta P]$是污染物P的浓度（$\mu g \cdot m^{-3}$），PN_{tot}是总颗粒物数浓度（# cm^{-3}）。$[\Delta CO_2]$和$[\Delta CO]$则代表CO_2和CO的浓度（$\mu g \cdot m^{-3}$）。MW_{CO_2}、MW_{CO}和MW_C是CO_2、CO和C的相对分子质量。C_f是油品中的碳密度，汽油取0.85 $kg \cdot C \cdot kg\text{-}fuel^{-1}$，柴油取0.87 $kg \cdot C \cdot kg\text{-}fuel^{-1}$（Kirchstetter et al.，1999；Chirico et al.，2010）。

汽油车排放的一次颗粒物较少，浓度约为100 # cm^{-3}。但在紫外灯光照下，颗粒物数浓度在10 min内上升至10^5 # cm^{-3}，表明汽油车尾气在老化过程中非常快速地生成新颗粒。经过5 h光照老化后，生成的SOA为初始排放一次有机气溶胶（primary organic aerosol，POA）的12~259倍。本研究中SOA的放大倍数在Nordin等（2013）研究结果范围内，他们在研究欧洲轻型空载汽油车尾气老化时发现SOA/POA为9~500，不过比Gordon等（2014a）和Platt等（2013）所报道的值高1~15倍。这表明我国汽油车尾气的主要问题不是其直接排放的颗粒物太多，而是排放后二次生成的颗粒物太多，因此核心问题是如何降低尾气中生成SOA前体物的数量。

在汽油车尾气老化过程中同时有硝酸盐和铵盐生成，Nordin等（2013）和Gordon等（2014a）在实验中也观察到类似现象。在某些实验中，生成的硝酸盐的质量甚至是 SOA 的 4~5 倍。NO_x 的氧化会生成气态硝酸，硝酸铵可能是由气态硝酸和汽油车尾气中高含量的氨气反应生成的（Liu et al.，2014）。由此可见，汽油车尾气二次粒子的生成远远超过一次排放颗粒物，实际大气中汽油车尾气的二次粒子生成对 $PM_{2.5}$ 的贡献远超一次排放颗粒物。

柴油车的一次排放颗粒物浓度可达 10^5 # cm^{-3}。有研究表明，心血管疾病致死率和颗粒物数浓度有着很大联系（Breitner et al.，2011；Leitte et al.，2011）。我国对国六柴油车设定的颗粒物数浓度标准为 6×10^{11} # km^{-1}。本研究计算得到的柴油车颗粒物数浓度排放因子为（6.5~40）$\times10^{14}$ # kg-fuel^{-1}。这和 Pirjola 等（2016）报道的柴油车颗粒物数浓度排放因子［（0.3~21）$\times10^{14}$ # kg-fuel^{-1}］处于同一水平。假设柴油的密度为 0.85 g·mL^{-1}（Zhang Y et al., 2016），柴油车的平均油耗为 7.5 L/100 km，计算得到三辆柴油车的颗粒物数浓度排放因子为（4.2~26）$\times10^{13}$ # km^{-1}，远高于我国国六柴油车的排放标准。这也表明了柴油车尾气控制的重要问题是如何降低一次排放颗粒物。

经过光照后，颗粒物数量浓度并没有明显增加，表明没有新颗粒的生成。经过 5 h 光照老化后，生成的 SOA 为初始排放 POA 的 0.7~3.7 倍，略低于国外文献报道值 SOA/POA = 3（Weitkamp et al.，2007；Nakao et al.，2011；Gordon et al.，2014b），原因可能是国内柴油车 POA 排放过高。同样怠速条件下，国内柴油车 POA 排放因子是国外柴油车的 2.3~16.8 倍，国内柴油车 SOA 排放因子是国外柴油车的 1.5~4.4 倍。因此，控制柴油车尾气不仅要考虑一次排放，还应考虑控制 SOA 的生成。

柴油车一次颗粒物排放因子和 SOA 生成因子与国外研究以及国内汽油车研究结果对比如图 2.21 所示。从图 2.21 可以看出，国内汽油车 SOA 排放因子约为 0.044 g·kg-fuel^{-1}，POA 的排放基本为 0。总的来说，国内柴油车总的有机气溶胶（organic aerosol，OA）的排放因子约是国内汽油车

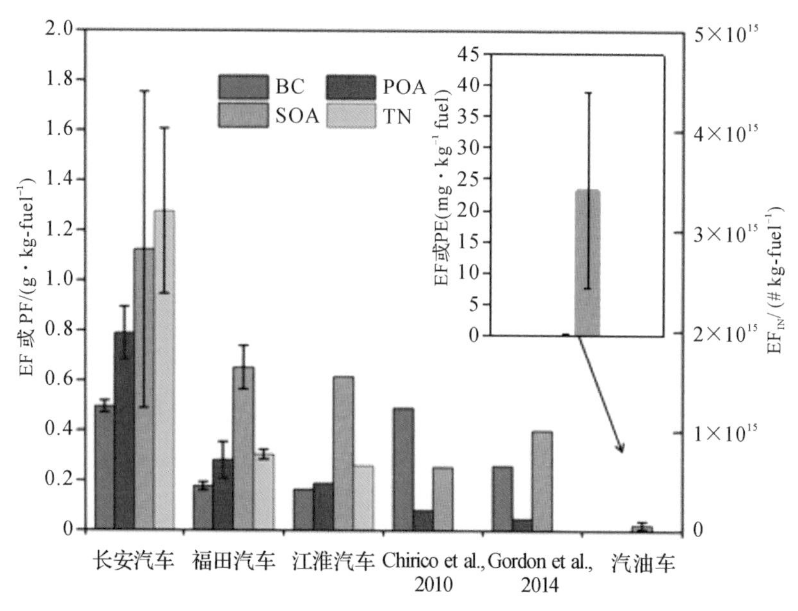

图 2.21　柴油车一次颗粒物排放因子和 SOA 生成因子与国外研究以及国内汽油车研究结果对比

的 24~98 倍。根据 Ou 等（2010）的研究，2007 年我国道路机动车柴油和汽油消耗量分别为 3853 万吨和 5220 万吨，由此可以初步估算得出，柴油车尾气对 OA 的贡献是汽油车尾气贡献的 3 倍左右。所以说，即使考虑中国柴油车占机动车总量比例仅为 16.1%，其仍然是防治灰霾的重中之重。值得注意的是，柴油车和汽油车 POA 排放因子和 SOA 生成因子仅是怠速条件下的结果，实际行驶条件下的结果值得进一步研究。

苯系物被认为是汽油车尾气或者汽油蒸汽中 SOA 主要前体物，可以贡献汽油车尾气生成 SOA 的 60%~96%（Odum et al.，1997a，1997b；Gentner et al.，2012；Nordin et al.，2013）。Gentner 等（2012）发现单环芳烃可以解释 96% 的汽油车尾气 SOA 生成潜势。Nordin 等（2013）的研究结果表明，C6~C9 芳香烃可贡献 60% 的汽油车尾气 SOA。利用以下公式可估算典型 VOC 生成 SOA 的量（$SOA_{predicted}$）。

$$SOA_{predicted}=\sum_i \Delta X_i \times Y_i \quad (2\text{-}3)$$

其中，ΔX_i 是反应消耗的化合物 i 的浓度（μg·m^{-3}），Y_i 是反应物 i 生成 SOA 的产率。

对于汽油车来说，单环芳烃和萘对 SOA 的贡献为 51%~90%，与 Nordin 等（2013）估算苯、甲苯和三甲苯贡献 60% 的汽油车尾气 SOA 的结果相当。对于柴油车来说，包含苯系物在内的 65 种 NMHC 生成的 SOA 不到总观测 SOA 量的 3%。同样，Weitkamp 等（2007）发现，58 种已知的 SOA 前体物生成的 SOA 不足总观测 SOA 量的 8%。这表明传统的 SOA 前体物 VOC 不能解释柴油车尾气中 SOA 的生成。这可能是因为在多污染物复合污染的情况下苯系物生成 SOA 的产率比单一污染物情况下的产率高（Song et al.，2007a；Deng et al.，2017a），从而导致生成的 SOA 被低估。但是，即使将苯系物的产率提高到 30%，苯系物也只能解释总生成的 SOA 量的 10% 以下。未能解释的原因可能是中等挥发性有机物（IVOC）的氧化会生成大量 SOA（Weitkamp et al.，2007；Robinson et al.，2007）。Zhao 等（2015b）利用模型估算发现，IVOC 在柴油车尾气生成 SOA 中占主导地位。

不同行驶速度下柴油车一次污染物排放因子和 SOA 生成因子如图 2.22 所示。

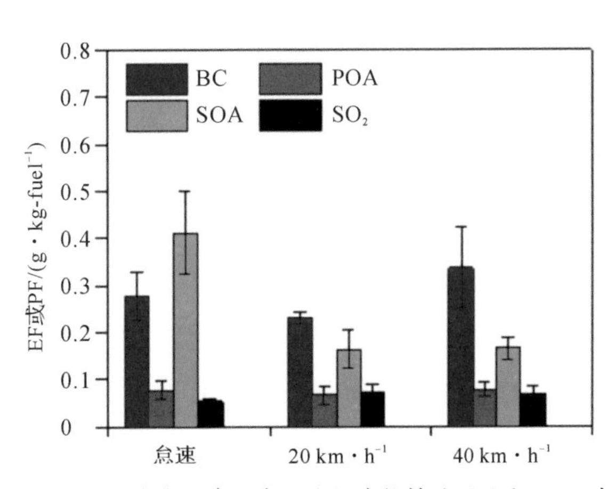

图 2.22　不同行驶速度下柴油车一次污染物排放因子和 SOA 生成因子

由图 2.22 可知，在怠速、20 km·h^{-1}和 40 km·h^{-1}条件下，黑碳（black carbon，BC）和POA的排放因子都相差不大，这表明如果保持交通畅通状态，车流速度维持在 20 km·h^{-1} 或 40 km·h^{-1}，其排放的颗粒物并无明显差异。Zheng 等（2015）利用车载测试的方法研究了 25 辆重型柴油车在实际道路上行驶的 BC 排放因子。研究发现，在高速路上行驶时［平均速度为（53±9）km·h^{-1}］，柴油车尾气 BC 的排放因子低于其在交通拥堵道路上行驶［平均速度为（19±4）km·h^{-1}］的排放因子。出现这种现象可能是由于在拥堵道路上，车辆处于“走走停停”的状态，一直处于启动－加速－减速的瞬态模式；而在高速路上行驶时，车辆则处于稳定速度模式。Liu 等（2007）研究发现，BC 颗粒的排放随着车辆的加速而增加；Shah 等（2004）的研究也表明，瞬态模式下 BC 的排放因子是怠速模式下排放因子的 6.6 倍，因此高速路上 BC 的排放因子小于拥堵道路状态。而本研究中，不管是 20 km·h^{-1} 还是 40 km·h^{-1}，柴油车都处于稳定速度模式。因此减少交通拥堵，改间断性车流为连续性车流是减少柴油车尾气排放 BC 的有效方式。

在 20 km·h^{-1} 和 40 km·h^{-1} 行驶速度下，柴油车尾气 SOA 的生成因子仅为怠速条件下的 30% 左右。Zhao 等（2015）利用吸附热脱附方法采集和检测了柴油车尾气中 IVOC 浓度，发现怠速条件下总 IVOC/POA 比值为 20.4±3.7，行驶条件下总 IVOC/POA 比值为 8.0±3.6。结合 POA 的排放因子和 Zhao 等（2015）报道的总 IVOC/POA 比值，可以估算柴油车尾气的 IVOC 排放因子。由于本研究中柴油车在怠速、20 km·h^{-1} 和 40 km·h^{-1} 条件下的 POA 排放因子一致，所以怠速条件下 IVOC 的排放因子约为 20 km·h^{-1} 和 40 km·h^{-1} 条件下的 2.6 倍。同样地，Cross 等（2015）研究发现，IVOC 的排放随着发动机负荷的上升而急剧下降。假设 IVOC 是柴油车尾气中生成 SOA 的主要前体物（Zhao et al.，2015），则怠速条件下 SOA 的生成因子约为 20 km·h^{-1} 和 40 km·h^{-1} 条件下的 2.6 倍。所以，不同速度下 IVOC 排放的不同导致了其 SOA 生成因子的不同。

2.3.2 生物质燃烧烟气烟雾箱模拟

在能源供应中，生物质燃烧是仅次于煤炭、石油和天然气的第四大能源，在世界能源总消费量中占 14%，世界上约 1/2 的人口使用生物质燃料作为生活用能源，而发展中国家 35% 的初级能源为生物质能源（曹国良等，2005）。在全球范围内，农作物秸秆燃烧占生物质燃烧的 10% 左右；而在东亚地区，该比例可达 50% 以上，因此农作物秸秆燃烧是该地区生物质燃烧的最重要的组成部分（Streets et al.，2003）。生物质燃烧烟气中含有大量颗粒物。在化学组成上，这些颗粒物主要为碳质气溶胶；在粒径分布上，这些颗粒物主要为 PM_1（粒径 < 1 μm），容易通过呼吸系统进入人体内部，甚至能够部分通过肺泡进入人体血液，对人体呼吸系统、心血管系统等的健康造成危害（Chen et al.， 2017）。

为了明确生物质燃烧源排放对颗粒物、非甲烷有机气体、痕量无机气体的贡献，解析生物质燃烧一次、二次排放颗粒物的组成和物理化学性质，本研究以我国农村常见的玉米、水稻、小麦、高粱等农作物秸秆燃烧产生的烟气为对象，使用中国科学院广州地球化学研究所烟雾箱及配套的多种气相污染物、颗粒物表征仪器设备，定量得到多种化合物在实际大气稀释比下的排放因子，并观察它们在光照下的变化过程。

实验中，由于秸秆含水量会影响某些污染物的排放因子（Sanchis et al.，2014；Ni et al.，2015），所有秸秆在实验前统一用烘箱在 80 ℃下烘烤 24 h，使得其含水量均小于 1%。秸秆在露天条件下使用丁烷打火机引燃，每次燃烧总量约为 300 g，燃烧持续时间为 3~5 min 不等。在火焰上方约 30 cm 处放置一倒置的漏斗，收集烟气。将漏斗上方烟气管线连接到烟雾箱。烟气混匀且一次表征完毕后，打开全部黑光灯，使稀释烟气在光照条件下老化 3~5 h。光反应结束后，实验继续进行约 1 h，以观察颗粒物的壁损失速率。

秸秆燃烧大气一次污染物排放因子汇总如表 2.4 所示。

表 2.4　秸秆燃烧大气一次污染物排放因子汇总

化合物	水稻		玉米		小麦	
	本研究（n=9）	文献值	本研究（n=6）	文献值	本研究（n=5）	文献值
MCE	0.926 ± 0.049		0.953 ± 0.019		0.949 ± 0.035	
CO_2	1262 ± 81		1477 ± 28		1423 ± 60	
CO	63.5 ± 41.4		46.1 ± 19.2		48.6 ± 33.0	
NO_x	1.47 ± 0.61	3.51 ± 0.38[a]	5.00 ± 3.94	4.3 ± 1.8[b]	3.08 ± 0.93	3.3 ± 1.7[b]; 2.27 ± 0.04[a]
NH_3	0.45 ± 0.15	0.95 ± 0.65[a]; 4.10 ± 1.24[c]	0.63 ± 0.30	0.68 ± 0.52[b]	0.22 ± 0.19	0.37 ± 0.14[b]; 0.21 ± 0.14[a]
SO_2	0.07 ± 0.07	0.18 ± 0.31[d]; 0.37 ± 0.27[e]; 1.27 ± 0.35[a]	0.99 ± 1.53	0.04 ± 0.04[d]	0.72 ± 0.34	0.04 ± 0.04[d]; 0.73 ± 0.15[a]
NMHCs	5.04 ± 2.04	1.25[f]	2.47 ± 2.11	1.59 ± 0.43[g]	3.08 ± 2.43	1.69 ± 0.58[g]; 0.90[f]
PM	3.73 ± 3.28	8.5 ± 6.7[h]; 8.3 ± 2.2[e]; 13.2 ± 1.44[i]; 4.2[c]	5.44 ± 3.43	12.2 ± 5.4[h]; 11.7 ± 1.0[b]; 5.36 ± 0.55[i]	6.36 ± 2.98	11.4 ± 4.9[h]; 7.6 ± 4.1[b]; 5.30 ± 0.30[i]
PN	2.94 ± 0.91	0.018 ± 0.001[j]	7.29 ± 4.17	0.017 ± 0.001[j]	5.87 ± 2.89	0.010 ± 0.001[j]
POA	2.99 ± 1.00		3.99 ± 2.68		5.96 ± 0.19	
POC	2.05 ± 0.72	3.3 ± 2.8[h]; 6.02 ± 0.60[i]	2.52 ± 1.66	6.3 ± 3.6[h]; 3.9 ± 1.7[b]; 2.06 ± 0.34[i]	4.11 ± 0.29	5.1 ± 3.0[h]; 2.7 ± 1.0[b]; 2.42 ± 0.13[i]
BC	0.22 ± 0.11	0.21 ± 0.13[h]	0.24 ± 0.09	0.28 ± 0.09[h]; 0.35 ± 0.10[b]	0.27 ± 0.07	0.24 ± 0.12[h]; 0.49 ± 0.12[b]

注： [a] Stockwell et al.，2015；[b] Li et al.，2007；[c] Christian et al.，2003；[d] Cao et al.，2008a；[e] Kim Oanh et al.，2015；[f] Wang HL et al.，2014；[g] Li et al.，2009；[h] Ni et al.，2015；[i] Li et al.，2017；[j] Zhang et al.，2008.

由表 2.4 可知，在气相无机化合物方面，水稻、玉米、小麦燃烧的 NO_x 排放因子分别为（1.47 ± 0.61）$g \cdot kg^{-1}$、（5.00 ± 3.94）$g \cdot kg^{-1}$ 和（3.08 ± 0.93）$g \cdot kg^{-1}$，其中 NO 占 NO_x 一次排放的（84 ± 11）%。三种作物燃烧的 NH_3 排放因子依次为（0.45 ± 0.15）$g \cdot kg^{-1}$、（0.63 ± 0.30）$g \cdot kg^{-1}$ 和（0.22 ± 0.19）$g \cdot kg^{-1}$。本研

究测得的这些含氮无机化合物的排放情况与已报道值相当（Li et al.，2007；Tian H et al.，2011）。水稻、玉米、小麦燃烧的 SO_2 排放因子则分别为（0.07 ± 0.07）$g{\cdot}kg^{-1}$、（0.99 ± 1.53）$g{\cdot}kg^{-1}$ 和（0.72 ± 0.34）$g{\cdot}kg^{-1}$，其中水稻的结果相较于前人结果较低（Cao et al.，2008a；Kim Oanh et al.，2015），玉米与小麦的结果则高于前人结果（Cao et al.，2008a）。元素分析显示，三种秸秆中的硫元素含量均小于 0.6%。与农村地区家用燃煤 SO_2 排放因子 2.4~5.7 $g{\cdot}kg^{-1}$ 相比（Du et al.，2016），单位质量秸秆燃烧排放 SO_2 的能力要小得多。

使用 GC-MSD/FID 系统定量的水稻、玉米、小麦燃烧烟气中 67 种 NMHCs 的总排放因子分别为（5.04 ± 2.04）$g{\cdot}kg^{-1}$、（2.47 ± 2.11）$g{\cdot}kg^{-1}$ 和（3.08 ± 2.43）$g{\cdot}kg^{-1}$，比前人的研究结果略高（Li et al.，2009；Wang HL et al.，2014），这可能是由于本研究在涵盖前人所测物种的基础上又进行了拓宽。

水稻、玉米、小麦燃烧的颗粒物排放因子分别为（3.73 ± 3.28）$g{\cdot}kg^{-1}$，（5.44 ± 3.43）$g{\cdot}kg^{-1}$ 和（6.36 ± 2.98）$g{\cdot}kg^{-1}$，有机碳的排放因子则在 2.05~4.11 $gC{\cdot}kg^{-1}$，相较文献值而言均处于较低水平。在本研究的实验条件下，烟气的稀释比为 1300~4000，颗粒物中的半挥发性有机物会部分向气相转移，导致排放因子降低（Robinson et al.，2007）。相较文献中稀释比仅为 5~20 的条件（Li et al.，2007；Ni et al.，2015），本实验结果更具真实意义。作为生物质燃烧污染源的一项特征指标，Δ[POA]/Δ[CO] 的测量值为 0.022~0.133。一般认为，颗粒物中的黑碳成分不具有挥发性，三种作物测得的 BC 排放因子在 0.22~0.27 $gC{\cdot}kg^{-1}$ 范围内，与文献报道值在同一水平（Li et al.，2007；Ni et al.，2015）。从颗粒物数浓度的角度来说，水稻、玉米、小麦燃烧的排放因子分别为（2.94 ± 0.91）$\times 10^{15}$ particle·kg^{-1}，（7.29 ± 4.17）$\times 10^{15}$ particle·kg^{-1}，（5.87 ± 2.89）$\times 10^{15}$ particle·kg^{-1}，与相关报道值在同一

数量级范围内（Andreae et al.，2001；Hosseini S et al.，2013）。

污染源生成 SOA 的能力是当今大气环境研究的一大重要问题，而目前的模式计算还不能较好地模拟量化这一过程。在目前的研究中，Bruns 等（2016）使用 22 种 SOA 前体物较好地预测了在家用炉中山毛榉木燃烧烟气 SOA 的实际生成情况，这是目前为数不多的理论预测与实际观测比较一致的报道。鉴于此，本研究团队使用质子转移飞行时间质谱仪（PTR）在秸秆燃烧烟气中在线观测到了这 22 种前体物中的 20 种，并用类似的方法对其中 SOA 进行了预测，结果如图 2.23 所示。20 种 SOA 前体物所能解释的 SOA 生成量预测远小于实际生成量，在六次实验的末尾，解释 / 实际生成比例仅为 5.0%~27.3%。根据实际测量中发现烟气中存在的具有高排放因子的乙烯、乙炔和丙烯（不在上述 20 种之列），结合其最新 SOA 产率研究结果进行计算，发现这三种物种能解释的 SOA 生成量 <0.5%。由于当前对单个化合物 SOA 产率的研究仅限于一些常见物种，而秸秆燃烧烟气不仅包含本研究已测得的 80 余种 VOC，更有许多未被定性定量的物种，因此目前对这些化合物的光反应参数的研究有待展开，以减小当前理论预测与实际测量的差距。另外，光反应发生的气体基质条件（Deng et al.，2017a），颗粒物中半挥发性、中等挥发性物种对 SOA 生成的贡献也都未被该理论模型所考虑（Presto et al.，2009；Zhao et al.，2014），而对这些因素的研究也将推进现有 SOA 理论预测模型的完善。

2.3.3 餐饮油烟烟雾箱模拟

餐饮油烟是城区有机气溶胶的重要来源，来源解析结果表明，餐饮油烟排放的 POA 占城区有机气溶胶的 35%（Allan et al.，2010；Sun et al.，2011，2013；Mohr et al.，2012；Crippa et al.，2013；Lee et al.，2015）。Lee 等（2015）在香港旺角路边站的研究中发现，餐饮油烟排放的 POA 甚至超过机动车尾气排放的 POA。一方面，POA 多为半挥发性，

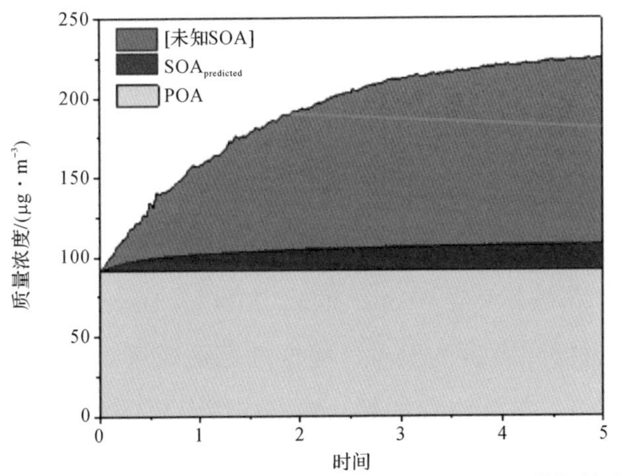

（a）POA实际生成量、SOA实际生成量、SOA预测生成量的时间序列

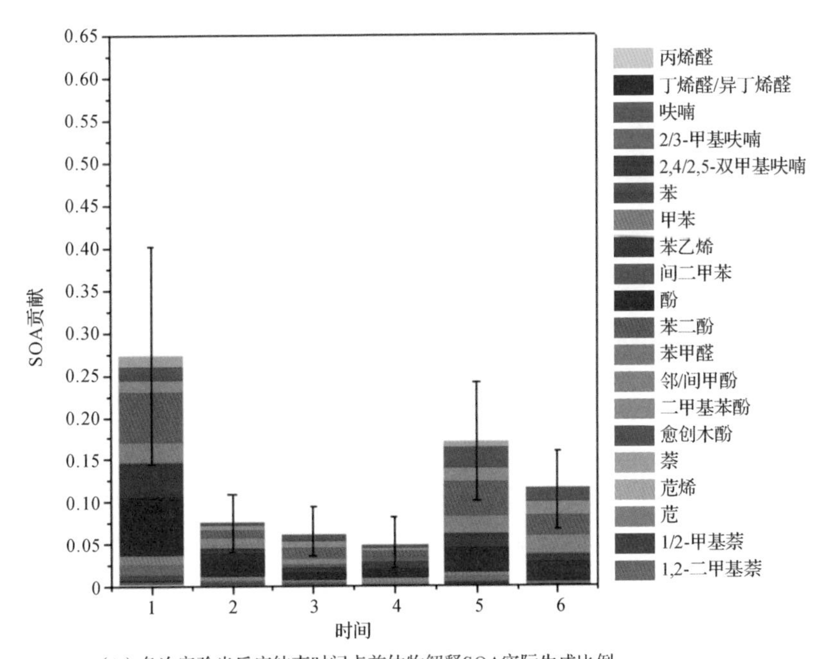

（b）各次实验光反应结束时间点前体物解释SOA实际生成比例

图 2.23 在线观测和预测结果

其挥发后产生的半挥发性有机物（semi-volatile organic compounds，SVOC）和中等挥发性有机物（IVOC）经大气氧化后生成SOA。另一方面，餐饮油烟也是SOA的潜在来源，诸多研究结果显示，餐饮油烟中含有乙

二醛、甲基乙二醛、正构烷烃、多环芳烃和单环芳烃等重要的 SOA 前体物（Schauer et al.，2002b；Huang et al.，2011；Alves et al.，2015；Klein et al.，2016）。因此，餐饮油烟可能对 SOA 有很大贡献。

目前，餐饮油烟对 SOA 的贡献鲜有报道。在美国加利福尼亚州帕萨迪纳市，放射性碳同位素（^{14}C）分析结果表明，56% 的二次有机碳由自然源挥发性有机物和餐饮排放等产生（Zotter et al.，2014）。Hayes 等（2015）在同一地区对 SOA 进行源解析时发现，餐饮油烟贡献了 19%~35% 的 SOA，超过柴油车尾气。需要注意的是，他们均假设餐饮油烟排放的 SVOC 和 IVOC 的 SOA 产率与机动车尾气相同。但是，机动车尾气中正构烷烃和多环芳烃占较大比重，而餐饮油烟中脂肪酸和二元羧酸占较大比重，机动车尾气的 SOA 产率能否代表餐饮油烟的 SOA 产率值得商榷。实际上，餐饮油烟 SOA 的关键前体物及产率仍没有相关参数。餐饮油烟中关键 SOA 前体物有哪些？其 SOA 产率和生成潜势如何？这需要开展系统性的模拟研究才能够给出答案。

本研究选择棕榈油、花生油、玉米油、橄榄油、葵花籽油、芥花油和豆油作为研究对象，使用硅油油浴将 250 mL 食用油加热至 200 ℃，加热时间持续 1.5 h，将热油产生的油烟经加热后的管路引入烟雾箱。然后通入 HONO，作为 OH 自由基前体物。打开光源，模拟餐饮油烟 SOA 的生成情况。模拟过程中用 PTR-ToF-MS 实时观测 VOC 的浓度，用 SMPS 实时观测颗粒物浓度和粒径，用 HR-ToF-AMS 实时观测气溶胶组成，用痕量气体在线分析仪（Thermo 42i TL、49i 等）测定 NO_x 和 O_3 等。整个光照氧化过程持续大约 4 h，关灯后继续在黑暗状态下检测颗粒物浓度及组成变化，以便校正颗粒物壁损失。除上述实验外，针对纯净空气进行一次对照实验，即不通入餐饮油烟，其他操作流程相同，获取整个模拟过程中颗粒物浓度变化情况，并与餐饮油烟模拟进行对比。

食用油在加热时会排放大量气相和颗粒相污染物。以某次橄榄油实验为例，橄榄油加热 1 h 产生的油烟引入烟雾箱后，丙烯醛浓度达到约 60 ppbv，POA 浓度达到 32 μg·m^{-3}，在黑光灯打开时，POA 浓度由于壁损失降低至 14 μg·m^{-3}，丙烯醛浓度基本保持不变。经过黑光灯照射老化后，快速生成 SOA，最终 SOA 浓度达到 47 μg·m^{-3}，SOA 的生成量是 POA 排放量的 3.4 倍。对比七种食用油的实验结果，其中橄榄油油烟 POA 浓度最高，达 14 μg·m^{-3}，棕榈油油烟 POA 浓度次之，为 5.0 μg·m^{-3}，其余五种食用油油烟 POA 浓度在 1 μg·m^{-3} 左右。经过 4 h 的老化后，七种食用油油烟均生成大量 SOA。棕榈油油烟生成 SOA 浓度最高，可达 100 μg·m^{-3}。豆油油烟生成 SOA 浓度最低，约为 34 μg·m^{-3}。综合 POA 排放和 SOA 生成，在七种食用油中，对 OA 贡献量最高的为棕榈油，花生油、玉米油、橄榄油和葵花籽油相当，芥花油和豆油最低。

不同食用油油烟老化后 OA 增大倍数的变化趋势如图 2.24 所示。在黑光灯打开后0.5 h内,不同食用油油烟的OA增大倍数快速增加,随后花生油、玉米油、芥花油、豆油和橄榄油油烟的 OA 增大倍数趋于平缓，而葵花籽油和棕榈油油烟的 OA 增大倍数缓慢增加。经黑光灯照射老化后，葵花籽油油烟 OA 增大倍数最大，为 134 倍；豆油、玉米油、花生油和芥花油油烟居中，为 23~37 倍；棕榈油和橄榄油油烟由于 POA 排放量较高，OA 增

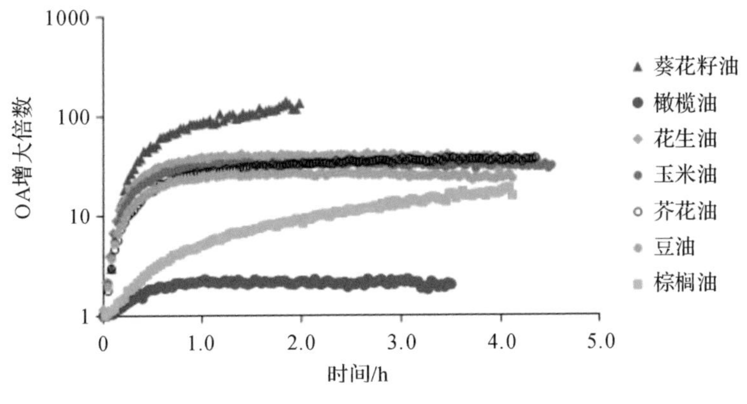

图 2.24 不同食用油油烟老化后 OA 增大倍数

大倍数较低，分别为 16 倍和 2 倍。

根据以往研究结果，不同城市餐饮源 POA 占 OA 的比重为 16%~35%（Allan et al.，2010；Sun et al.，2011，2013；Mohr et al.，2012；Crippa et al.，2013；Lee et al.，2015）。本研究发现，食用油油烟经过大气氧化后，SOA 为 POA 的 2~134 倍，这说明在实际大气环境中，尤其是城市地区，餐饮油烟对 SOA 的贡献不容忽视。

2.4 复合污染条件下的二次颗粒物生成

大气环境中多种污染源并存，如工业源、交通源、农业源等，且不同污染源都有各自的特征污染物。多种污染物和污染源同时存在，会发生复杂的相互作用，形成复合污染体系。本研究主要在污染物复合污染体系和污染源复合污染体系中开展二次颗粒物生成研究。

2.4.1 SO_2-NO_2-NH_3 多污染物复合条件下的二次颗粒物生成

为探究 SO_2-NO_2-NH_3 的复合效应，本研究对 γ-Al_2O_3、α-Fe_2O_3、TiO_2 和 MgO 表面进行了系统的红外光谱研究。在 SO_2 和 NH_3 复合体系中，相对于单独反应，SO_2 和 NH_3 共存明显促进了两者表面产物的生成；且预先吸附其中某一气体，可促进另一气体在表面的反应，即 NH_3 和 SO_2 在 γ-Al_2O_3 表面的复合效应。研究团队采用离子色谱进一步对 γ-Al_2O_3、α-Fe_2O_3、TiO_2 和 MgO 四种典型的氧化物表面生成的含硫物种与含氮物种进行了定量分析，发现 NH_3 的存在极大地促进了表面含硫物种的生成：对 MgO 和 α-Fe_2O_3 而言，NH_3 促进了表面硫酸盐的生成，而对亚硫酸盐的生成几乎没有影响；相反，对 γ-Al_2O_3 和 TiO_2 而言，NH_3 则促进了表面亚硫酸盐的生成，而对硫酸盐的生成影响较微弱。这表明 NH_3 的存在并不会改变 SO_2 的氧化路径，只是增加了其接触氧化物表面的可能性。就总生成的含硫物种而言，NH_3 的促进效应按 γ-Al_2O_3（3.20）、α-Fe_2O_3（1.99）、TiO_2（1.94）、MgO（1.10）依次下降，其中括号内的数字表示的是增强倍数。同样，SO_2 共存也极大地增强了 NH_3 的吸附性，增强倍数依次为 α-Fe_2O_3（69.12）、γ-Al_2O_3（15.05）、TiO_2（2.78）、MgO（1.89）。这里的 NH_3 吸附物种既包括路易斯（Lewis）酸性位配位的 NH_3，也包括布朗斯特（Brønsted）酸性位上吸附的 NH_4^+。显然，SO_2 和 NH_3 的复合效应在酸性的氧化物表面更明显。

以上研究结果显示，NH_3 的存在促进了表面硫酸盐和亚硫酸盐的生成。早期的研究认为，器壁表面水膜的存在可以加速 NH_3 对 SO_4^{2-} 生成的促进作用。本研究是在无水条件下进行的，少量水分子仍然存在于反应系统中并吸附于氧化物表面，因此 NH_3 可通过氢键与 H_2O 分子相互作用，或者通过反应“溶解”于水分子并产生 NH_4^+：

$$NH_3+H_2O(a) \rightarrow NH_4^+(a)+OH^-(a)$$

从红外光谱（infrared spectrum，IR）中可以看出，NH_3 和 H_2O 在 γ-Al_2O_3 和 TiO_2 表面迅速反应。产生的 OH^- 提高了样品表面的碱性，进而促进 SO_2 吸附并产生 HSO_3^- / SO_3^{2-}。在有氧条件下，HSO_3^- / SO_3^{2-} 可发生均相氧化，形成 HSO_4^{2-}/SO_4^{2-}。此外，氧化物表面存在大量氧空位和酸性羟基，如在 TiO_2 和 α-Fe_2O_3 表面，NH_3 主要吸附在 Lewis 酸性位点上，这很可能是由于氧空位的存在诱导 NH_3 配位吸附在金属原子周围；而且，当氧化物与 NH_3 相互作用时，表面羟基被明显消耗，这表明羟基也是 NH_3 吸附的活性位点。当吸附的 NH_3 物种提高了表面碱性后，SO_2 同时协同吸附在氧化物表面，形成 SO_3^{2-}。已知 SO_3^{2-} 是很强的质子接受体，而 NH_4^+ 是良好的质子给予体，两者之间可以形成 $^+H_4N—SO_3^{2-}$ 质子给予－接受复合物，从而利于表面亚硫酸盐的稳定存在并进一步氧化。

S═O 键对电子有很强的亲和力。当 SO_4^{2-} 与金属原子相互作用时，金属原子的 Lewis 酸性增强，一旦有 H_2O 分子出现，就会产生新的 Brønsted 酸性位点，具体反应如下：

$$M^+(O)_2S(O)_2 \xrightarrow{H_2O} (H^+)(H)O—M(O)_2S(O)_2$$

另外，在无水或表面羟基匮乏的氧化物表面会产生类似于 $(M_3O_3)S{=}O$ 结构的硫酸盐，在表面吸附水或者表面羟基大量存在的情况下，该结构会迅速转变成 $(M_3O_3)S{=}OOH$，产生额外的 Brønsted 酸性位点，反应如下：

$$(M—O)_3S{=}O \xrightarrow{H_2O} (M—OH)(M—O)_2S(OH)(O) \longrightarrow (M—O)_2S(O)_2\cdots H^+$$

本研究通过红外光谱研究发现表面有硫酸盐生成后，配位在 Lewis 酸性位点上的 NH_3 迅速转为 Brønsted 酸性位点吸附的 NH_4^+，表明 SO_4^{2-} 确实通过增加表面 Brønsted 酸性位点数量促进 NH_4^+ 的生成。由离子色谱定量结果可知，SO_2 和 NH_3 的复合效应在酸性氧化物如 α-Fe_2O_3、γ-Al_2O_3 表面更明显。原因包括以下两方面：①酸性氧化物表面可吸附更多 NH_3，从而诱导更多 SO_2 吸附；②酸性 α-Fe_2O_3、γ-Al_2O_3 表面富含羟基，更利于 Brønsted 酸性位点的产生。

前期，本研究团队结合实验研究和外场观测发现，NO_2 和 SO_2 共存明显促进了矿质氧化物表面硫酸盐的生成，对区域灰霾的形成具有重要的作用。上述结果还表明，SO_2 和 NH_3 在矿尘表面存在明显的复合效应。但是，关于 NH_3 对 NO_2 非均相反应过程的影响以及三者在矿尘表面共存时的相互作用机制仍有待探讨。因此，基于上述研究结果，本研究团队采用红外光谱和离子色谱进一步探究了 NO_2、NH_3 和 SO_2 三者共存时在 Fe_2O_3、α-Al_2O_3、CaO、MgO 等典型氧化物表面的非均相反应过程。

本研究团队分别探究了 SO_2 和 NO_2、SO_2 和 NH_3、NO_2 和 NH_3 三种模式下，两种反应气氛单独或共存时在矿质氧化物表面的非均相反应机制。基于此，采用离子色谱进一步定量分析并归纳总结了相同气体浓度下，SO_2、NO_2 和 NH_3 三种气氛共存与两两气氛共存时的反应结果（见图 2.25）。

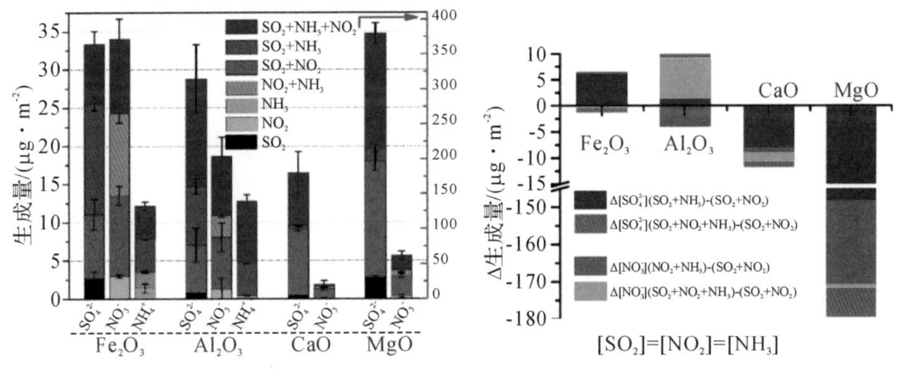

（a）1 ppmv SO_2、1 ppmv NO_2和1 ppmv NH_3单独和共存反应相同时间后（8.5 h）氧化物表面SO_4^{2-}、NO_3^-和NH_4^+吸附物种的生成量

（b）不同反应气氛下表面生成SO_4^{2-}和NO_3^-的数量差值

图 2.25　SO_4^{2-}、NO_3^- 和 NH_3 三种气氛共存与两两气氛共存时的反应结果

根据图 2.25（a）结果，三种气氛共存时，Fe_2O_3、CaO 和 MgO 表面生成的 SO_4^{2-}、NO_3^- 和 NH_4^+ 的量并未进一步增加，反而有所减少。这表明酸－碱作用机制（SO_2/NO_2 与 NH_3 之间）和氧化还原作用机制（SO_2 与 NO_2 之间）存在竞争作用。以 Fe_2O_3 表面生成的 SO_4^{2-} 为例，相同浓度下，NH_3 和 NO_2 都会竞争 SO_2 分子并促使其向 SO_4^{2-} 转化；而且，NO_2 和 NH_3 之间也会有相互作用，导致参与反应的气体分压浓度低于两种气氛共存时的分压浓度，从而抑制表面产物的生成。

图 2.25（b）更为直观地对比了三种气氛与两种气氛之间以及两两气氛之间的表面生成物种的含量差别。在酸性的 Fe_2O_3 和 Al_2O_3 表面，SO_2 和 NH_3 之间的酸－碱机制比 SO_2 和 NO_2 之间的氧化还原机制对 SO_4^{2-} 的贡献量更大。相反，在碱性的 CaO 和 MgO 表面，氧化还原复合效应机制对表面 SO_4^{2-} 贡献量远大于酸－碱复合效应机制对 SO_4^{2-} 的贡献量。这可能

是由于 NH_3 与 SO_2 之间的酸－碱相互作用引发的复合效应只是通过增强表面碱性来促进 SO_2 的吸附，进而通过氧化物本身的氧化性质（Fe_2O_3 本身具有强氧化性）或者通过吸湿性较强的表面液膜内氧化过程（羟基化的 Al_2O_3 表面利于 H_2O 分子吸附），将吸附的 SO_2 转化为 SO_4^{2-}。相比而言，NO_2 本身具有氧化性，可通过与 SO_2 之间的氧化还原作用促进 SO_4^{2-} 的生成。不同于 Fe_2O_3 和 Al_2O_3，碱性的 CaO 和 MgO 不利于 NH_3 的吸附，且本身不具氧化性，故 NO_2 的存在对 SO_4^{2-} 生成的促进作用远大于 NH_3 对 SO_4^{2-} 生成的促进作用。注意到所有氧化物表面 SO_2 和 NO_2 之间的氧化－还原作用对 NO_3^- 的贡献量远大于 NO_2 和 NH_3 之间酸－碱作用对 NO_3^- 的贡献量。这可能是由于 SO_2 与 NO_2 氧化还原反应过程中生成的亚硝酸盐在 O_2 存在条件下与气态 NO 进一步反应生成硝酸盐。

以上研究说明，酸－碱机制与氧化还原机制对 SO_4^{2-}、NO_3^- 和 NH_4^+ 二次无机盐的贡献量强烈依赖于矿尘本身的酸、碱及其氧化还原性质。因此，在实际区域大气条件下，建立矿尘性质与二次 SO_4^{2-}、NO_3^- 和 NH_4^+ 生成之间的关系对研究二次无机盐离子的形成机制具有重要意义。同时，富 NO_2 或 NH_3 条件对硫酸盐的生成具有极大的影响，因此实际研究中应将该因素考虑在内。

VOC 是大气中重要的污染物，甲苯是人为源排放 VOC 的典型代表。为研究多污染物共存对 VOC 光氧化过程中的二次颗粒物生成的影响，本研究进一步利用烟雾箱模拟了富氨和贫氨条件下甲苯 / 氮氧化物光氧化体系中二次颗粒物的生成。实验结果表明，随着二氧化硫浓度的增加，二次颗粒物组分的增加在贫氨和富氨条件下出现不同的增长特征，如图 2.26 所示。贫氨条件下，二氧化硫主要直接贡献于硫酸盐的生成；而富氨条件下，二次组分的增长均高于贫氨条件，且其他二次组分（硝酸盐、铵盐和二次有机气溶胶）的增长速率均超过硫酸盐本身。也就是说，富氨条件下，二氧化硫主要通过复合效应间接贡献于 $PM_{2.5}$ 的增长。

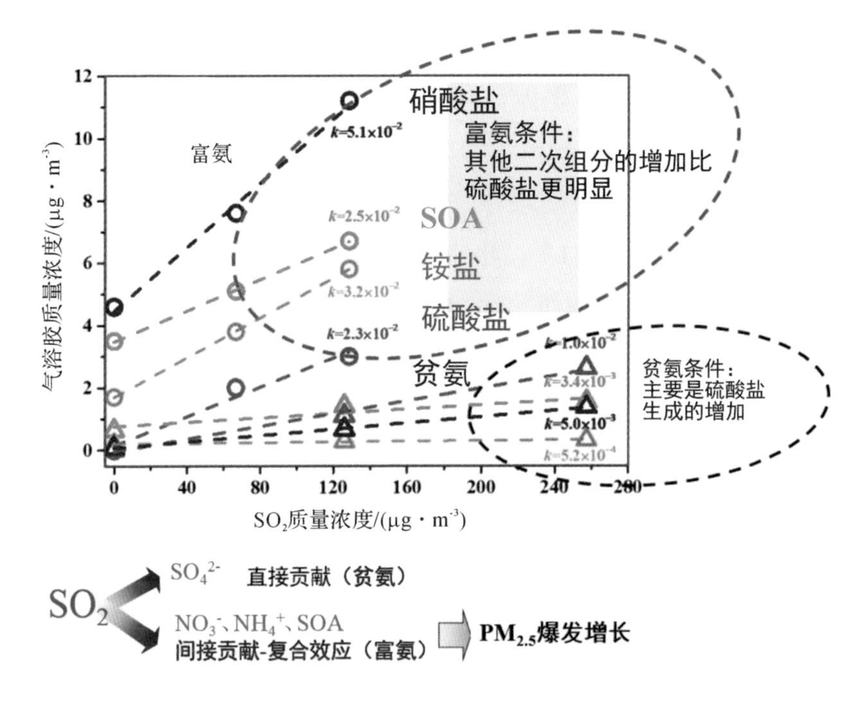

图 2.26　烟雾箱模拟中贫氨和富氨条件下 SO_2 对二次颗粒组分生成的影响

我国大城市的挥发性有机物和氮氧化物浓度较高，同时，我国燃煤和农业等排放导致大气中同时含有较多的二氧化硫和氨气，从而造成高度复合的大气污染。在这种复合污染条件下，二次颗粒物生成过程中污染物之间发生协同效应，导致气态污染物向颗粒物转化速度加快，降低了大气环境容量，这是我国灰霾频发的重要原因。

2.4.2　NH_3 和 SO_2 与机动车尾气复合污染模拟

NH_3 在大气中是第三丰富的含氮气体。NH_3 的主要来源有动物粪便、土壤中生物过程、氨肥、生物质燃烧和污水处理厂（Bouwman et al.，1997；Asman et al.，1998）。NH_3 可以中和硝酸、硫酸各自生成的硝酸铵和硫酸铵（Pinder et al.，2007）。硝酸铵和硫酸铵是 $PM_{2.5}$ 的重要组成部分（Chow et al.，1994）。近年来中国大城市面临着非常严重的 $PM_{2.5}$ 污染问题（Chan et al.，2008；Zhang et al.，2012），其中，铵盐对 $PM_{2.5}$ 的贡献超过 5%（He et al.，2001；Ianniello et al.，2011；Meng et al.，2011；Yang et al.，2011；Wang et al.，2012）。

NH_3 可以增强硫酸的成核，进而影响新颗粒生成（Ortega et al.，2008；Kirkby et al.，2011）。此外，烟雾箱研究结果表明，NH_3 可以通过与有机酸的反应促进 BVOC 生成 SOA（Na et al.，2007；Huang Y et al.，2012），而对于苯乙烯和臭氧的反应体系，NH_3 的存在会减少 SOA 的生成。因此，NH_3 对 SOA 生成的影响仍然未知，尤其是对复杂体系（如含有成千上万种气相和颗粒相物种的机动车尾气）的影响（Gordon et al.，2014b）。

隧道测试结果表明，轻型汽油车尾气是 NH_3 很重要的排放源（Fraser et al.，1998；Burgard et al.，2006；Kean et al.，2009；Liu et al.，2014）。Nordin 等（2013）发现怠速条件下汽油车尾气 SOA 的生成量比 POA 高 1~2 个数量级。Gordon 等（2014b）和 Platt 等（2013）同样观测到汽油车尾气 SOA 为 POA 的 1~15 倍。汽油车尾气在老化过程中，除生成 SOA 之外，同时生成大量的硝酸盐和铵盐（Nordin et al.，2013；Gordon et al.，2014b）。然而，机动车尾气除去 NH_3 后对二次粒子生成的影响仍然不清楚。因此，研究 NH_3 在汽油车尾气 SOA 生成过程中的作用，有助于理解城市地区大气化学过程以及老化的尾气气团传输至富含 NH_3 的郊区对当地空气质量的影响。

为了探究 NH_3 在汽油车尾气颗粒物生成中的作用，本研究团队设计了 NH_3 烟雾箱对照实验，两组实验 OH 自由基的平均浓度相近。在未除 NH_3 时，颗粒物数浓度迅速从 1000 cm^{-3} 增加至 4000 cm^{-3}；在除 NH_3 时，至实验结束仍无新颗粒生成。这表明汽油车尾气中的 NH_3 对新颗粒的生成作用很大。Kirkby 等（2011）发现，100 ppt 的 NH_3 可以使硫酸颗粒的成核速度增大 100~1000 倍。Kulmala 等（2013）也发现，NH_3 可以使硫酸形成更稳定的团簇结构，进而加速新颗粒的生成。由于烟雾箱模拟实验中 SO_2 初始浓度为 15 ppb，尾气中的 NH_3 可能会与硫酸反应生成更稳定的结构，从而促进新颗粒生成。反之，除去尾气中的 NH_3 将会抑制新颗粒生成。

HR-ToF-AMS 数据表明，不除 NH_3 的实验中，生成颗粒物的主要组分为硝酸铵，硝酸铵的最大浓度是 SOA 的 7 倍之多，表明汽油车尾气对二次无机气溶胶也有很大贡献。Nordin 等（2013）和 Gordon 等（2014b）同样观测到烟雾箱模拟汽油车尾气老化时有大量硝酸铵生成。此外，在匹兹堡高速公路隧道中，汽油车尾气同样生成大量硝酸铵（Tkacik et al.，2014）。许多研究观测到铵盐对城市环境中颗粒物的增长贡献很大（Zhang Q et al.，2004；Zhang YM et al.，2011；Crilley et al.，2014）。Zhu 等（2014）指出，铵盐对青岛和多伦多春季颗粒物增长有贡献。在本研究不除 NH_3 的实验中，硝酸铵浓度与颗粒物几何平均粒径之间呈现很好的线性相关性（$R^2 > 0.84$，$P < 0.001$），表明硝酸铵在汽油车尾气老化颗粒物快速增长过程中起重要作用。

由于 NH_3 对汽油车尾气颗粒物生成和增长有着重要作用，因此汽油车尾气中 NH_3 的去除能有效减少二次粒子的生成，改善城市地区空气质量。尽管我国汽油车尾气中 NH_3 的排放因子远高于美国（Liu et al.，2014）。然而，现有尾气排放标准只限制了 HC、NO_x 和 CO 及颗粒物的排放。因此，我国汽车尾气排放标准还应考虑限制 NH_3 的排放。

老化后的汽油车尾气传输至农村地区，与 NH_3 汇合后，可能影响当地空气质量（见图 2.27）。当向老化后的汽油车尾气中加入 100 ppbv 的 NH_3 后，颗粒物的数浓度和体积浓度迅速增大至 1×10^5 cm^{-3} 和 40 $\mu m^3 \cdot cm^{-3}$。因此，添加高浓度 NH_3 可能使硫酸团簇更稳定进而克服成核壁垒，造成颗粒物的爆发式增长（Kulmala et al.，2013）。在近 20 年时间里，我国一直是全球最大的氨排放国。2000 年，我国 NH_3 排放量占全亚洲的 55%（Streets et al.，2003）。农村家畜粪便和氮肥则是全国 NH_3 排放的主要来源，贡献

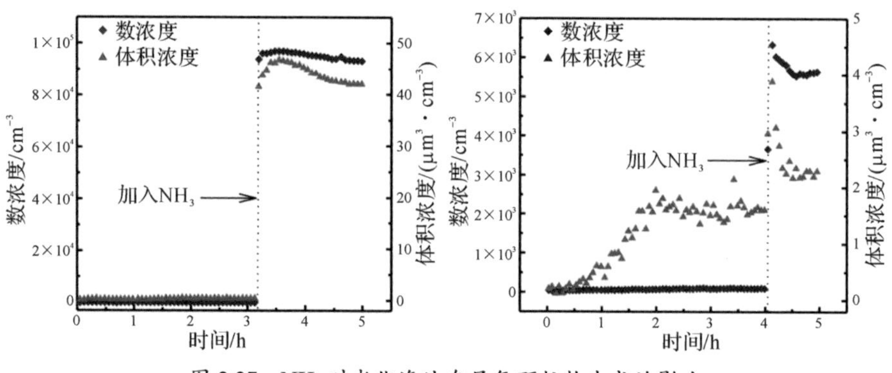

图 2.27　NH_3 对老化汽油车尾气颗粒物生成的影响

超过 85%（Huang X et al.，2012）。这意味着城市的汽油车尾气气团在白天传输至农村地区，与富含 NH_3 的气团相遇时造成颗粒物数量和质量的增大，因此机动车污染的影响不仅局限于城市，也会影响农村的空气质量，呈现出区域性污染的特点。

SO_2 主要来自燃煤电厂和燃煤锅炉排放。汽油车尾气含有大量的 NO_x 和 SOA 的前体物（如苯系物等），经过大气氧化生成二次硝酸盐和 SOA。当 SO_2 和汽油车尾气在大气中混合时，可能导致硫酸盐和 SOA 的生成更为复杂。汽油车尾气中含有烯烃，烯烃和 O_3 反应后可以形成稳定库利基中间体（Criegee intermediate，CI），有研究表明，CI 可以与 SO_2 快速反应，生成硫酸盐（Welz et al.，2012）。另一方面，近期烟雾箱模拟结果表明，SO_2 能够增强自然源和人为源前体物 SOA 的生成，这些前体物包括单萜烯、异戊二烯和苯系物（Edney et al.，2005；Kleindienst et al.，2006；Jaoui et al.，2008）。汽油车尾气中含有成千上万种气相和颗粒相化合物（Gordon et al.，2014a），SO_2 与单一 SOA 前体物的简单混合并不能代表 SO_2 和汽油车尾气混合时的情况。

为了研究 SO_2 与汽油车尾气的复合污染效应，即 SO_2 对汽油车尾气 SOA 生成的影响以及汽油车尾气对 SO_2 氧化生成硫酸盐的影响，本研究共进行了 6 次烟雾箱实验。不管是否加 SO_2，汽油车尾气老化后 1 h 内迅速生成二次粒子，经 4 h 光照后二次颗粒物质量趋于稳定。尽管本研究中实验用车排放标准从国一至国四不等，加入 SO_2 后，汽油车尾气 SOA 生成因子（PF）均大幅度提高，比不加 SO_2 时高 60%~200%（见图 2.28）。根据电荷守恒，对 H^+–NH_4^+–SO_4^{2-}–NO_3^- 体系中 H^+ 浓度进行计算（Edney et al.，2005），发现加 SO_2 时 H^+ 浓度为不加 SO_2 时的 2.7~38.6 倍。由图 2.28 可知，H^+ 浓度与汽油车尾气 SOA 之间有很强的正相关关系（$R^2 = 0.95$，$P < 0.001$），表明颗粒物酸性的增强是加 SO_2 时汽油车尾气 SOA 生成因子增大的重要原因。在之前关于单一 SOA 前体物单萜烯、异戊二烯和苯系物的烟雾箱模拟中，加 SO_2 将增加 SOA 产率（Edney et al.，2005；Kleindienst et al.，2006；Jaoui et al.，2008；Cao G et al.，2007），本研究 SOA 生成因子增大与之前研究结论类似。汽油车尾气中芳香烃的含量很丰富（Gordon et al.，2014b），而芳香烃是重要的人为源 SOA 前体物（Odum et al.，1997b）。尾气中的芳香烃经过氧化之后生成羰基化合物（如乙二醛等），这些羰基化合物经过酸催化非均相反应快速转化成低挥发性的产物并进入颗粒相（Jang et al.，2002；Cao G et al.，2007），进而增加 SOA 的生成量。此外，Kroll 等（2007）发现芳香烃化合物光氧化时 SOA 产率

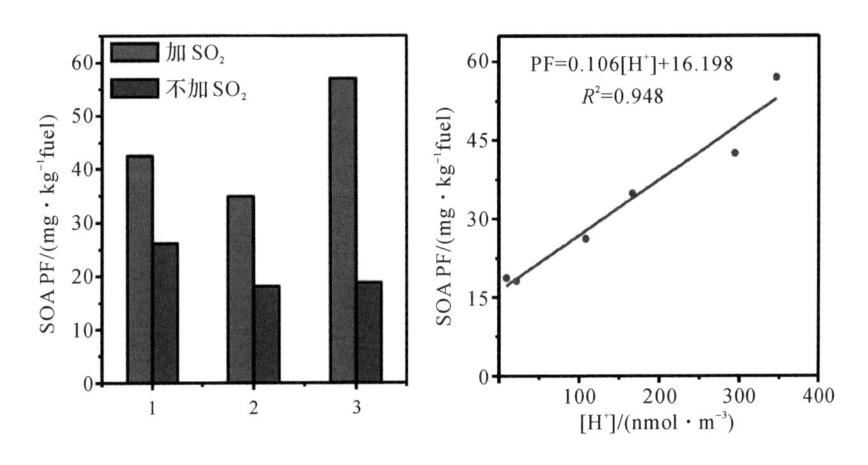

图 2.28 汽油车尾气 SOA 生成因子及其与颗粒物酸度的关系

在没有加无机种子气溶胶时会变低。在本研究中，加 SO_2 时生成的硫酸盐可能会减少半挥发性产物的壁损失，进而增加 SOA 的生成。

在汽油车尾气老化过程中，加 SO_2 时颗粒物最大数浓度是不加 SO_2 时的 5.4~48 倍，这表明加 SO_2 时新颗粒生成增强。作为硫酸的前体物，高浓度 SO_2 会导致硫酸大量生成，进而增大成核速率和颗粒物浓度（Sipila et al.，2010）。即使颗粒物初始浓度非常高，达到 $5\times10^3\ cm^{-3}$，加 SO_2 时仍然能观测到新颗粒生成现象。之前有研究表明，当 SO_2 浓度很高时，即便在污染很严重的城市地区也有新颗粒生成现象（Betha et al.，2013），本研究结果与之相符合。

对 SOA 的浓度变化进行微分，可得到 SOA 生成速率。SOA 生成速率在SOA生成初始阶段出现爆发式增长，然后持续下降，5 h后接近0。车型Ⅰ、Ⅱ和Ⅲ平均SOA生成速率在加 SO_2 时分别是不加 SO_2 时的1.1、1.2和4.4倍。SOA 和硫酸盐初始爆发生成尤其值得关注，因为可能与 $PM_{2.5}$ 的快速生成造成灰霾有关（He et al.，2014）。加 SO_2 时，汽油车 SOA 生成速率与颗粒物酸度之间有很强的线性相关性（$P < 0.001$，$R^2 > 0.93$），表明酸催化非均相反应对 SOA 快速生成起重要作用（Jang et al.，2002）。不加 SO_2 时，SOA 生成速率和颗粒物酸度之间没有类似的线性关系，可能是因为颗粒物酸度较低。

进一步的分析表明，当汽油车尾气和 SO_2 混合老化时，生成的 SOA 中 O/C 值比不加 SO_2 时低，而 H/C 值比不加 SO_2 时高。根据 SOA 的 O/C 和 H/C 值，可以估算碳平均氧化程度（oxidation state of carbon，OSc）。OSc 可以用来度量大气有机气溶胶的氧化程度（Kroll et al.，2011）。实验结果显示，有 SO_2 时汽油车尾气 SOA 的 OSc 为 -0.51 ± 0.06，而没有 SO_2 时汽油车尾气 SOA 的 OSc 为 -0.19 ± 0.08，这两种情况下 OSc 都在半挥发的氧化性有机气溶胶（SV-OOA）的范围内（-0.5~0）（Aiken et al.，2008）。较低的 OSc 表明有 SO_2 时 SOA 氧化程度更低。Shilling 等（2009）

在研究 α - 蒎烯臭氧氧化时，发现 SOA 的 O/C 值会随着有机质质量的增加而降低，并指出在有机质质量较小时生成的氧化产物的氧化程度更高。在本研究中，加 SO_2 时汽油车尾气 SOA 质量较大，这可能是 O/C 值较低的原因。此外，较易挥发产物的 O/C 值更低（Jimenez et al.，2009），而酸催化非均相反应可能导致这些较易挥发的产物进入颗粒相（Cao G et al.，2007），从而使有 SO_2 时汽油车尾气 SOA 氧化程度偏低。

对实验过程中硫酸盐浓度进行微分，可以得到硫酸盐的生成速率，其变化趋势与 SOA 生成速率类似，在初始阶段呈现爆发式增长（Xiao et al.，2009）。

一般认为，SO_2 在大气中主要为 OH 自由基发生均相氧化（Calvert et al.，1978）或与 H_2O_2 和 O_3 在云或液相中反应（Lelieveld et al.，1992）。由于实验中相对湿度只有 50% 左右，因此云或液相过程可忽略不计。SO_2 与 OH 自由基反应的消耗速率为 0.0023~0.0034 h^{-1}，仅占 SO_2 总消耗速率的 2.4%~4.6%。加 SO_2 的三次实验中，烯烃的初始浓度为 248~547 ppb，占 NMHCs 的 7.7%~23.5%。尾气中高含量的烯烃可以与臭氧反应生成大量的 CI。近期有研究表明，CH_2OO 与 SO_2 的反应速率常数是对流层模式中所使用值的 50~10000 倍（Welz et al.，2012），并指出在大气中 SO_2 被 CI 氧化和被 OH 自由基氧化同等重要。本研究团队对实验中 CI 的稳态浓度进行了估算，具体方法如下。

大气中稳态 CI 主要通过烯烃与 O_3 反应（Heard et al.，2004）生成：

$$\text{alkene（烯烃）} + O_3 \rightarrow \text{CI} + \text{products（产物）} \tag{2-4}$$

而 CI 的消耗主要通过与 H_2O、SO_2 和 NO_2 及自身热解反应完成：

$$\text{CI} + H_2O \rightarrow \text{产物} \tag{2-5}$$

$$\text{CI} + SO_2 \rightarrow SO_3 + \text{产物} \tag{2-6}$$

$$\text{CI} + NO_2 \rightarrow \text{产物} \tag{2-7}$$

$$\text{CI} \rightarrow \text{产物} \tag{2-8}$$

进而 CI 的稳态浓度由以下公式进行计算：

$$CI_{平衡态}=\frac{K_1[O_3][alkene]}{K_2[H_2O]+K_3[SO_2]+K_4[NO_2]+K_5} \tag{2-9}$$

当 NO_2 和 O_3 浓度相当时，CI 的稳态浓度可能较高，因为此时 O_3 浓度处于较高水平。当 K_2 和 H_2O 浓度分别为 1×10^{-16} $cm^3\cdot molecule^{-1}\cdot s^{-1}$ 和 4.2×10^{17} cm^{-3} 时，CI 因反应（2-5）的消耗速率为 42 s^{-1}。取 CH_2OO 与 SO_2 和 NO_2 的反应速率常数分别为 K_3 和 K_4，即 3.9×10^{-11} $cm^3\cdot molecule^{-1}\cdot s^{-1}$ 和 7.0×10^{-12} $cm^3\cdot molecule^{-1}\cdot s^{-1}$（Welz et al.，2012），CI 因反应（2-6）和（2-7）的消耗速率分别为 128~134 s^{-1} 和 42~63 s^{-1}。CI 经过反应（2-8）的消耗速率为 0.3~250 s^{-1}（Fenske et al.，2000）。进而三次实验中 CI 的总消耗速率可估算为 219~469 s^{-1}、219~468 s^{-1} 和 235~485 s^{-1}，取中值。CI 的生成与尾气中烯烃的组成和初始浓度有很大关系，在此，仅对乙烯和丙烯进行估算，因为它们占尾气中烯烃总浓度的 70% 左右。O_3 与乙烯和丙烯的反应速率常数分别为 $1.6\times10^{-18}cm^3\cdot molecule^{-1}\cdot s^{-1}$ 和 1.0×10^{-17} $cm^3\cdot molecule^{-1}\cdot s^{-1}$。进而得到三次实验中 CI 的稳态浓度分别为 $4.1\times10^5cm^{-3}$、2.0×10^5 cm^{-3} 和 3.3×10^5 cm^{-3}。通过计算进一步得到与 CI 反应的 SO_2 消耗速率，分别为 0.058 h^{-1}、0.028 h^{-1} 和 0.047 h^{-1}，占 SO_2 总消耗速率的 31%~68%。未能解释的消耗速率可能和 SO_2 与汽油车尾气发生的非均相反应有关。此外，Kulmala 等（2013）研究表明，胺类、NH_3 或有机蒸气可以使硫酸形成稳定团。因此，汽油车尾气中高含量的 NH_3（Liu et al.，2014）和 VOC 可能增强硫酸盐的生成。实验过程中硫酸盐和铵盐之间很强的正相关关系（$R^2>0.999$，$P<0.001$）在一定程度上反应了 NH_3 对硫酸盐生成的重要作用。

实际大气中存在成千上万种化合物，这些化合物之间也可能会相互影响，相互作用复杂。目前的烟雾箱模拟实验都是在以纯净空气为反应介质的条件下进行的。在纯净空气介质中，二次颗粒物的生成与在实际大气介质中的生成情况是否会有所不同？本研究团队针对典型的“甲苯

$+SO_2+NO_x$”组合设计了三组烟雾箱模拟实验。每组实验包括一次以纯净空气为介质和一次以广州市实际空气为介质的实验。每组实验中，反应条件（温度、湿度），初始反应物种类和浓度（甲苯、SO_2、NO、NO_2）以及 VOC/NO_x 比例均控制为相同。图 2.29 展示了实际大气介质和纯净空气介质

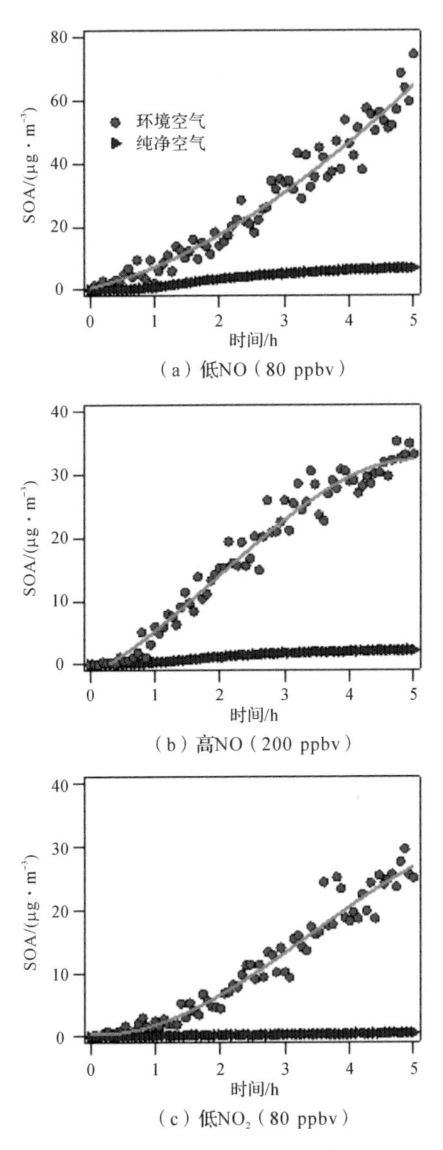

（a）低NO（80 ppbv）

（b）高NO（200 ppbv）

（c）低NO_2（80 ppbv）

图 2.29 实际大气介质和纯净空气介质中甲苯生成 SOA 的变化趋势

中甲苯生成 SOA 的变化趋势。5 h 光照后，经过壁效应校正，实际大气介质中甲苯生成的 SOA 分别增加至 64.4 $\mu g \cdot m^{-3}$、37.7 $\mu g \cdot m^{-3}$ 和 27.1 $\mu g \cdot m^{-3}$，这是纯净空气介质中甲苯生成 SOA 的 9~34 倍。实际大气介质中甲苯生成 SOA 的平均速率为 14.8 $\mu g \cdot m^{-3} \cdot h^{-1}$，远大于纯净空气介质中甲苯生成 SOA 的速率（1.1 $\mu g \cdot m^{-3} \cdot h^{-1}$）。此外，实际大气介质中甲苯消耗量分别为 37.0 ppbv、31.9 ppbv 和 28.0 ppbv，略高于纯净空气介质中甲苯消耗量（23.0 ppbv、14.7 ppbv 和 10.8 ppbv）。但是甲苯消耗量并不能解释实际大气介质和纯净空气介质中甲苯生成 SOA 量的差异。

本研究团队根据以下公式计算甲苯生成 SOA 的产率（Y）：

$$Y = \frac{\Delta M_0}{\Delta \text{Tol}} \tag{2-10}$$

其中，ΔM_0 表示生成的 SOA 质量，Δ Tol 表示反应消耗的甲苯浓度。实际大气介质中甲苯生成 SOA 的产率分别是 46.1%、31.4% 和 25.7%，是纯净空气介质中 SOA 产率的 5.6~12.9 倍。

在烟雾箱实验中，初始颗粒物的存在能够促进有机蒸气从气相到颗粒相的分配，减少有机蒸气的壁损失，进而促进 SOA 的形成（Zhang X et al.，2015；Ye PL et al.，2016）。在实际大气介质中，初始颗粒物数浓度为 6234~14649 # cm^{-3}，而纯净空气介质中并没有初始颗粒物的存在。为了验证初始颗粒物的存在是否是实际大气介质中甲苯生成 SOA 产率升高的原因，在纯净空气介质中加入 6500 # cm^{-3} 的硫酸铵。加入硫酸铵颗粒后，甲苯生成 SOA 的产率仅为 8.0%，这与没有加硫酸铵实验中甲苯生成 SOA 的产率相同。通过进一步分析可以发现，在所有实验中，在紫外灯打开后约 30 min 内，颗粒物大量生成，颗粒物数浓度迅速增加至 10^6 # cm^{-3} 以上；在纯净空气介质中，颗粒物的表面积也迅速增加至 100 $\mu m^2 \cdot cm^{-3}$，达到与实际大气介质中颗粒物表面积相同的水平。这表明在本研究体系“甲苯+SO_2+NO_x”中，初始颗粒物的存在并不是实际大气介质中甲苯生成 SOA

产率增加的因素。

颗粒物酸度能够促进甲苯生成 SOA（Cao G et al.，2007）。本研究团队利用模型 AIM-Ⅱ估算实验中颗粒物的酸度。在实际大气介质中，颗粒物酸度为 2.35~3.81 nmol·m^{-3}，是纯净空气介质中的 12~64 倍（见图 2.30）。这表明颗粒物酸度可能是实际大气介质中甲苯生成 SOA 产率增加的原因。值得注意的是，实际大气介质中初始颗粒物酸度和硫酸铵种子的酸度相同。这表明实际大气介质中颗粒物酸度的增加可能是反应过程中硫酸盐生成的增加造成的。

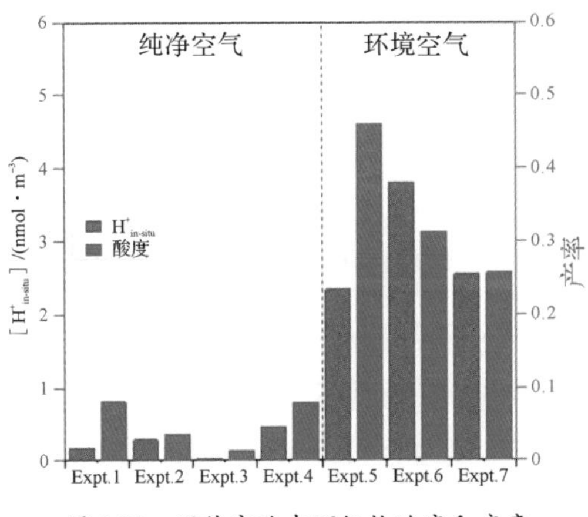

图 2.30 甲苯实验中颗粒物酸度和产率

实际大气介质中，硫酸盐的生成量分别为 41.3 μg·m^{-3}、30.5 μg·m^{-3} 和 27.0 μg·m^{-3}；纯净空气介质中，硫酸盐的生成量分别为 15.8 μg·m^{-3}、7.6 μg·m^{-3} 和 4.0 μg·m^{-3}。同时，实际大气介质中 SO_2 的消耗速率是纯净空气介质中的 2.0~7.5 倍。这表明，实际大气介质中 SO_2 反应速率加快，导致生成的硫酸盐增加。硫酸盐主要是通过 SO_2 和 OH 自由基反应生成的（Calvert et al.，1978）。所有实验中初始 SO_2 浓度保持一致，根据 OH 自由基浓度，计算得到纯净空气介质中 SO_2 通过 OH 自由基反应途径的消耗速率为 0.011~0.020 h^{-1}，实际大气介质中 SO_2 通过 OH 自由基反应途径的消耗速率为 0.024~0.033 h^{-1}，只能解释 21%~38% 总 SO_2 的消耗。Liu 等（2016）研究表明，CI 能够和 SO_2 反应。通过计算得到，本研究中 SO_2 通过 sCI 反应途径的消耗速率为（0.8~5.7）$\times 10^{-5}$ h^{-1}，仅占总 SO_2 消耗速率的 0.1%。有研究表明，SO_2 能够在颗粒物表面多相反应生成 H_2SO_4（Dupart et al.，2012；Yang et al.，2016）。总的来说，实际大气介质中 SO_2 多相反应的增强，导致了 SO_2 反应速率的增加，从而促进了硫酸盐的生成；硫酸盐的增加又会导致颗粒物酸度的增加，进一步促进甲苯 SOA 的生成。

2.4.3 黑碳表面非均相反应过程的研究

黑碳（BC）可与大气中的气相组分快速发生反应。这种反应不仅影响大气的组成，同时可改变黑碳自身的组成、结构和形貌等性质，进一步引起黑碳环境和气候效应的变化。目前，对大气气相组分与黑碳非均相反应的研究主要集中在以下两方面。①关注反应过程中气相反应物的浓度变化和反应动力学。可借助流动管反应装置（flow reactor）、红外光谱（IR）和克努森（Knudsen cell）等与气体分析仪或质谱仪等联用来检测气相组分的浓度变化，并获得摄取系数（uptake coefficient，γ）。γ 是评估大气非均相反应的重要参数，是大气颗粒物摄取或反应能力的重要量化指标。②研究反应过程中黑碳的组成、形貌和亲水性等变化。可通过 IR、离子色谱（IC）和气溶胶质谱（Aerosol mass spectrometry，AMS）等手段来观察黑碳上的反应产物和其自身的变化，借助模式计算进一步揭示黑碳环境和气候效应的变化。本研究利用自行设计的扩散型燃烧器制备黑碳样品，利用流动管反应装置考察了 SO_2 和 O_3 等在黑碳或黑碳中元素碳上的摄取动力学和摄取容量，研究了黑碳表面的主要大气老化过程。

（1）SO_2 与黑碳的非均相反应

文献研究表明，水是 SO_2 和黑碳非均相反应中硫酸盐生成的必要条件，但是对于水在这一过程中的作用尚不清楚。因此本研究在黑碳燃氧比为 0.134，在相对湿度（RH）为 6%~89% 的条件下，对水在 SO_2 和黑碳非均相反应中的作用进行了详细考察。不同相对湿度下黑碳上硫酸盐生成量随时间的变化趋势如图 2.31 所示。在相对湿度不大于 68% 时，硫酸盐的生成趋势相对一致，先随时间线性增加，然后增加减缓，最后反应达到平衡。当相对湿度高于 80% 时，在反应的前 30 min，硫酸盐呈线性快速增加，之后增加趋势大幅减缓，9 h 后反应达到平衡。

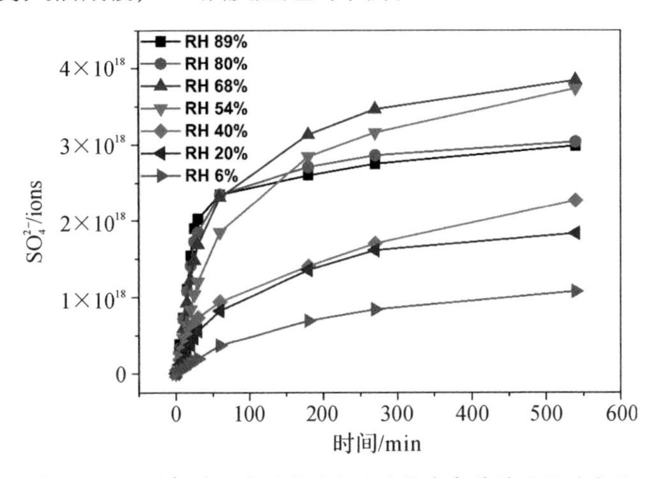

图 2.31　不同相对湿度下黑碳上硫酸盐生成量随时间的变化

平衡条件下，当 RH 从 6% 增加到 68% 时，黑碳上的硫酸盐生成量从 1.076×10^{18} ions 增加到 3.840×10^{18} ions；随着 RH 进一步提高到 89%，硫酸盐生成量下降到 2.983×10^{18} ions。此外，从离子色谱的测定结果可知，当 RH 在 6%~89% 时，单位质量黑碳上硫酸盐的生成量为 0.249~0.805 $mg\cdot g^{-1}$，并且硫酸盐的生成量随 RH 的变化趋势与 ATR-IR 实验结果基本一致，这确定了 ATR-IR 实验结果的可靠性。根据已有研究结果可知（Lisovskii et al.，1997；Lizzio et al.，1997；Rubio et al.，1998；Liu et al.，2003；Zhang et al.，2007），在低 RH 条件下，黑碳表面硫酸盐的生成速率可表示为

$$\frac{d[H_2SO_4]}{dt}=k[SS][SO_2]^a[O_2]^b[H_2O]^c \tag{2-11}$$

其中，k 为反应的速率常数，a、b 和 c 分别为 SO_2、O_2 和 H_2O 的反应级数，SS 为黑碳表面活性位点，包括 SS_1 和 SS_2。其中 SS_1 为 SO_2、O_2 的吸附活性位点，碳上的 π 电子参与其中（Zawadzki，1978，1987a，1987b），SS_2 为 H_2O 的吸附活性位点，为黑碳上极性含氧官能团。

在反应的初始阶段，黑碳上生成硫酸盐的量相对其活性位点数很少，因此可以认为这个阶段黑碳上活性位点数是常量。当 RH 从 6% 增加到 89% 时，硫酸盐的表观速率常数从（6.334 ± 0.085）$\times 10^{15}$ ions·min^{-1} 增加到（7.582 ± 0.045）$\times 10^{17}$ ions·min^{-1}。从硫酸盐的表观速率常数和含水量的对数关系可得到水的反应级数。在 RH 为 6%~89% 时，水的反应级数为 0.756 ± 0.072。水的反应级数小于 1，说明此反应有 Langmuir–Hinshelwood 机制参与。这与之前的研究结果一致，当 SO_2 和 O_2 存在时，H_2O 吸附在黑碳表面，并参与反应，生成硫酸（Lizzio et al.，1997；Rubio et al.，1998）。

结合不同 RH 条件下硫酸盐的生成总量和表观生成速率，可以发现，水在 SO_2 与黑碳非均相反应中的作用与水的量有关。当 RH 为 6%~68% 时，RH 的增加极大地促进了硫酸盐的生成，表现为硫酸盐生成总量增加和硫酸盐表观生成速率增大。但是，当 RH ⩾ 80% 时，水促进了反应初始阶段硫酸盐的生成，降低了反应稳态时硫酸盐的生成总量。这些结果显示，适量的水能促进黑碳表面上硫酸盐的生成，而过量的水则会抑制硫酸盐的生成。

研究团队对不同 RH 条件下 SO_2 在黑碳上的摄取进行了考察，将初始摄取系数（$\gamma_{initial}$）和摄取容量总结在表 2.5 内。其中的误差代表至少三次实验的标准偏差。SO_2 在黑碳上的 $\gamma_{initial}$ 随 RH 增加而增大，当 RH 从 6% 增加到 89% 时，$\gamma_{initial}$ 从（0.77 ± 0.04）$\times 10^{-8}$ 增大到（1.40 ± 0.05）$\times 10^{-8}$，增加了近一倍。同时，随着 RH 从 6% 增加到 68%，SO_2 在黑碳上的摄取容量从（0.19 ± 0.01）mg·g^{-1} 增加到（0.59 ± 0.02）mg·g^{-1}；随着 RH 进一

步增大到 89%，SO_2 的摄取容量降低到（0.47 ± 0.01）$mg \cdot g^{-1}$。这说明，当 RH 为 68% 时，SO_2 在黑碳上的摄取容量最大。此结果与硫酸盐在黑碳上的生成量随 RH 的变化趋势一致，进一步证实了 RH 为 68% 时，黑碳与 SO_2 的反应活性最高。由此可以确定，一定量的水可以促进 SO_2 在黑碳上的吸附，进而促进硫酸盐的生成；而过量的水吸附在黑碳表面会阻碍 SO_2 在黑碳上的吸附和硫酸盐的生成。当 RH ≥ 80% 时，过量的水吸附凝结在黑碳上，此时，凝结的水可能会对 SO_2 的吸附产生空间位阻。之前的研究也发现类似的结果：当用活化的半焦吸附处理烟气中的 SO_2 时，水含量为 7% 时最有利于 SO_2 的去除，而过高或过低的水含量都会降低 SO_2 的去除率（Liu et al.，2003）。此外，根据 IC 结果中硫酸盐的生成量和流动管结果中 SO_2 的摄取量可知硫酸盐的产率为 95%。这与 ATR-IR 的结果一致，即吸附态的 SO_2 主要转化为硫酸盐，只有一小部分以亚硫酸盐或吸附态的 SO_2 存在。

表 2.5　不同 RH 条件下黑碳上 SO_2 的初始摄取系数和摄取容量

RH/%	$\gamma_{initial}/10^{-8}$	SO_2 摄取容量 /（$mg \cdot g^{-1}$）
6	0.77 ± 0.04	0.19 ± 0.01
20	0.80 ± 0.09	0.24 ± 0.01
40	0.86 ± 0.05	0.29 ± 0.01
54	1.09 ± 0.07	0.57 ± 0.02
68	1.23 ± 0.09	0.59 ± 0.02
80	1.30 ± 0.07	0.49 ± 0.02
89	1.40 ± 0.05	0.47 ± 0.01

（2）O_3 与黑碳的非均相反应

O_3 与黑碳非均相反应初始时刻，O_3 浓度急剧下降，之后随反应进行逐渐恢复。黑碳表面吸附或反应位点的消耗导致 O_3 摄取量逐渐减小。相对于燃氧比 0.101 条件下制备的黑碳，在燃氧比 0.162 条件下制备的黑碳上，O_3 初始浓度下降明显。通过对比 O_3 在黑碳上的消耗量随时间变化的情况可知，燃氧比为 0.162 的黑碳失活速率较低，该黑碳样品上具有较多的反应活性位点。本研究团队对 O_3 在不同燃氧比条件下制备黑碳上的摄取进行了考察，将初始摄取系数（$\gamma_{initial}$）和摄取容量总结在表 2.6 中。其中的误差代表至少三次实验的标准偏差。O_3 在黑碳上的 $\gamma_{initial}$ 随黑碳的制备燃氧比的增加而增大，当燃氧比从 0.101 增大到 0.162 时，$\gamma_{initial}$ 从（3.53 ± 0.02）$\times 10^{-5}$ 增大到（7.34 ± 0.03）$\times 10^{-5}$，增大了一倍多。上述实验结果说明，燃烧条件能够显著改变黑碳对 O_3 的反应活性，高燃氧比时制备的黑碳具有较高的 O_3 反应活性。目前为止，已报道的 O_3 在各种来源黑碳上的摄取系数范围为 10^{-1}~10^{-8}，即使归一到黑碳的比表面积，摄取系数仍为 10^{-3}~10^{-6}（Rogaski et al.，1997；Kamm et al.，1999；Longfellow et al.，2000；Lelièvre et al.，2004；McCabe et al.，2009；Zelenay et al.，2011），存在着巨大差异。不同研究中所用的黑碳来源不同，因此黑碳的组成、结构和比表面积存在差异。不同研究所采用的反应条件（如 O_3 浓度、温度、压强、相对湿度和光照等）也不同，这些差异都会引起 O_3 在黑碳上摄取系数的变化。根据本研究的结果可知，黑碳的性质，尤其是有机碳的性质，会在很大程度上影响黑碳与 O_3 的反应活性。

表 2.6　不同燃氧比黑碳上 O_3 的初始摄取系数和摄取容量

燃氧比	$\gamma_{initial}/10^{-5}$	O_3 摄取容量 /（$mg \cdot g^{-1}$）
0.162	7.34 ± 0.03	32.72 ± 3.44
0.148	6.04 ± 0.08	30.74 ± 0.87
0.134	5.23 ± 0.01	30.13 ± 1.71
0.118	4.48 ± 0.02	29.99 ± 0.79
0.101	3.53 ± 0.02	29.27 ± 0.47

黑碳由有机碳（OC）和元素碳（EC）组成（Daly et al.，2009；Han et al.，2013）。燃烧条件能够显著影响 OC 的含量和性质，进一步影响黑碳与 O_2、NO_2 和 SO_2 的反应活性（Han et al.，2012；Han et al.，2013；Zhao et al.，2017）。相似地，OC 可能会影响黑碳与 O_3 的反应活性。为了进一步验证 OC 对 O_3 与黑碳非均相反应的影响，对 O_3 在燃氧比为 0.162 时制备的黑碳和 EC 上的摄取进行比较，发现 O_3 在元素碳上的初始摄取低于其在新鲜黑碳上的初始摄取容量，$\gamma_{initial}$ 值从黑碳上的（7.34 ± 0.03）$\times 10^{-5}$ 下降到元素碳上的（3.38 ± 0.02）$\times 10^{-5}$。这个结果说明，OC 在黑碳与 O_3 的非均相反应中起重要作用。

由黑碳的微观结构分析可知，燃烧条件影响黑碳的微观结构，黑碳骨架 EC 中石墨片层上的缺陷位随燃氧比增大而增多。因此，本研究团队利用流动管反应装置考察了 O_3 与黑碳中 EC 的非均相反应。表 2.7 总结了不同燃氧比条件下 EC 上 O_3 的 $\gamma_{initial}$ 和摄取容量。$\gamma_{initial}$ 随燃氧比增大而有所增大，这说明高燃氧比条件下产生的 EC 显示较高的 O_3 反应活性。同时，O_3 在 EC 上的摄取容量随燃氧比增大而显著增加，当燃氧比从 0.101 增加到 0.162 时，O_3 在 EC 上的摄取容量从（36.77 ± 2.02）$mg \cdot g^{-1}$ 增加到（49.79 ± 1.22）$mg \cdot g^{-1}$，增幅达 35%。这一结果证实了在高燃氧比条件下制备的 EC 具有较高的反应活性。

表 2.7　不同燃氧比条件下 EC 上 O_3 的初始摄取系数和摄取容量

燃氧比	$\gamma_{initial}/10^{-5}$	O_3 摄取容量 /（$mg \cdot g^{-1}$）
0.162	3.38 ± 0.02	49.79 ± 1.22
0.148	3.15 ± 0.04	45.07 ± 1.62
0.134	2.77 ± 0.01	42.33 ± 0.27
0.118	2.56 ± 0.01	40.04 ± 2.07
0.101	2.39 ± 0.07	36.77 ± 2.02

现有研究表明，黑碳石墨片层中来源于非六元环的缺陷位易被氧化（Tsang et al.，1994；Vander Wal et al.，2003，2004；Müller et al.，2005，2007）。由 EC 的微观结构分析可知，由石墨片层曲率表征的缺陷位随燃氧比的增大而增加。因此，本研究团队对石墨片层中的缺陷位和 O_3 的 $\gamma_{initial}$ 进行了相关分析，结果表明，$\gamma_{initial}$ 随 EC 中石墨片层曲率的减小而线性增加，即 $\gamma_{initial}$ 随石墨片层缺陷的增多而线性增加。这说明 EC 中石墨片层上的缺陷位是 O_3 在 EC 上的主要活性位点。Liu 等（2010）研究发现，黑碳中不同的微观结构对 O_3 呈现不同的反应活性，无序碳是黑碳臭氧化反应的主要活性位点；高燃氧比条件下制备黑碳中的无序碳的 O_3 反应活性高于低燃氧比条件下制备黑碳中的无序碳的 O_3 反应活性。这充分说明燃烧条件可以影响黑碳中元素碳的微观结构，进而影响其与 O_3 的反应活性。

如果实验考察的黑碳中 OC 和 EC 上的活性位点对 O_3 的反应活性一样或者相似，那么 O_3 的摄取系数和摄取容量可进行相关性分析。研究结果表明，O_3 在燃氧比 0.162 条件下制备的黑碳上的 $\gamma_{initial}$ 值较大，为（7.34 ± 0.03）$\times 10^{-5}$，在燃氧比 0.162 条件下制备的 EC 的 $\gamma_{initial}$ 值较小，为（3.38 ± 0.02）$\times 10^{-5}$；但是 O_3 在燃氧比 0.162 条件下制备的黑碳上的摄取容量为（32.72 ± 3.44）$mg \cdot g^{-1}$，小于其在燃氧比 0.162 条件下制备的 EC 上的摄取容量 [（49.79 ± 1.22）$mg \cdot g^{-1}$]。这说明黑碳中 OC 上的不饱和物种和 EC 上的缺陷位对 O_3 的反应活性不一样。

Metts 等（2005）发现，新鲜柴油机颗粒物的 O_3 去除率为（5.6 ± 1.8）wt%，去掉其上的可溶性有机组分后，柴油机颗粒物中 EC 的 O_3 去除率增大到（31 ± 4）wt%。已知新鲜柴油机颗粒物中含有大量 OC，如饱和与不饱和的碳氢化合物、多环芳烃及其衍生物（Kolb et al.，2010）。据本研究的实验结果可知，OC 上只有不饱和物种才有较强的 O_3 反应活性，由此可以推断 Metts 等所研究的新鲜柴油机颗粒物的 OC 上不饱和物种含量较少，所以其 O_3 去除率较低。当 OC 被去除以后，柴油机颗粒物的 EC 上的缺陷

位可以和 O_3 反应。而柴油机颗粒物的 EC 上的大量缺陷位的存在使其具有较高的 O_3 去除率。

（3）O_2 与黑碳的光化学老化

本研究团队对比了光反应和暗反应条件下黑碳的氧化过程。在暗反应条件下，黑碳暴露在 20% O_2 气氛下 12 h 后，其红外光谱基本没有发生变化。在光照条件下，黑碳暴露在 20% O_2 气氛下 12 h 后，黑碳表面物种发生了显著变化。炔烃 C—H（ ≡C—H ）和芳香 C—H（ Ar—H ）的峰强显著降低，光化学老化过程中有酮、醚等含氧物种的生成。这些结果确定了光照能激发分子氧对黑碳的老化。同时，氧化产物的积分面积随着光照时间的增长而持续增大。这说明黑碳表面含氧物种的不断生成，将导致黑碳表面 O/C 的不断增大。为了确定 O/C 在 O_2 对黑碳的光化学老化过程中的作用，将富燃黑碳在纯 N_2 气氛、300 ℃的条件下进行加热，去除有机碳。在光照条件下，去除有机碳的黑碳暴露在 20% O_2 气氛下 12 h 后，黑碳的红外光谱基本没有发生变化。这说明去除有机碳的黑碳的活性显著降低，有机碳应当是黑碳光化学老化过程中的主要参与者。

为了进一步确定有机碳在黑碳光化学老化过程中的作用，在暗反应条件下将富燃黑碳在正己烷中超声萃取 10 min，然后考察萃取后的黑碳残余的反应活性。在光化学氧化过程中，黑碳残余的红外光谱仅有微弱的峰出现，说明黑碳残余的反应活性非常低；而萃取液中有机碳的红外光谱发生了显著变化，产生了与新鲜黑碳几乎相同的产物。这些实验结果进一步说明，分子氧对黑碳的光化学老化过程起源于黑碳表面有机碳的光化学反应。而正己烷是非极性溶剂，这也暗示了有机碳中非极性组分是高活性组分。

本研究应用 GC-MS 进一步确定了有机碳的组成。有机碳主要由蒽、菲、荧蒽、芘等多环芳烃以及一些不确定的有机成分组成（见图 2.32）。可以看到，小分子量的多环芳烃（例如蒽、菲等）在光化学老化后明显减少，

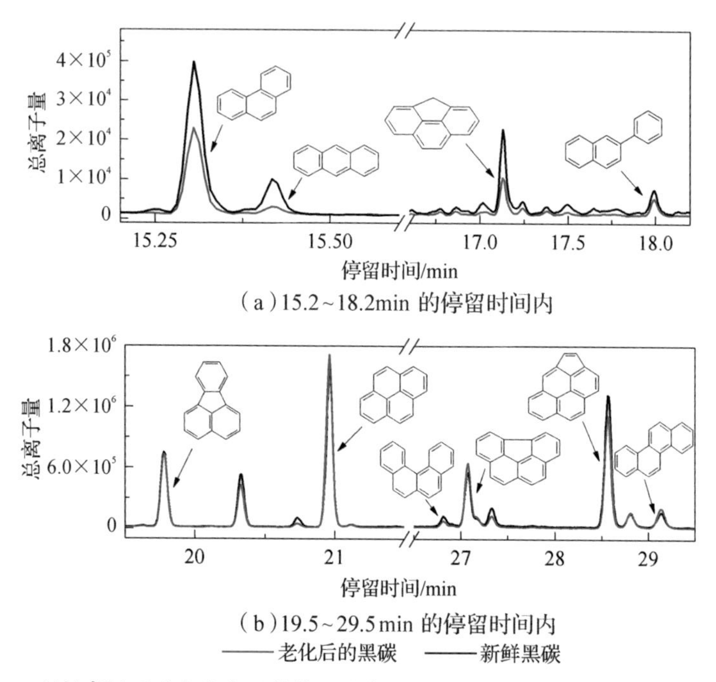

(a) 15.2~18.2min 的停留时间内

(b) 19.5~29.5 min 的停留时间内

图 2.32 新鲜富燃黑碳和被分子氧氧化的富燃黑碳的正己烷萃取液的 GC-MS 分析

小分子量的多环芳烃是黑碳光化学老化过程中的主要活性物种。尽管脂肪烃没有在GC-MS中被发现，但是在红外光谱中可观察到炔烃C—H的消耗，这说明脂肪烃也参与了分子氧对黑碳的光化学老化过程。在 GC-MS 中也没有检测到在燃烧和氧化过程中产生的含氧物种，这可归因于有机碳是通过非极性萃取剂正己烷的萃取得到的。但是在红外光谱分析中可以清楚地观察到分子氧对黑碳的光化学老化过程中醛、酮、醌、内酯、酸酐等含氧物种的生成。

在光照以及不同氧气含量条件下，富燃黑碳上芳香羰基（Ar—C═O）、脂肪羰基（C═O）、芳香 C—H（Ar—H）、炔烃 C—H（≡C—H）四个官能团的红外光谱中各自的峰面积随反应时间均呈现出指数变化趋势，说明这些官能团在反应中遵循准一级反应动力学。因此可以应用准一级反应对实验数据进行拟合：

$$\ln[(A_0-A_p)/(A_t-A_p)]=k_{1,\mathrm{obs}} \tag{2-12}$$

其中，A_t 是给定反应时间 t 的峰面积，A_0 是初始时刻的峰面积，A_p 是在图2.32中平台的峰面积。如果积分面积与物种的表面浓度呈正比关系，那么 $k_{1,\mathrm{obs}}$ 是准一级反应的表观速率常数。

图2.33对比了有机碳有无黑碳骨架时的反应速率，在光照及20% O_2 气氛下，Ar—C═O、C═O、Ar—H、≡C—H四个官能团在黑碳上的 $k_{1,\mathrm{obs}}$ 均高于不在黑碳上的 $k_{1,\mathrm{obs}}$，这说明黑碳骨架上的元素碳在分子氧对黑碳的光化学老化过程中可能具有一定的催化作用。根据L-H机理的公式，对官能团Ar—C═O、C═O、Ar—H、≡C—H的 $k_{1,\mathrm{obs}}$ 与分子氧浓度之间的关系进行拟合，拟合相关系数均大于0.99，这表明了分子氧对黑碳的光化学老化过程黑碳表面物种遵循L-H反应机理。从拟合结果可知，Ar—C═O、C═O、Ar—H、≡C—H四个官能团的 $k^{\mathrm{I}}_{\max}$ 分别为 $4.2\times10^{-2}\ \mathrm{min}^{-1}$、$2.1\times10^{-2}\ \mathrm{min}^{-1}$、$3.1\times10^{-2}\ \mathrm{min}^{-1}$、$3.8\times10^{-2}\ \mathrm{min}^{-1}$。

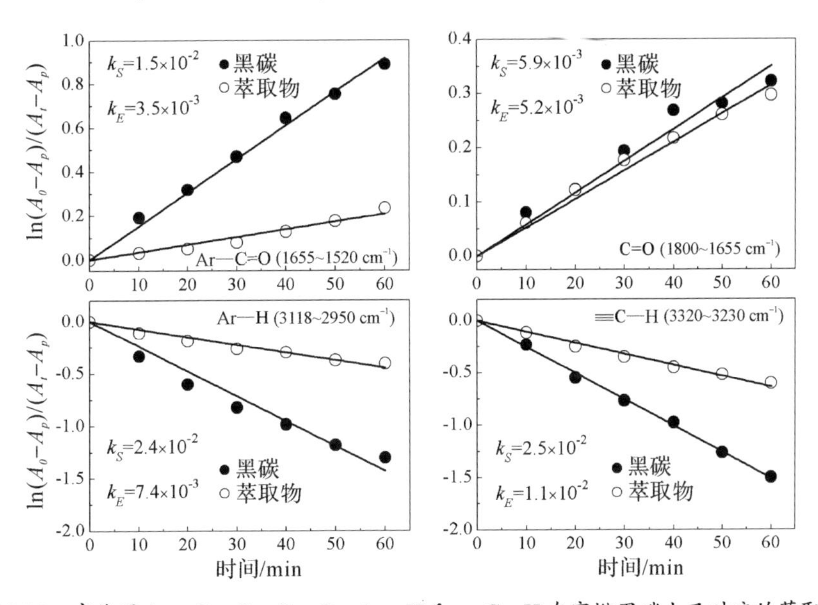

图2.33 官能团Ar—C═O、C═O、Ar—H和≡C—H在富燃黑碳上及对应的萃取液中的反应动力学

O_3 作为大气层中另一重要的氧化剂，在大气层化学反应中也起着重要的作用。为了考察氧气对黑碳光化学老化的相对重要性，我们对比了 20% O_2 和 100 ppb O_3 在暗反应和光反应条件下对富燃黑碳的老化速率，发现 Ar—C═O、C═O、Ar—H、 ═C—H 四个官能团在光反应条件及 20% O_2 气氛下的 $k_{1,obs}$ 是暗反应条件及 100 ppb O_3 气氛下的 $k_{1,obs}$ 的 3~5 倍，是光反应条件及 100 ppb O_3 气氛下的 $k_{1,obs}$ 的 1.5~3.5 倍。在真实大气条件下，O_3 的平均浓度在 30 ppb 左右，远低于本研究中的 O_3 浓度。那么，在白天典型的太阳光照条件下，O_2 可能比 O_3 对黑碳的光化学老化起着更重要的作用。

光化学老化将显著影响黑碳的环境效应。Ar—H、 ═C—H 等活性物种的消耗将降低黑碳对 OH、O_3、NO_2、NO_3、N_2O_5、HNO_3 等氧化性气体的摄取活性。Ar—C═O、C═O 等各种含氧极性物种的生成将提高黑碳作为云凝结核（cloud condensation nuclei，CCN）和冰核的能力，从而影响降水分布，减少黑碳在大气中的寿命。黑碳通过强烈地吸收和散射紫外及可见波长范围内的太阳光，能够显著影响大气层的辐射强迫以及许多大气氧化剂的光解速率。黑碳的光学性能显著依赖于其形貌、结构和组成。黑碳在光化学老化过程中的自身变化可能显著改变它的光学性能，从而导致黑碳对一些大气氧化剂光化学影响的改变。光化学老化导致黑碳在波长 200~700 nm 范围内光吸收能力增强，这将影响大气层的辐射强迫以及降低 O_3、NO_2 等大气氧化剂的光解速率。

3 大气灰霾溯源

3.1 京津冀典型区域致霾粒子来源解析

致霾粒子成分观测网中京津冀 12 个观测站点 $PM_{2.5}$ 来源的年均贡献量如图 3.1 所示，年均值最高的三个地区为唐山、石家庄和保定，其年均质量浓度分别为 158.4 $\mu g \cdot m^{-3}$，155.7 $\mu g \cdot m^{-3}$ 和 154.3 $\mu g \cdot m^{-3}$。沧州与香河以 134.9 $\mu g \cdot m^{-3}$ 和 134.2 $\mu g \cdot m^{-3}$ 次之。天津、秦皇岛、香山、健德门和东

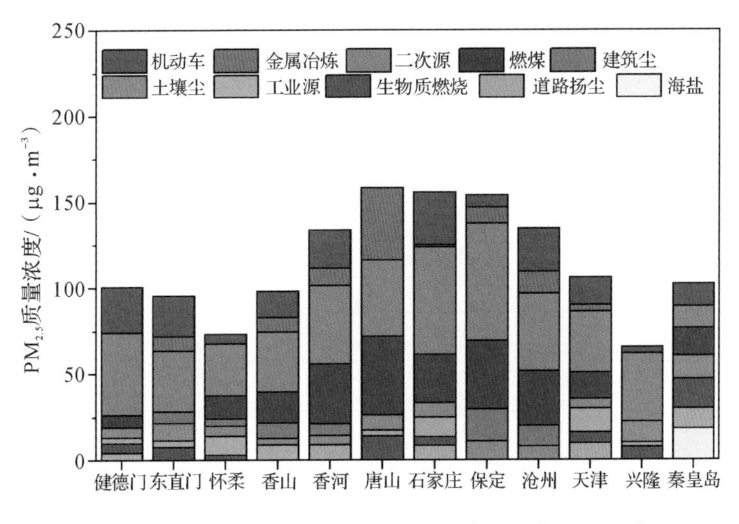

图 3.1　京津冀 12 个观测站点 $PM_{2.5}$ 来源的年均贡献量

直门五个站点的 $PM_{2.5}$ 质量浓度接近，其变化范围为 95.7~106.4 μg·m^3。怀柔和兴隆的 $PM_{2.5}$ 质量浓度最低，分别为 73.4 μg·m^3 和 65.9 μg·m^3。可见，$PM_{2.5}$ 质量浓度变化基本呈现出工业城市 > 非工业城市 > 城郊 > 背景站的变化趋势。

石家庄、保定和健德门站点的二次源贡献量较大，贡献比例也较高。在城市背景站怀柔和区域背景站兴隆这两个地区，虽然二次源的绝对贡献量较低，但是其所占 $PM_{2.5}$ 质量浓度比例较高。香山、天津、沧州和东直门站点的二次源贡献量次之。秦皇岛站点的二次源贡献量和所占比例最小。从表 3.1 所示统计结果来看，大部分站点二次源贡献量的相关性较好（$r = 0.265$~0.899，$P < 0.01$），特别是健德门、东直门、香山、香河、唐山和兴隆这 5 个站点。

表 3.1　各站点间二次源相关性统计结果

站点	健德门	东直门	怀柔	香山	香河	唐山	石家庄	保定	沧州	天津	兴隆	秦皇岛
健德门	1.00	0.899**	0.10	0.733**	0.757**	0.659**	0.616**	0.516**	0.368**	0.391**	0.766**	0.213**
东直门		1.00	0.161*	0.647**	0.852**	0.702**	0.690**	0.578**	0.410**	0.314**	0.802**	0.09
怀柔			1.00	0.221**	0.12	0.182**	0.12	0.150*	0.142*	0.04	0.10	0.05
香山				1.00	0.566**	0.540**	0.593**	0.592**	0.394**	0.312**	0.680**	0.196**
香河					1.00	0.708**	0.546**	0.448**	0.388**	0.479**	0.766**	0.266**
唐山						1.00	0.573**	0.501**	0.364**	0.296**	0.752**	0.316**
石家庄							1.00	0.576**	0.493**	0.294**	0.569**	0.258**
保定								1.00	0.356**	0.360**	0.552**	0.188**
沧州									1.00	0.323**	0.373**	0.149*
天津										1.00	0.456**	0.10
兴隆											1.00	0.265**
秦皇岛												1.00

* 在 0.01 水平上显著相关；** 在 0.05 水平上显著相关。

京津冀地区燃煤贡献量的空间差异较大。唐山和保定这两个工业城市的燃煤贡献量较大，其所占比例也较大。需要说明的是，唐山地区燃煤包含了工业燃煤和取暖所用燃煤的总量，因此，唐山的燃煤贡献量最高。其次为沧州和香河这两个城郊站点以及石家庄城市站点，其燃煤贡献量和所占比例也较高。香山、天津、秦皇岛的燃煤贡献量和所占比例次之。怀柔和健德门的燃煤贡献量最低。结合相关性统计（见表 3.2）可以发现，除秦皇岛外，各站的燃煤源之间均有显著的相关性（r = 0.187~0.744，$P < 0.01$）。其中，健德门、香山与大部分站点都具有较高的相关性；保定、石家庄、天津和唐山这四个城市站点的相关性也较高。

表 3.2　各站点间燃煤源相关性统计结果

站点	健德门	怀柔	香山	香河	唐山	石家庄	保定	沧州	天津	秦皇岛
健德门	1.00	0.264**	0.731**	0.656**	0.634**	0.687**	0.731**	0.690**	0.689**	0.036
怀柔		1.00	0.317**	0.220**	0.232**	0.387**	0.164*	0.187**	0.260**	-0.033
香山			1.00	0.472**	0.663**	0.744**	0.608**	0.633**	0.651**	0.043
香河				1.00	0.512**	0.486**	0.678**	0.406**	0.589**	0.044
唐山					1.00	0.695**	0.582**	0.598**	0.732**	0.135
石家庄						1.00	0.700**	0.603**	0.668**	0.038
保定							1.00	0.586**	0.679**	0.005
沧州								1.00	0.571**	0.046
天津									1.00	0.079
秦皇岛										1.00

* 在 0.01 水平上显著相关；** 在 0.05 水平上显著相关。

在兴隆和秦皇岛站点，土壤尘的贡献量和贡献比例较大。其次为保定、唐山、东直门和沧州，天津与香河的土壤尘贡献量和贡献比例相近。健德门与怀柔的土壤尘贡献量差异不大，但怀柔所占比例高于健德门。香山站点的土壤尘贡献量和贡献比例为所有站点的最低值。统计发现，大部分站点土壤尘贡献的相关性较好（$r = 0.202 \sim 0.801$，$P < 0.01$）。其中，东直门与唐山、兴隆、怀柔相关性最好（$r = 0.801$，0.722；$P < 0.01$）。

机动车对 $PM_{2.5}$ 的贡献量也呈现出较大的空间差异。健德门和东直门作为北京城区站点，其机动车贡献量和贡献比例最高。其次为石家庄、沧州和香河，机动车贡献比例略低于健德门和东直门两个站点。香山、天津和秦皇岛的机动车贡献量和贡献比例接近。怀柔和兴隆的贡献量和贡献比例为京津冀地区的最低值。对以上各地区机动车贡献量时间序列做相关性统计，结果表明，东直门与健德门、香河的相关性很好（$r = 0.578$，0.862；$P < 0.01$）。沧州与天津、兴隆的相关性也较好（$r = 0.557$，0.332；$P < 0.01$）。

天津的工业源贡献量最大，怀柔的工业源贡献比例最高。需要说明的是，唐山的工业燃煤统计在燃煤源内。城市站点健德门和东直门的工业源贡献量近似，背景站兴隆的工业源贡献量和所占比例最低。相关性分析表明，石家庄与天津的相关性最好（$r = 0.537$，$P < 0.01$）。东直门与怀柔、唐山、香山的相关性较好（$r = 0.276$，0.244，0.219；$P < 0.01$）。

唐山的金属冶炼贡献量和所占比例远高于其他地区，其次为沧州、保定和香河。东直门和香山的金属冶炼贡献量和所占比例差异不大，天津和石家庄的金属冶炼贡献量最低。

秦皇岛的生物质燃烧贡献量和所占比例最大，唐山的生物质燃烧贡献量和所占比例居于第二位，其次为兴隆、天津和东直门。需要说明的是，这一因子为生物质燃烧和机动车的混合源，因此生物质燃烧的贡献量较难确定。

保定的建筑尘贡献量和贡献比例最大，其次为沧州和香山。健德门、东直门和香河的建筑尘贡献量和贡献比例近似，怀柔较低。

秦皇岛和天津的道路扬尘贡献量和贡献比例较高，其次为香河与石家庄，健德门最低。

3.2 北京重霾污染形成机制

本研究团队利用多台雷达组网实时监测京津冀区域大气混合层高度和颗粒物后向散射演变，结合颗粒物化学成分在线解析技术，对区域大气重霾污染成因和演变特征进行了卓有成效的研究。地处华北平原北部的北京地区在大气污染形成初期主要受偏南区域输送影响，通常污染物传输高度为 500~1000 m。而污染过程一旦形成，混合层高度就会迅速降低到 500 m 以下甚至更低，导致污染物浓度迅速升高。高湿造成的吸湿增长和非均相化学过程促发二次粒子爆发式增长，使污染进一步加剧。此时，区域输送对混合层内污染的变化已经失去直接影响，但局地污染源（如机动车）的排放则难以扩散，使得混合层内污染持续加强（见图 3.2）。本研究对现阶段北京重霾污染形成机制的科学结论为“北京重霾污染形成于周边以燃煤工业排放为主的污染物输送，而加强于本地以机动车排放为主的污染物叠加”。根据此项研究成果，已向环保部门提出建议：在重霾污染过程来临前 2~3 d 预警，对区域固定源特别是高架源进行提前消减和管控，一旦污染过程形成，要进一步限制本地污染源排放，才可能使污染峰值得到有效遏制。

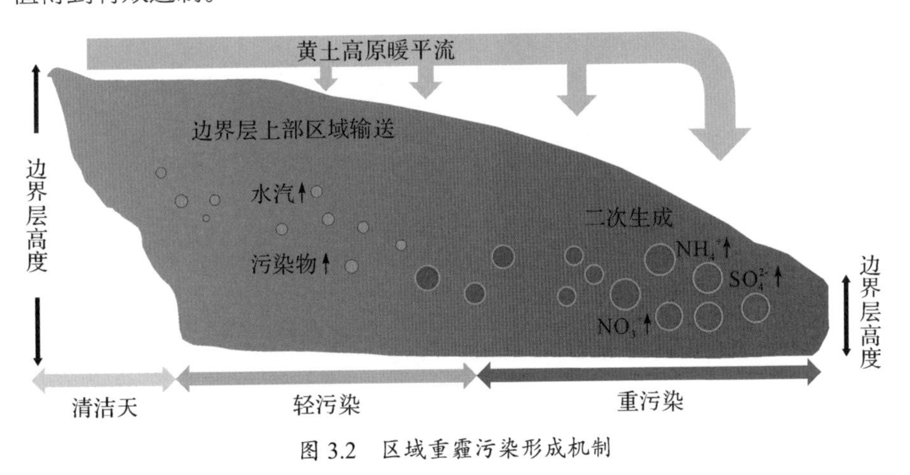

图 3.2　区域重霾污染形成机制

2013 年 1 月，我国中东部地区爆发大面积强霾污染，本研究团队开展的外场观测研究发现，气态污染物（SO_2 和 NO_x）向颗粒态的协同转化是本次强霾污染“爆发性”和“持续性”的关键内部促发因子，为大气霾污染协同减排措施的制定提供了重要线索。该研究的创新之处在于分析了气态污染物（SO_2 和 NO_x）向颗粒态的协同转化机制，发现大气中 NO_x 的大量存在能够极大地促进 SO_2 向硫酸盐的转化，而硫酸盐正是 $PM_{2.5}$ 的重要组成成分。因此，要降低大气中 $PM_{2.5}$ 浓度，首先要减少一次源直接排放，更重要的是要大力消减气态反应物及前体物，减少二次气溶胶的生成。在我国中东部地区，只有协同控制 SO_2 和 NO_x 的排放，才有可能显著降低大气 $PM_{2.5}$ 浓度。研究结果表明，这种协同反应主要在含碳颗粒物表面通过非均相反应进行，随着粒径的增长，颗粒物中二次无机盐（主要是硫酸盐和硝酸盐）的比例逐渐增大（见图 3.3），使得其吸湿性成倍增加，颗粒物在大气中更容易吸收水分而增长。颗粒物含水量的增加可进一步促进 SO_2 和 NO_x 等在颗粒物表面的气－液－固反应，以上协同循环反应过程可不断促进一次排放的气态污染物向二次气溶胶的转化。

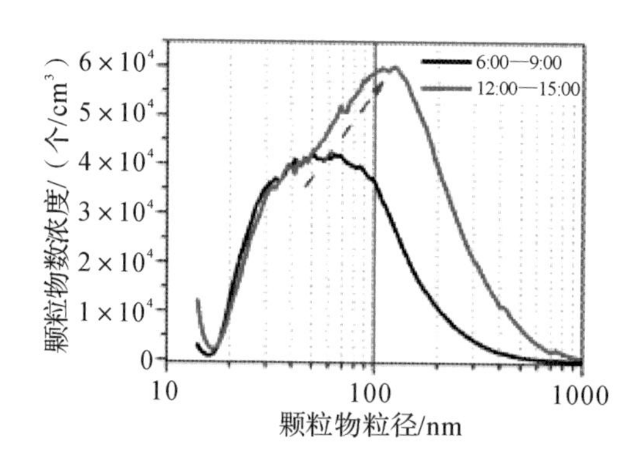

图 3.3　污染过程中颗粒物组分及数浓度变化

本研究团队在众多诱发霾污染的前体物中，将优先控制的目标锁定为 NO_x，首次明确提出“NO_x 中心说”的理论模型（见图 3.4）。

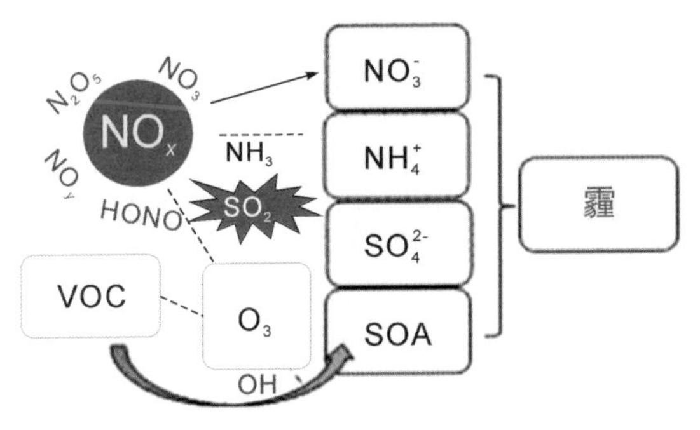

图 3.4 “NO_x 中心说”理论模型

我国自 20 世纪 70 年代开始，为防治酸雨和光化学污染，相继提出了控制 SO_2、NO_x 的减排措施。在近年来大气霾污染频发的背景下，研究发现硫酸盐、硝酸盐、铵盐、有机物等是高浓度气溶胶的主要成分，但对这些成分前体物的控制方向一直不是十分明确。在对 2013 年初我国中东部严重的霾污染事件研究中，本研究团队发现高浓度 NO_x 的存在可以激发 SO_2 向硫酸盐的快速转化，这一发现促进了“NO_x 中心说”这一科学假说的萌发。基于北京城市在线观测和离线膜采样分析，本研究团队集中力量攻关，发现颗粒物的化学组分在霾污染的不同发展阶段存在显著差异：随着霾污染的发展，在细颗粒物中有机物的质量浓度占比快速下降，而硫酸铵和硝酸铵的占比则快速上升，尤其是硝酸铵。进一步的定量分析表明，正是硝酸铵在 $PM_{2.5}$ 中绝对浓度和占比的非线性增加，造成了大气水平能见度的迅速下降；而有机物和元素碳的变化规律，与混合层高度和气溶胶光学厚度（aerosol optical depth，AOD）的关系更加密切。这些研究结果突显出主要由 NO_x 转化而来的硝酸盐在城市大气水平消光中扮演着极其重要的作用。

3.3 雾过程对细粒子理化特征的影响机制

雾是指大气中的水汽达到饱和以后，空气中的气溶胶粒子吸水活化成雾滴，漂浮在贴近地面气层的现象。雾的形成为大气化学反应提供丰富的液相表面，从而影响气溶胶的寿命、理化特征等，最终影响气溶胶的环境和气候效应。目前对于雾的研究十分有限，学者主要通过收集雾水分析其总体化学成分信息。然而，对于哪些气溶胶粒子更容易成为雾滴凝结核及雾过程对气溶胶理化特征的影响机制的认识仍十分有限。本研究在国际上率先使用地用逆流虚拟撞击器－单颗粒气溶胶质谱仪（GCVI-SPAMS）联用技术分析广州市春季典型雾过程中的雾滴残余颗粒及间隙颗粒，首次发现黑碳颗粒可以作为活性雾滴的重要凝结核，在雾滴残余颗粒数中的占比高达 68%。研究认为，在城市大气中，在黑碳颗粒快速老化并与二次气溶胶组分形成内混结构后，其吸湿性有可能大幅增强，使得黑碳颗粒能够成为雾滴的重要凝结核。这一研究结果弥补了以往研究对黑碳的云雾凝结核活性认识的不足。同时，雾滴的形成加快了黑碳颗粒与硝酸盐而不是硫酸盐的内混，这主要是因为城市大气中汽车尾气排放的大量 NO_x 等前体物的浓度远高于硫酸盐的前体物 SO_2。这一研究结果对以往研究认为硫酸盐的形成是黑碳颗粒的主要老化机制形成补充。

三甲胺（TMA）在大气物理化学中具有重要作用。然而，尚不清楚不同反应机制对 TMA 在大气物理化学过程及其影响的贡献。对比以往针对雾间隙颗粒物的研究可知，雾过程对有机胺形成的促进作用主要体现在雾间隙颗粒上，而并非在活性雾滴中。在雾间隙颗粒中，含 TMA 的间隙颗粒物数量及比重显著增大，且与相对湿度显著正相关，这说明雾过程中气溶胶的含水量对于颗粒相 TMA 的形成具有重要作用。在雾过程中，硝酸根和硫酸根与 TMA 的结合甚至超过铵根；而在晴朗天气中，硝酸根和硫酸根则主要与铵根结合。这些结果说明，雾过程促进广州市大气中 TMA 的气固分配过程，且酸碱反应是颗粒相 TMA 形成的重要途径。雾过程显著增大颗粒相 TMA 的含量，甚至与铵根形成竞争，影响大气气溶胶的酸度。该研究促进了对雾的形成机制及雾过程中大气物理化学过程的认识。

3.4 源解析受体模型发展及重霾过程解析

尽管超细颗粒物（$PM_{0.1}$，粒径 < 100 nm）与人体健康关系密切，但其体积很小，对质量浓度的贡献极少。因此，基于受体模型的传统源解析方法一般关注颗粒物的质量浓度。

本研究通过将细颗粒物数浓度粒径分布（particle size distribution，PSD）以及化学成分（PCC）同时引入受体模型（positive matrix factorization，PMF），实现了对城市大气细颗粒物数浓度的来源解析。研究结果表明，机动车（47.9%）和燃烧源（29.7%）是北京夏季大气细颗粒物数浓度的主要来源，而来自于区域输送的积聚模态粒子（30.9%）和燃烧源（30.1%）则是细颗粒物体积浓度的主要贡献者。局地排放的粒子模态主要在 100 nm 以下，而区域输送的粒子主要集中在积聚模态（200~400 nm）。尽管两种交通源（“新鲜”和“老化”）的日变化特征相似，但是其数谱分布模态以及化学成分却存在极大的差异。“新鲜”排放的粒子主要集中在凝结核模态（< 20 nm），而“老化”的机动车尾气粒子主要集中在爱根核模态（40~50 nm）。

通过对北京典型霾生消过程细颗粒物来源进行小时分辨率的解析（见图 3.5 和图 3.6），发现在霾污染初始阶段，区域输送占主导；从轻 / 中度霾污染到形成重霾污染的过程中，本地二次生成占主导。例如在霾形成的初始阶段（中度污染），区域输送的贡献占 49%；而在霾形成的峰值阶段（重

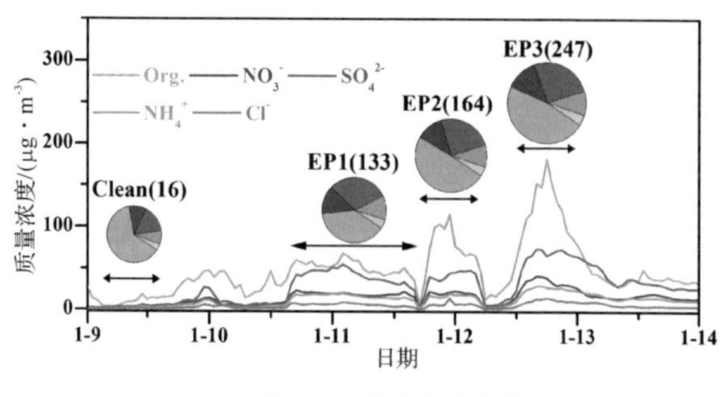

图 3.5 质量浓度解析

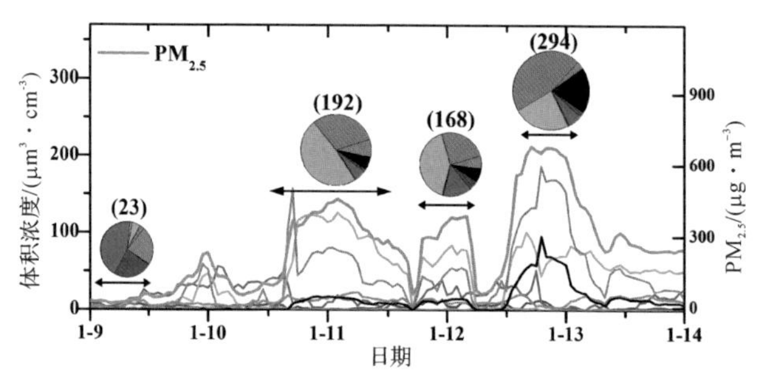

图 3.6 体积浓度解析

度污染），区域输送的贡献降至 24%；与此同时，本地二次生成的贡献由 27% 上升至 45%。因此，从气溶胶来源解析的角度可见，北京重霾污染始于区域输送，加强于本地二次生成的叠加。

3.5 京津冀典型区域气溶胶 $PM_{2.5}$ 的来源解析

利用 PMF 模型，解析京津冀典型城市和背景地区清洁、轻中度污染、重度污染条件下各污染源对 $PM_{2.5}$ 质量浓度的贡献率，如图 3.7 所示。北京、天津和石家庄大气细颗粒物来源具有明显的差异，但污染过程中源的变化趋势是相似的。

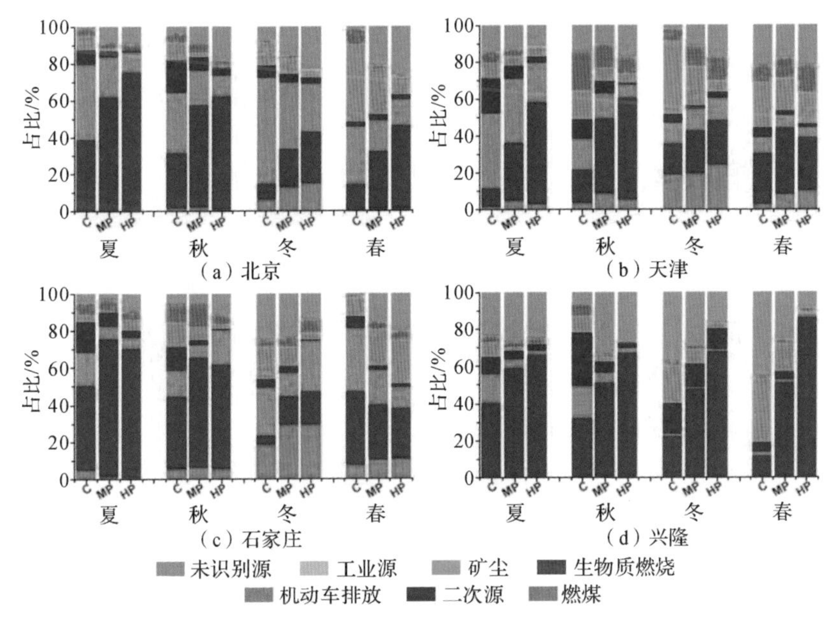

图 3.7 不同大气质量下各类源对 $PM_{2.5}$ 的贡献率

在清洁天气下，北京细颗粒物的首要源是机动车排放（29.3%），其次是二次硝酸盐（15.1%）和二次硫酸盐（14.0%）；天津的主要源为二次气溶胶（19.2%）和机动车排放（13.6%）；石家庄的主要源是二次源（二次硝酸盐和二次硫酸盐）、矿物尘类（区域浮尘和城市扬尘）和燃煤。在重度污染天气下，北京细颗粒物的首要源是二次硝酸盐（27.1%），其次是二次硫酸盐（13.8%）和机动车排放（12.2%）；天津的首要源为二次气溶胶（28.8%）和燃煤（19.4%）；二次硝酸盐也成为石家庄的首要来源，此外，石家庄燃煤的贡献率也较高，占到 20.2%。在由清洁天气向重度污染转变的过程中，矿物尘、生物质燃烧和机动车排放的贡献率逐渐降低，而燃煤和二次源的贡献则随污染加重而升高。在由二次反应主导形成的二次气溶胶中，二次硫酸盐所占比例在轻中度污染天气下较高，在重度污染天气下则降低；但二次硝酸盐的贡献率随污染加重而持续升高，这说明二次硝酸盐的生成对北京和石家庄的霾污染的形成起主导作用。因此，污染物主要来源于本地排放及二次生成。

3.6 全国大尺度灰霾前体物排放清单建立

大气污染物排放清单是空气质量预报预警的重要基础，也是制定污染控制策略的根本依据，建立完善、精准、动态的污染源清单已经成为空气质量管理科学决策的首要环节。本研究开发出基于动态过程的高分辨率排放清单技术和区域污染物控制情景与排放预测的源清单技术方法，建立了我国多尺度排放清单模型及数据平台。基于统一的方法学和基础数据，建立了全国 SO_2、NO_x、CO、NMVOC（非甲烷挥发性有机物）、NH_3、$PM_{2.5}$、PM_{10}、BC 和 OC 等主要大气污染物排放清单。

3.6.1 重点源大气污染物排放清单建立方法

（1）基于原料和工艺的工业点源大气污染物排放

现有的排放清单多采用固定的排放因子和活动水平进行计算，而实际大气污染物排放随工艺技术和污染控制设施不同变化显著。本研究基于大量调研和测试，建立了针对不同燃料、工艺设备和烟气净化设备的气态污染物与颗粒物本土化的排放因子库；进而定量解析不同大气污染物排放与能源结构调整、工艺设备更替、减排技术提升的多维响应关系，构建能源构成、工艺过程、排放特征之间的动态耦合模型。

针对火电、钢铁、有色金属、建材等行业，系统调研上述行业大点源的七大类基本信息，包括源的排放单位地理信息、产污设备、生产工艺、排放点位置及排放方式、控制措施、排放量的时间分布、排放量及计算方法。参考国内外成熟的函数化方法和模式计算公式，对排放源活动水平进行处理。结合排放因子数据库，构建基于工艺的点源大气污染物排放清单。针对其他工业部门，根据全行业的工艺类型分布、污染物控制水平等信息，采取自下而上和自上而下相结合的方法计算排放量。

● 燃煤电厂

综合机组燃煤量、燃煤硫分和灰分含量、炉型、大气污染控制设施的去除效率，以机组为单位，采用以下公式估算电力部门的主要污染物排放量：

$$E_i=\sum_{i,k} E_{i,k}=\sum_{i,k} A_{i,k}\cdot ef_{i,k}\cdot (1-\eta_n) \tag{3-1}$$

其中，E 为一种污染物的排放量；A 为活动水平，即机组的燃煤消耗量；ef 为无控情况下的排放因子；η 为控制技术的去除效率；i 为污染物种类；k 为机组；n 为控制技术的种类。

● 水泥厂

我国水泥生产企业按原料及最终产品形态，主要分为三类：利用原料生产水泥的全流程水泥厂、利用原料生产熟料的熟料厂以及利用熟料生产水泥的粉磨站。针对水泥生产企业的三种类型，本研究将水泥生产分为熟料烧制和熟料加工两个阶段，分别计算排放量。其中，熟料烧制包括原料破碎、生料和煤的粉磨、熟料烧制、熟料冷却等污染物排放点，排放气态污染物和颗粒物；熟料加工主要为水泥磨这一排放点，仅排放颗粒物。在此基础上，用以下模型计算水泥生产过程中大气污染物排放量：

$$E_{i,j}=\sum_{k}\left(AK_{i,k}\times EF_{j,k}\right)+\left(AC_i\times ef\right) \tag{3-2}$$

其中，i 为企业；j 为污染物种类；k 为熟料烧制工艺；$E_{i,j}$ 为企业 i 的污染物 j 排放量；$AK_{i,k}$ 为企业 i 的熟料烧制工艺 k 所生产的熟料量；$EF_{j,k}$ 为 k 工艺在熟料烧制阶段的污染物 j 排放因子；AC_i 为企业 i 的水泥产量；ef 为熟料加工阶段的颗粒物排放因子。

● 钢铁厂

钢铁工业由一系列不同流程的生产工艺组成，包括对金属矿石进行冶炼以及加工、生产各种钢材产品的全过程。钢铁生产企业按照其生产流程，可以分为两类：以金属矿石为原料、采用高炉转炉法炼钢的长流程钢铁联合企业，以及以废钢铁为原料、采用电炉炼钢的短流程企业。

烧结、炼铁、炼钢是钢铁生产流程中颗粒物排放较多的几个工序。本研究基于实际测试和调查，确定了钢铁工业主要生产工序的无控排放因子和排放控制技术应用情况，进而确定了不同工序控制前后的污染物排放因子，用于建立钢铁行业工艺过程排放清单。

● 其他工业源

对于上述点源之外的其他工业源，采用以下公式计算其大气污染物排放量：

$$E_n=\sum_{i,j,k,m} A_{i,j,k} X_{i,j,k,m} EF_{j,k,m}(1-\eta_{j,k,m,n}\alpha_{i,j,k,m,n}) \quad (3\text{-}3)$$

其中，E 为一种污染物的全国排放量；A 为活动水平，即燃料消耗量或工业产品产量；X 为部门中某种技术的燃料消耗量占此部门燃料消耗总量的比例，或某种技术的产品产量占该产品总产量的比例；EF 为无控情况下的排放因子；η 为控制技术的去除效率；α 为控制技术的应用比例；i 代表地区（省、区、市）；j 为经济部门；k 为燃料类型；m 为技术类型；n 为污染物种类。

通过列表模型，计算得到了基于工艺和污染控制设备信息的我国电力、水泥、钢铁等大点源排放清单。

（2）基于路网的机动车大气污染物排放

对全国各省份的机动车活动水平进行调研，收集各省份各车型的机动车活动水平数据，建立机动车活动水平数据库。结合机动车排放因子模型，建立各省份的机动车排放清单。以市、县行政区域为计算单位，完善包括气温、湿度、海拔、交通工况等影响机动车排放的重要区域化参数及修正信息，建立包括机动车保有量、车队车龄分布、技术分布、年均行驶里程等参数的机动车活动水平数据库。结合机动车排放因子模型和全国路网信息，基于地理信息系统，耦合基于路段交通流特征的城市机动车排放清单技术，建立高精度的全国 / 区域机动车排放清单。

- 县级机动车保有量计算方法

采用 Gompertz 曲线，计算县级机动车保有量。首先根据各城市历史人均国内生产总值（GDP）和千人保有量拟合出各城市的 Gompertz 曲线，假设市级机动车增长 Gompertz 曲线可表征所属县机动车增长趋势，然后根据县人均 GDP 和人口算出机动车保有量。县级机动车保有量计算过程可以由下式描述：

$$\begin{cases} \ln\left(-\ln\dfrac{V_i}{V^*}\right) = \ln(-\alpha_i)+\beta_i E_i \\ V_{i,j}=V^* \mathrm{e}^{\alpha_i e^{k_{i,j}\beta_i E_j}} \end{cases} \tag{3-4}$$

其中，i 代表城市或省份；j 代表县或市辖区；V 为千人机动车保有量；V^* 为千人机动车保有量饱和值；E 为人均 GDP；α 和 β 为 Gompertz 曲线形状因子；k 为斜率修正因子。引入斜率修正因子 k 的目的在于修正同一城市内各县机动车增长速率的差异，可以通过下式计算：

$$k_{i,j} = \begin{cases} \dfrac{E_{i,\min}}{E_j} & (E_j \le E_{i,\min}) \\ 1 & (E_{i,\min} \le E_j \le E_{i,\max}) \\ \dfrac{E_{i,\max}}{E_j} & (E_j \ge E_{i,\max}) \end{cases} \tag{3-5}$$

其中，i 代表城市或省份；j 代表县或市辖区；$E_{i,\min}$ 和 $E_{i,\max}$ 分别为建立 Gompertz 曲线时用到的人均 GDP 的最小值和最大值。对于人均 GDP 超出 Gompertz 曲线方程范围的县（区），利用边界值对拟合斜率进行修正。

- 分省技术分布算法

技术分布计算采用存活曲线反演法，基于分省保有量数据，结合存活曲线，反推历年新车注册量；再以新车注册量，结合存活曲线，计算目标年车龄分布，即可得到技术分布。计算公式如下：

$$\begin{cases} \sum_{i=1985}^{j} R_i \times S_{i,j-i} = P_j \ (j=1985,1986,\cdots,2010) \\ S_{i,j-i} = \exp\left[-\left(\dfrac{(j-i)+b}{T}\right)^b\right] \end{cases} \tag{3-6}$$

其中，i 为新车注册年份；j 为保有量计算目标年份；R_i 为新车注册量；P_j 为目标年机动车保有量；$S_{i,j-i}$ 为 i 年注册的新车在车龄为 j-i 时的存活率，采用 Weibull 分布方程模拟得到；b 和 T 是控制存活曲线形状的参数。技术分布按客车与货车两种车型进行区分计算。各省存活曲线根据注册量计算结果，与年鉴新车注册量统计数据比较并修正。通过验证新车注册量计算结果与年鉴统计结果是否一致，可以验证存活曲线设置是否合理。计算分省历年新车注册量后，再应用存活曲线正演法得到分省技术分布信息。

- 县级排放因子计算方法

采用中国机动车排放因子模型生成基准排放因子。为了进一步反映实际气象条件下的机动车排放因子，体现各县之间排放因子的空间差异和月变化的时间差异，引入 MOVES2010 模型内置排放因子数据库对 CO、NMHC 和 NO_x 三种污染物的气象修正因子。基准排放因子由各县逐月气象参数修正得到，排放因子的空间差异反映了各县温度、湿度及海拔等因素对排放因子的影响，排放因子的月变化体现了逐月气象因素对排放因子的影响。

各县气象参数（温度与湿度）来自于 WRF 模型（Weather Research & Forecasting Model）的模拟结果，对 WRF 模型输出的逐网格逐时气象参数取平均值，得到每个县的月均值，各县海拔数据由中分辨率成像光谱仪（moderate-resolution imaging spectroradiometer，MODIS）土地利用数据计算得到。

● 排放网格化方法

根据机动车在不同类型道路行驶里程分配权重，将各县机动车排放分配到不同类型道路，进而根据道路密度将排放分配到空间网格。对于热稳定运行排放等线源排放，基于道路长度分配（分为高速、国道、省道、县道等）；对于启动排放等面源排放，基于人口总量分配。

（3）基于双向交换的化肥施用动态氨排放

中国是氨排放大国，氨排放量占全球总量的 20% 以上。目前，我国的 NH_3 排放清单编制主要采用传统的“排放因子法”，大部分研究在全国采用统一的排放因子，并没有考虑相关环境因素的影响，因此估算结果存在较大不确定性。同时，目前的研究还存在时间分辨率较低的不足，一般只精确到年或月，不能满足数值模式高精度的要求。针对上述问题，本研究对两个主要排放部门（化肥施用和畜禽养殖）的氨排放估算进行了改进。对于化肥施用部门，构建基于双向交换模块的中国化肥施用氨排放动态计算系统，考虑氨的双向交换，引入农作物、土壤、气象、化肥管理等的影响，实现氨排放动态计算，使时间分辨率从年提高到小时。对于畜禽养殖部门，采用基于温度和空气动力阻力的分配机制，根据 WRF 输出的小时数据对 NH_3 排放量进行时间分配，同样使时间分辨率从年提高到小时。

● 化肥施用部门的氨排放

外场观测研究发现，NH_3 在土壤植被与大气之间的交换是双向的，即土壤既可以是 NH_3 的源，也可以是 NH_3 的汇，通量的方向与土地类型、土地管理和大气 NH_3 浓度有关。为了描述这一关系，本研究首先基于 EPIC 模型（Environmental Policy Integrated Climate Model）建立 FEST-C（Fertilizer Emission Scenario Tool for CMAQ）系统，为 CMAQ 模型提供农作物管理、土壤特征等数据输入。EPIC 模型最早建立于 20 世纪 80 年代，其是在大量现场试验及理论概括的基础上形成的可模拟“气候 – 土壤 – 作物 – 管理”综合系统的动力学模型。EPIC 模型可以模拟农作物的生长和管理，同时对土壤中氮、磷、碳等循环进行较为细致的描述。

EPIC 模型所需要的输入数据主要包括农作物数据、土壤数据、气象数据及农作物管理数据。中国目前并没有现成的、完整的农作物高分辨率分布数据，因此本研究首先基于县级或市级统计年鉴建立了各县的农作物播种面积数据集，确定各种农作物播种面积在各县所占百分比，然后利用 MODIS 数据确定农业土地利用类型的分布，再结合各县的农作物分布，得到网格化的各县农作物面积。不同土壤类型的容积、酸碱度、土壤质地、阳离子交换容量、导电性、碳酸钙含量等土壤特征来自联合国粮食及农业组织（Food and Agriculture Organization of the United Nations，FAO）和国际系统分析研究所（International Institute for Applied Systems Analysis，IIASA）构建的世界土壤数据库（Harmonized World Soil Dataset，HWSD），空间分辨率为 1 km×1 km。EPIC 模型在模拟过程中所需的气象数据包括：最高温度、最低温度、相对湿度、太阳辐射强度和降水量。这些数据可来自于 EPIC 模型内部的模拟或是外界的直接输入。本研究中，针对起转过程（spin-up）模拟阶段，通过 EPIC 内部的气象计算器（weather calculator）和长期的气象统计特征输入计算得到这些数据。针对目标年份的模拟，则直接输入 WRF 的小时模拟结果。

在 EPIC 模型中，相关农作物管理（如播种、施肥、收获等）的时间可以直接外部输入或在模型中基于热量单位（heat-unit，HU）计算。本研究综合了这两种方法。HU 的方法可以适用于不同年份、不同地区的温度变化，从而更真实地反映农民的决策思维。同时，研究中也参考了农业农村部的相关经验信息，将其限制在一个具体的时间范围之内，从而使结果更能反映我国农业的情况。

本研究关注的是氮肥施用的氨排放，因此氮肥施用的相关信息是最为关键的。首先基于统计年鉴收集整理了不同省份不同农作物各种类化肥的施用率，主要化肥类型包括尿素、碳酸氢铵、磷酸二铵、三元素复合肥等。

除了施用率信息，基肥和追肥的比例对于氨排放的计算特别是时间分布也有重要意义。基肥是指在农作物种植之前所施的肥料，追肥是指在农作物生长过程中所施的肥料。我国综合农业区可划分为甘新区、黄土高原区、华南区、青藏高原区、内蒙古及长城沿线区、黄淮海区、东北区、西南区和长江中下游区共 9 个区域，各农业区的追肥与基肥比存在差异。比如，在长江中下游区，小麦的追肥与基肥比为 1.39，但在华南区这一比值仅为 0.33。不同农作物所需的追肥与基肥比不同。总体上，玉米的追肥与基肥比是最高的，即更多的肥料施用于农作物生长过程中。

- 畜禽养殖部门的氨排放

畜禽在养殖过程中会产生大量排泄物，其中的含氮成分经过一系列化学转化，会向大气中排放氨气。本研究采用排放因子法估算畜禽养殖部门的氨排放，涉及的畜禽包括奶牛、其他牛种、猪、家禽、羊、马、驴和骡。

为了满足空气质量模型的需求，本研究对各省的氨排放量进行了进一步的空间和时间分配。空间分配主要是基于第一产业国内生产总值（GDP）和农村人口；而时间分配方面，月分配系数采用了 Huang X 等（2012）的研究结果，小时分配则采用基于温度和空气动力阻力的分配机制（Zhu et al., 2015），具体公式如下：

$$E_{\mathrm{h}}(t)=Ef_{\mathrm{met}}(t) \tag{3-7}$$

其中，$E_{\mathrm{h}}(t)$ 为氨小时排放率，E 为氨月排放率，$f_{\mathrm{met}}(t)$ 为基于温度和空气动力阻力的分配系数，具体计算公式如下：

$$f_{\mathrm{met}}(t)=\frac{H(t)/R_{\mathrm{a}}(t)}{\sum_{t=1}^{n}\left[\left(H(t)/R_{\mathrm{a}}(t)\right)\right]} \tag{3-8}$$

其中，n 为一个月总计小时数，$R_{\mathrm{a}}(t)$ 为空气阻力系数，$H(t)$ 为亨利系数，具体计算公式如下：

$$H(t)=\frac{161500}{T}\mathrm{e}^{-10380/T} \quad (3\text{-}9)$$

其中，温度 T 和空气阻力系数 $R_a(t)$ 均直接取自 WRF 输出的小时数据。此方法实现了畜禽养殖部门氨排放的小时化分配，提高了清单的时间分辨率。

（4）基于统计数据的民用燃烧源大气污染物排放

针对居民生活排放、生物质燃烧等各类面源排放，建立分散源活动水平信息的调查和整理规范，基于统计数据和排放因子，根据各自特点建立相应的动态排放清单。

● 民用燃煤大气污染物排放

民用部门的污染物排放主要来源于炊事热水和采暖过程中的化石燃料燃烧，由能源统计数据所计算得到的排放量不能区分这两部分。本研究通过需求侧模型估算城市地区不同用途的民用燃煤量需求，进而得到不同燃煤设备的分布情况。农村地区的民用燃煤消耗基本上全部由小煤炉完成，直接采用农村生活燃煤消耗的统计量。

在估算城市地区燃煤量的需求侧模型中，按照炊事热水和采暖两种用途进行需求分析。假定炊事热水全部由小煤炉提供，根据 2010 年各省城市人口数量及城市气化率，估算炊事热水的燃煤量：

$$FC_{i,z}=P_{i,z}\times(1-Rg_{i,z})\times Q\times eff \quad (3\text{-}10)$$

其中，i 代表省份，z 为年份。$FC_{i,z}$ 为第 z 年地区 i 用于炊事热水的燃煤量，$P_{i,z}$ 为第 z 年地区 i 的城市人口数量，$Rg_{i,z}$ 为第 z 年地区 i 的城市气化率，Q 为人均炊事热水有用能消耗量，eff 为小煤炉热转化效率。

我国城市采暖的主要方式有集中供暖、小区供暖和分散供暖三种方式。集中供暖的煤炭消耗已经作为热力供给工业，统计在工业锅炉中。小区供暖和分散供暖的燃煤炭消耗量由当地相应供暖设备的单位面积供暖煤耗量与其对应的供暖面积相乘得到：

$$QC_{i,m}=3600\times24\times Z_i\times q_i / \eta_m \qquad (3\text{-}11)$$

其中，i 代表省份，m 为供暖设备类型；$QC_{i,m}$ 为地区 i 使用 m 类设备供暖时的燃煤消耗量，Z_i 为地区 i 的年供暖天数，q_i 为地区 i 的建筑物耗热量指标，η_m 为供暖设备 m 的热效率。供暖天数 Z_i 和建筑物耗热量指标数据 q_i 来源于《民用建筑节能设计标准（采暖居住建筑部分）JGJ26-95》。考虑锅炉自身的热转化效率与供热管网的热损失，燃煤锅炉的热效率取 0.612，小煤炉的热效率取 0.8。

● 生物质燃烧源大气污染物排放

对于生物质燃烧，某一种大气污染物的排放量 E_i 的计算采用以下公式：

$$E_i=\sum_{j,k,m}(M_{j,k,m}\times EF_{i,j,k,m})/1000 \qquad (3\text{-}12)$$

其中，M 为排放源活动水平（t）；EF 为排放系数（$g\cdot kg^{-1}$）；i 为某一种大气污染物；j 为地区，如省（区、市）、市、县；k 为生物质燃烧类型（生物质锅炉、户用生物质炉具、森林火灾、草原火灾、秸秆露天焚烧）；m 为燃料 / 植被带 / 草地 / 秸秆类型。具体参数确定方法见《生物质燃烧源大气污染物排放清单编制技术指南（试行）》。

3.6.2 全国大尺度灰霾前体物排放清单

根据建立的排放清单模型，利用我国能源、经济、社会等统计数据和总结、提取的排放因子，整合点源、移动源和面源排放清单，可以建立全国分省大气灰霾前体物排放清单。随着经济社会的发展，我国各污染源活动水平和控制措施应用率等基础数据不断变化。这种改变对数据甚至数据结构的可更新性提出了更高的要求：构建的排放数据平台结构灵活，能支持活动水平、控制措施应用率，甚至源分类系统的更新。因此，本研究团队搭建了全国大尺度污染源排放清单的动态更新平台，考虑了综合的源分类系统各污染物排放特征和大量排放控制措施，以实现对各污染物排放计算的有效兼容性，包括输入参数、参数和参数间映射关系以及排放计算结果。运用该平台，建立以省市、自治区为单元的大气污染源排放更新技术规范，实现全国排放清单的动态更新。

我国2010—2014年各省份污染物排放量如图3.8所示。2010—2014年，SO_2、NO_x和$PM_{2.5}$排放均逐渐减少，体现了我国“十二五”环境保护规划等措施的阶段性成果，然而，NMVOC排放的控制仍需加强。

SO_2	2010年	2012年	2014年
中国	**24423**	**23770**	**21462**
北京	325	184	78
天津	331	288	238
河北	1164	1086	858
山西	1023	1013	953
内蒙古	1054	1187	1105
辽宁	954	975	840
吉林	401	359	362
黑龙江	283	316	288
上海	620	603	506
江苏	1185	1087	965
浙江	1592	1387	1127
安徽	576	568	579
福建	555	472	481
江西	390	449	379
山东	2465	2317	2207
河南	1187	1081	934
湖北	1182	1210	1114
湖南	849	797	788
广东	1259	1079	954
广西	798	742	631
海南	75	89	76
重庆	1201	1108	936
四川	1709	1813	1543
贵州	953	1175	1019
云南	434	502	430
西藏	5	6	4
陕西	727	806	712
甘肃	276	300	280
青海	42	55	48
宁夏	267	222	254
新疆	540	495	772

(a) SO_2

NO_x	2010年	2012年	2014年
中国	**25818**	**26316**	**23592**
北京	464	398	194
天津	405	388	291
河北	1579	1590	1239
山西	1050	1014	862
内蒙古	1205	1308	1147
辽宁	1119	1133	1013
吉林	636	649	572
黑龙江	697	827	676
上海	466	420	310
江苏	1736	1490	1336
浙江	1257	1213	924
安徽	996	1030	1079
福建	727	725	724
江西	495	537	552
山东	2438	2628	2415
河南	1754	1703	1652
湖北	989	1116	990
湖南	850	855	804
广东	1753	1610	1437
广西	585	636	592
海南	93	109	112
重庆	470	488	452
四川	984	1045	987
贵州	551	682	578
云南	523	579	509
西藏	21	25	24
陕西	662	722	669
甘肃	443	433	370
青海	89	115	111
宁夏	298	245	210
新疆	485	602	762

(b) NO_x

$PM_{2.5}$	2010年	2012年	2014年
中国	**11786**	**11946**	**11025**
北京	89	63	42
天津	114	113	98
河北	861	862	730
山西	471	500	515
内蒙古	413	481	455
辽宁	462	469	424
吉林	341	360	330
黑龙江	397	459	423
上海	112	106	83
江苏	703	665	596
浙江	327	311	240
安徽	609	608	569
福建	216	220	198
江西	261	269	252
山东	1026	982	952
河南	847	816	821
湖北	569	610	539
湖南	510	532	485
广东	507	463	404
广西	456	423	408
海南	43	44	37
重庆	233	236	214
四川	668	641	581
贵州	353	384	376
云南	329	336	287
西藏	8	8	8
陕西	311	344	345
甘肃	193	222	206
青海	48	67	50
宁夏	84	95	92
新疆	225	255	264

（c）$PM_{2.5}$

NMVOC	2010年	2012年	2014年
中国	**22860**	**23172**	**24745**
北京	371	359	355
天津	295	297	337
河北	1439	1350	1417
山西	640	705	688
内蒙古	569	603	663
辽宁	905	1009	1095
吉林	459	484	498
黑龙江	576	645	647
上海	541	622	724
江苏	1933	1890	2077
浙江	1586	1534	1674
安徽	1041	1027	1071
福建	633	658	711
江西	459	469	497
山东	2254	2291	2520
河南	1360	1387	1466
湖北	910	928	975
湖南	756	789	825
广东	1601	1563	1683
广西	736	731	728
海南	133	142	146
重庆	403	401	414
四川	1279	1231	1264
贵州	350	364	377
云南	434	430	448
西藏	16	16	16
陕西	472	496	580
甘肃	247	262	284
青海	53	56	60
宁夏	82	83	100
新疆	327	349	403

（d）NMVOC

图 3.8 2010—2014 年各省份污染物排放量（单位：kt）

从区域上看，京津冀、长三角、珠三角和四川地区各污染物排放量均明显高于其他省份，且具有一定的地域特色，如河北省的 $PM_{2.5}$ 和 NMVOC 排放量较高，SO_2 的排放则体现了一定的减排效果；广东省 SO_2 和 $PM_{2.5}$ 排放量与全国大多数省份接近，但 NMVOC 排放量明显较高。

2010—2014 年我国各部门污染物排放量如图 3.9 所示。电力和工业燃烧是 SO_2 最主要的排放源；除电力和工业燃烧外，交通源（包括道路交通、非道路交通）对 NO_x 排放的贡献率也很高；民用燃烧是 $PM_{2.5}$ 最大的排放源，且控制措施较为缺乏；其他工业过程、工业溶剂使用和民用燃烧对 NMVOC 排放贡献最大；NH_3 排放主要来自化肥使用和牲畜养殖。

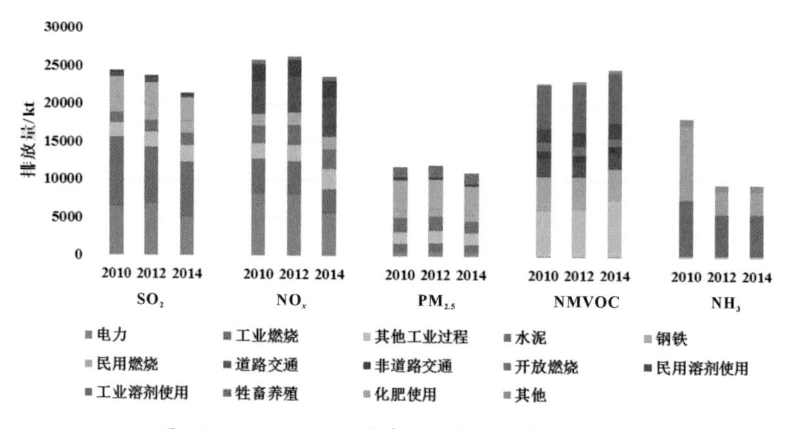

图 3.9　2010—2014 年我国各部门污染物排放量

3.6.3　排放清单的时空和化学物种分配

通过对典型源排放工艺过程的测试和文献调研，借鉴美国环境保护局 SPECIATE 数据库，本研究团队建立了挥发性有机物和包括微量金属元素的详细颗粒物源特征谱数据库。针对公共多尺度空气质量模型系统（Community Multiscale Air Quality Modeling System，CMAQ）、嵌套网格空气质量预报模式系统（Nested Air Quality Prediction Modeling System，NAQPMS）等空气质量模型的需求，建立适应模型需要的 NMVOC 和颗粒物分物种排放清单。

基于空间分析方法，依据高精度的地理信息系统（GIS）信息，将空间分辨率为行政区的源排放清单分解为分辨率为 0.25°×0.25° 的网格化排放清单。进一步依据源排放的时间变化规律，将时间分辨率为年的常规污染物排放清单分解为逐时的化学物种排放信息。

（1）排放清单的空间分配

空间分配，即排放清单网格化，是指根据一定的代用参数（人口、GDP）等，将以行政区为单位的排放清单处理成以网格为单位的排放。所能达到的网格精度受排放清单空间尺度和代用参数空间精度的约束。空间分配是排放源模式处理的最关键步骤之一。

本研究基于 GIS 对不同尺度的初始排放清单进行空间归一化处理，将以行政区为单位的排放清单分配到 0.25°×0.25° 的网格中，以满足空气质量模拟的要求。排放清单网格化基于 GIS 技术，通过 ArcGIS 软件实现。

（2）排放清单的时间分配

根据各部门的时间变化系数，将以年为单位的排放量分配到以小时为单位的排放量，包括月变化（1 月至 12 月）、周变化（周一至周日）和时变化（1 时至 24 时）。从主要部门污染物排放量月变化系数来看，电力部门污染物排放量月分布比较均匀，而民用供暖、生物质燃烧、扬尘等污染源表现出很明显的季节变化特征。

（3）VOC 和 $PM_{2.5}$ 化学物种分配

VOC（挥发性有机物）是一类有机物的简称，目前国际范围内尚没有统一的定义。由于 VOC 并不代表单一物种，因此掌握 VOC 的排放信息不仅需要排放总量，还需获取各个组分的排放量，尤其在分析不同污染源时，某一特定代表组分的排放量对于分析污染特征起着至关重要的作用。

本研究对燃煤电厂、中小锅炉、钢铁生产、扬尘、汽车和船舶涂装、涂料和油墨生产、包装印刷等重点源排放因子和源排放化学特征谱开展了测试，在我国本土结果无具体数据资料的情况下，采用美国 SPECIATE 数据库，构建了较为系统的我国 VOC 和 $PM_{2.5}$ 源排放化学特征谱数据库，我国各省份排放的 VOC 物种分配情况如图 3.10 所示，我国各排放源 $PM_{2.5}$ 组分分配如图 3.11 所示。

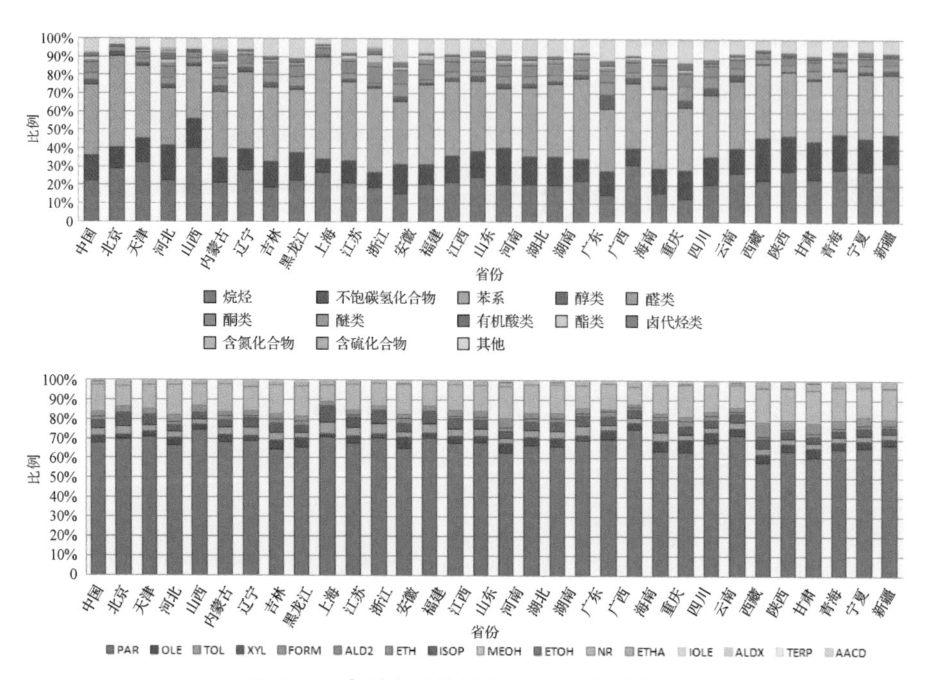

图 3.10　我国各省份排放的 VOC 物种分配

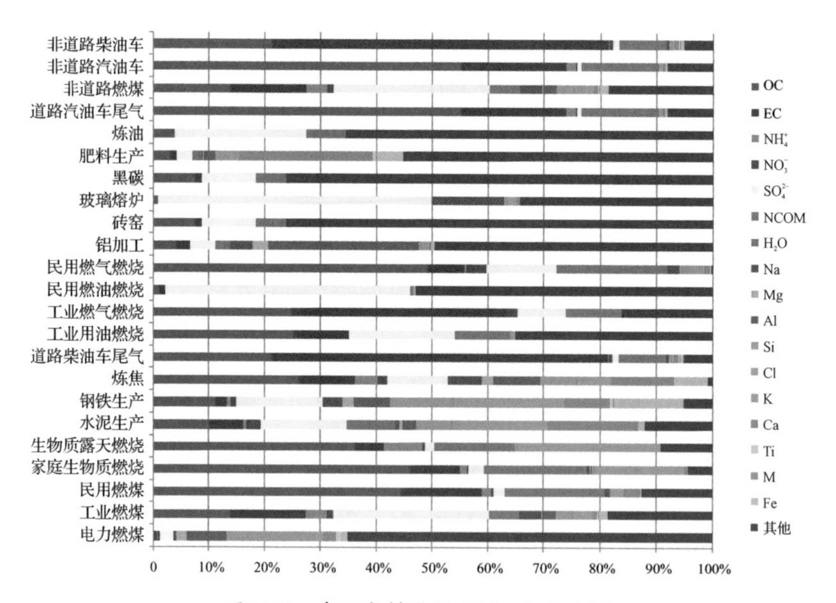

图 3.11　我国各排放源 $PM_{2.5}$ 组分分配

与传统源谱相比，本研究将涵盖的 VOC 物种从 40 大类增加到 115 类，以民用生物质燃烧为例，新增了 24 种烯烃类和 19 种苯系物。新的源谱有效地增补了传统源谱低估的 SOA 生成潜势。仅考虑民用生物质燃烧，基于新 VOC 源谱的 SOA 生成潜势是传统源谱的 2.6 倍。源谱的改进也促进了对二次有机颗粒物形成机制的认识。研究发现，在城市地区，机动车是一次有机气溶胶排放和二次有机气溶胶生成的最主要污染源。以上海为例，机动车排放贡献了 40% 的一次有机气溶胶排放以及 60% 的二次有机气溶胶生成。而半挥发性有机物（SVOC）和中挥发性有机物（IVOC）排放对我国城市大气中二次有机气溶胶的生成起着重要作用。

3.7 多尺度嵌套高时空分辨率灰霾前体物排放清单与重点源识别

以全国大气污染源清单为基础，结合其他关于长三角、珠三角、华北地区高精度排放清单的结果，建立全国和区域多尺度嵌套的灰霾前体物排放清单。

计算不同大气污染物的排放源分担率，初步确定影响京津冀、长三角、珠三角主要城市和区域的重点大气污染源，提出华北、长三角、珠三角等重点区域灰霾污染治理需要主控的大气污染源。

3.7.1 全国清单和区域清单的耦合

在全国大气污染物排放清单的基础上，区域排放清单进一步根据排放源位置、经济、人口、道路、土地利用等高精度 GIS 信息，将空间分辨率为行政区的区域排放清单分解为网格化排放信息，并依据源特征谱，将常规 VOC 清单进一步分解为适于 CB-IV、CB-VI、SAPRC99、RADM2 等多种化学机制的物种排放信息。

近年来，城市和区域层面对提高空气质量的要求日益迫切。地方相关部门对了解城市大气污染物的排放分布与浓度分布特征、行业排放分担率与浓度贡献以及区域污染对城市环境空气质量影响等多方面提出了更高的要求。尤其是2008年以来，为了做好奥运会、世博会和亚运会等重大活动期间的空气质量保障工作，京津冀、长三角、珠三角等地区参考欧美发达国家的排放清单编制方法，编制了一些地区排放清单以满足地区空气质量控制和管理的需要。这些清单立足于更小的区域，极大地提高了活动水平和控制措施应用率等基础数据的精度。为此，本研究团队开发了有效接口，将区域、城市尺度的清单导入全国尺度清单中，以达到提高全国排放清单精度的效果。

首先，根据排放源位置、经济、人口、道路、土地利用等高精度GIS信息，将空间分辨率为行政区的区域排放清单分解为网格化排放信息，使全国清单网格化排放精度和区域排放清单精度保持一致。进而将区域的网格化排放信息耦合到同精度的区域清单中，例如用本地清单将区域清单中上海市的排放信息替换出来。通过这一耦合过程，可以更有效地利用地区排放清单基础数据齐全的优势，减小全国排放清单的误差，为模型和决策提供更高精度的排放清单数据。

3.7.2 各区域排放源分担率与重点源识别

（1）长三角排放源分担率

2014年，长三角地区（江浙沪皖）人为源SO_2、NO_x、CO、VOC、PM_{10}、$PM_{2.5}$和NH_3排放总量分别为2646 kt、3257 kt、18861 kt、4177 kt、3864 kt、1856 kt和121.6 kt；天然源VOC排放量约为2246 kt。长三角地区主要大气污染物排放分担率如图3.12所示。

长三角地区SO_2的主要排放源为锅炉（35.1%）、电厂（21.0%）和分散燃煤（14.9%），船舶的排放分担率（9.1%）也较高。可见“十一五”期间，

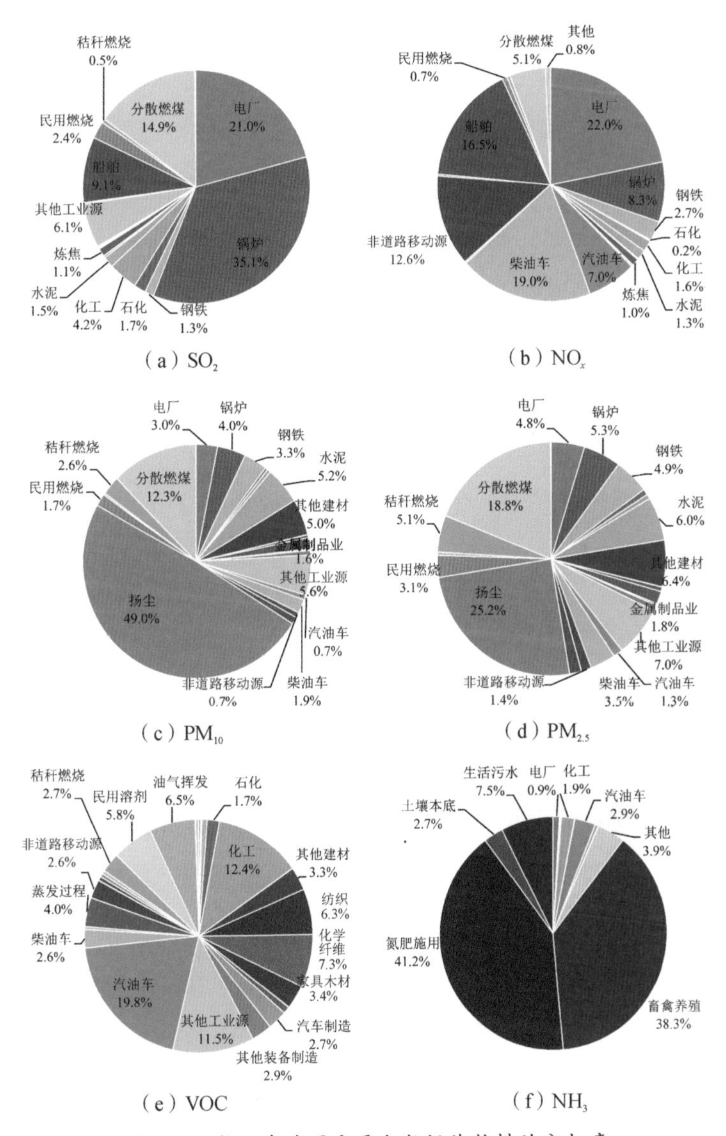

图 3.12 长三角地区主要大气污染物排放分担率

通过实施电厂烟气脱硫工程，长三角地区电厂 SO_2 排放已得到明显控制，锅炉和分散燃煤已成为长三角地区 SO_2 排放的主要来源。

长三角地区 NO_x 的主要排放源为电厂（22.0%）、柴油车（19.0%）和船舶（16.5%），其次为非道路机械（12.6%）和锅炉（8.3%）。移动源（含柴油车、汽油车、船舶和非道路机械）的排放分担率最大。电厂仍为长三角地区 NO_x 排放的重要来源，烟气脱硝已刻不容缓。

颗粒物的来源相对复杂。长三角地区 PM_{10} 的主要排放源为扬尘（49.0%），其次为分散燃煤（12.3%）、建材（10.2%）（其中水泥 5.2%，其他建材 5%）。扬尘在 $PM_{2.5}$ 中的排放分担率为 25.2%，分散燃煤和建材行业的排放分担率分别为 18.8% 和 12.4%。从排放的化学组成看，有机物（organic matter，OM）是长三角区域一次 $PM_{2.5}$ 排放的关键组分，主要来自锅炉、柴油车和秸秆燃烧；EC 排放主要来自锅炉、柴油车、非道路机械、扬尘等；硫酸根离子排放与燃煤和燃重油污染关系密切，主要来自锅炉、电厂、水泥和其他建材等；钙离子排放主要来自扬尘、锅炉、水泥和其他建材。

长三角地区 VOC 的排放构成与其他污染物有较大区别，汽油车（19.8%）、化工（12.4%）和其他工业源（11.5%）是主要的 VOC 排放源，化学纤维也有 7.3% 的占比。VOC 中关键组分的排放分担情况如下：丙烯排放主要来自化工、汽油车、油气挥发和蒸发过程、石化等；乙烯排放主要来自汽油车和化工；丙酮排放主要来自汽油车、民用溶剂、化工、柴油车、非道路机械、纺织等；甲苯排放主要来自汽油车、化工、纺织、家具木材等；间二甲苯和对二甲苯排放主要来自家具木材、民用溶剂、汽油车、化工等；乙苯排放主要来自家具木材、汽油车、民用溶剂、纺织、化工等。

NH_3 排放主要来自农业源，其中氮肥施用和畜禽养殖分担率分别为 41.2% 和 38.3%。

（2）珠三角排放源分担率

2014 年，珠三角地区人为源 SO_2、NO_x、CO、VOC、PM_{10}、$PM_{2.5}$ 和 NH_3 排放总量分别为 294 kt、790 kt、3345 kt、824 kt、465 kt、204 kt 和 184 kt。2010 年、2012 年和 2014 年珠三角地区主要大气污染物排放分担率如图 3.13 所示。

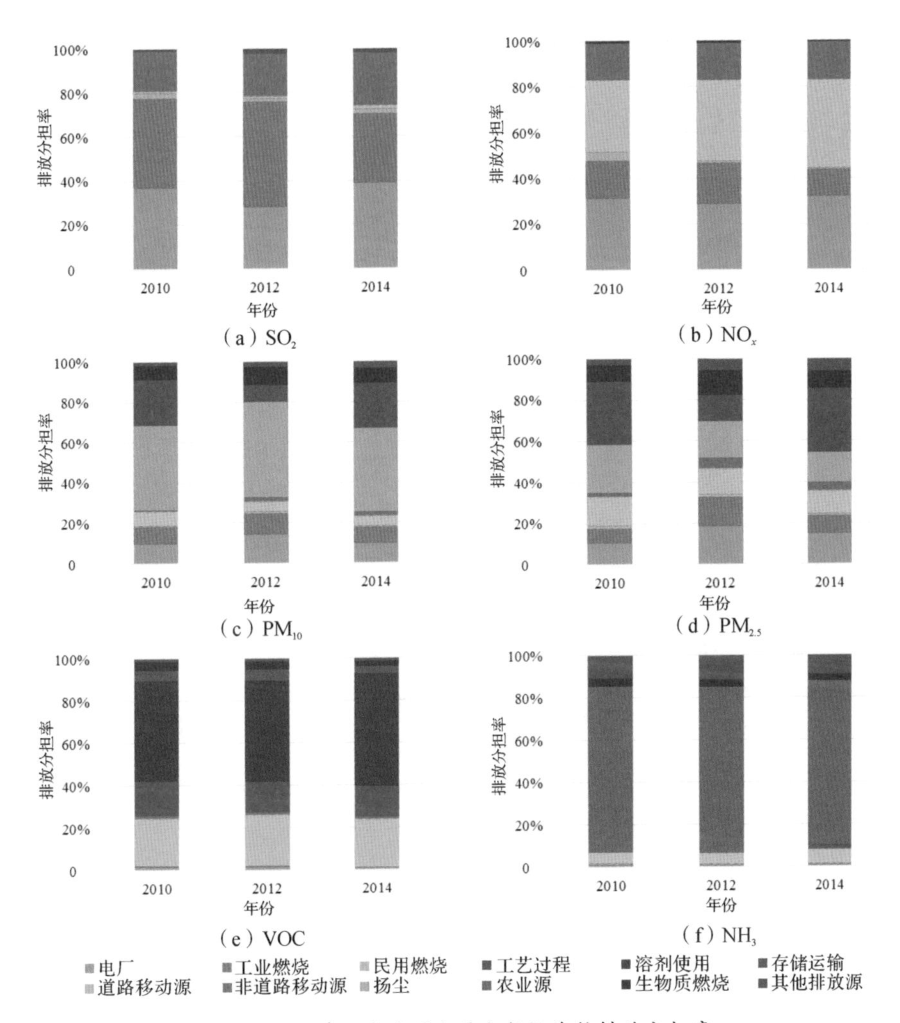

图 3.13 珠三角地区主要大气污染物排放分担率

纵观 2010—2014 年，各污染物主要贡献源及排放分担率变化不大。工业燃烧、电厂和非道路移动源是 SO_2 的主要贡献源；道路移动源、电厂、工业燃烧和非道路移动源是 NO_x 的主要贡献源；扬尘、工艺过程、电厂是 PM_{10} 的主要贡献源；工艺过程、扬尘、电厂是 $PM_{2.5}$ 的主要贡献源；溶剂使用、道路移动源和工艺过程是 VOC 的主要贡献源；农业源、其他排放源、道路移动源是 NH_3 的主要贡献源。

（3）京津冀排放源分担率

2014 年京津冀地区人为源 SO_2、NO_x、PM_{10}、$PM_{2.5}$、VOC 和 NH_3 排放总量分别为 1441 kt、2107 kt、1367 kt、1116 kt、711 kt 和 2121 kt。2014 年京津冀地区主要大气污染物排放分担率如图 3.14 所示。

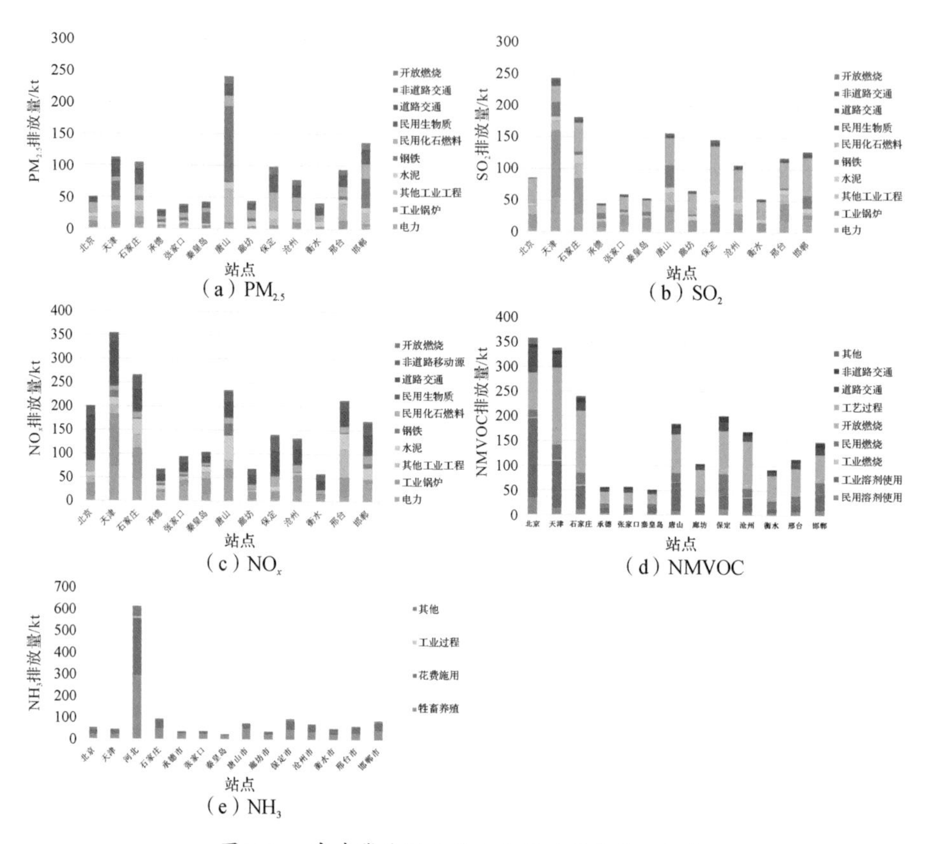

图 3.14　京津冀地区主要大气污染物排放分担率

北京各种污染物的主要排放源是机动车（即道路交通）和居民燃煤（即民用化石燃料），工业次之。其中，机动车对 CO、NO_x 和 VOC 排放贡献最大，排放分担率分别为 83.7%、56.5% 和 66.4%；居民燃煤对有机碳（OC）贡献最为显著，高达 84.1%，对 $PM_{2.5}$ 和 PM_{10} 的贡献在 40% 左右。机动车和居民燃煤两种源对黑碳（BC）的贡献相当，约为 41%。

天津的 BC 排放主要源自机动车（45.6%），OC 排放主要源自居民燃煤（58.2%），其余污染物主要源自工业部门，且排放分担率主要分布在 48%~67%。

河北的 CO 排放主要源自机动车（57.7%），对 OC 贡献最大的仍是居民燃煤（66.9%），电厂、工业和机动车对 NO_x 贡献相当，排放分担率均为 32% 左右，其余污染物的主要排放源均为工业部门。

3.8 北京地区致霾粒子来源定量解析

3.8.1 污染源成分谱敏感性分析

大气有机颗粒物是致霾的重要成分。化石燃料燃烧是其主要来源之一。本研究针对我国不同燃油类型的机动车和燃油锅炉，利用“台架试验 - 稀释通道法”采集了机动车及锅炉运行中排放的细颗粒物，结合柱前衍生化 GC-MS 方法分析了约 195 种有机成分。结果表明，藿烷和甾烷类物质可作为机动车排放的理想示踪物；苉与苯并 [a] 芘的比值、苯并 [ghi] 苝及晕苯可以作为汽油车和柴油车排放区分的标志物；芳香酸可以作为燃油锅炉和其他污染物源区分的标志物。与国外有机污染物排放源谱相比，我国机动车排放因子偏高，不同类别机动车的排放因子具有较大差异。相同工况下，燃油质量对燃油锅炉排放因子有着较大影响。总之，我国不同机动车类型和燃油锅炉排放颗粒有机物的源成分谱，对油品变化具有较高的敏感度。中外机动车源成分谱对比如图 3.15 所示。

从图 3.15 中看出，我国机动车排放的典型有机污染物具有较高的排放因子，尤其是机动车源示踪物——藿烷类化合物。三种藿烷类物质排放因子有一定差异，如果利用美国机动车的源谱结合有机示踪法来解析我国细颗粒污染的机动车来源贡献，势必会带来一定误差。针对这一现

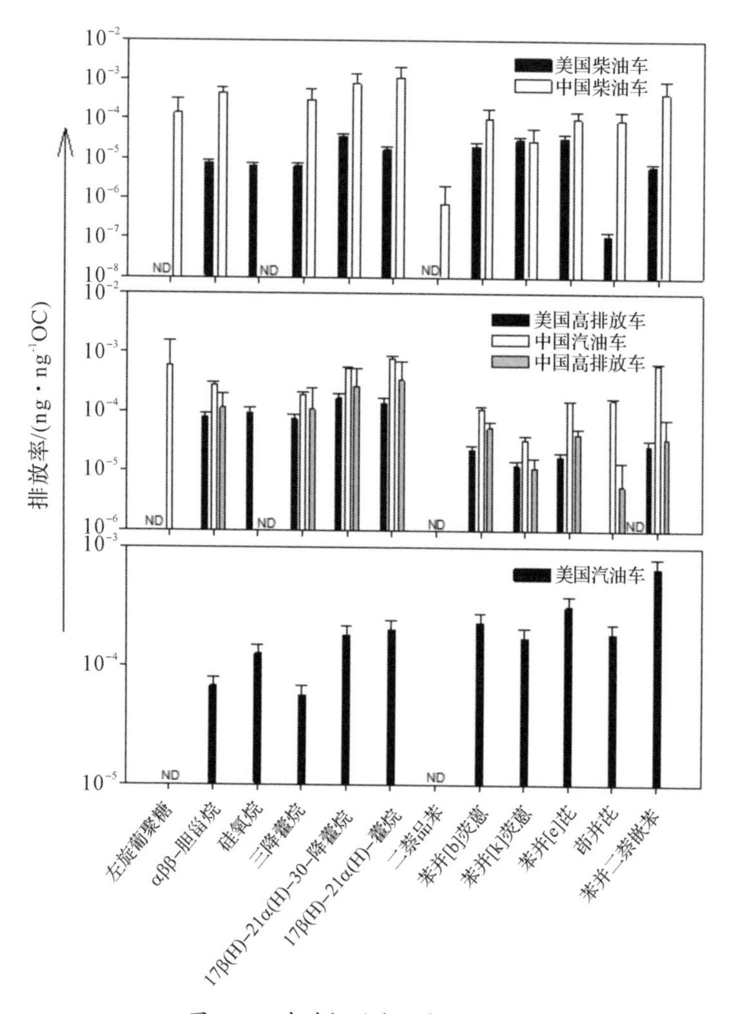

图 3.15　中外机动车源成分谱对比

状，本研究利用化学质量平衡（chemical mass balance，CMB）模型，探讨解析结果对源谱的敏感性。结果表明，异地源谱的应用对逐日样品的源解析结果影响较大，而对合并样品的源解析结果影响不大，误差随合并样品数量的增多而减小。在我国的合并样品源解析中，应用美国的机动车源谱是可以接受的。如果对源解析结果进行月平均和年平均的处理，源谱（中美机动车源谱差异性）对源解析结果的影响会逐渐减小。因此，如果没有本地机动车污染源清单数据，那么利用 CMB 进行源解析时，长期平均的结果会与实际更相近（即利用非本地机动车源谱解析当地机动车污染贡献时，月平均或年平均结果更接近真实情况）。

3.8.2 颗粒物化学物种重构

根据误差传递理论，从 $PM_{2.5}$ 化学物种形式的选择、颗粒物（particulate matter，PM）采样误差、样品称重与成分分析的误差、吸湿性组分吸收的水蒸气、POM 估算（即 OM/OC 取值）中引入的偏差以及其他未纳入成分的影响等环节，对 $PM_{2.5}$ 化学物种重构的质量闭合（mass closure）的不确定性进行分析，结合对 OM/OC 的评估对重构方法进行调整。结合相关的 PM 质量浓度、粒径分布和组分浓度，气态前体物的在线测量结果，气象参数（包括温湿度廓线）分析以及气团后向轨迹模拟，探究在不同季节与年际、不同主导源排放、不同空气污染程度、不同能见度条件和不同来向气团输入背景下 $PM_{2.5}$ 化学物种构成的变化特征。

对于关键物种 POM 的重构，在充分调研文献的基础上，结合高分辨率的 OC/EC、有机气溶胶 O/C 和单颗粒混合状态等的在线测量，比较其在城区与远郊的差异及时间变化。理解 OM/OC 在空气中的 PM 比例至关重要，可通过大规模例行 PM 测量，评估有机气溶胶颗粒的来源和化学处理过程。在高速公路近巷道的高时间分辨率 PM_1 的 OM 浓度和 OM/OC 观测结果中，OM/OC 平均值为 1.54 ± 0.20，OM/OC 的 2 min 均值范围为 1.17~2.67，OM/OC 每天均值范围为 1.44~1.73。OM/OC 一般在 OM 浓度低时较高，而在 OM 浓度高时较低。早高峰期间（OM 均值为 2.4 $\mu g \cdot m^{-3}$）OM/OC 较低（均值为 1.52 ± 0.14）；晚上（OM 均值为 6.3 $\mu g \cdot m^{-3}$）车辆和新鲜生物质燃烧排放的组合以及逆温现象通常存在，OM/OC 略低（1.46 ± 0.10）；中午 OM/OC 每小时均值最高，达到 1.66。

利用高分辨率飞行时间气溶胶质谱仪（HR-ToF-AMS），快速量化 OA。原子氧碳比（O/C）可表征 OA 的氧化态，发现城市环境中 OA 的 O/C 范围从 0.2 到 0.8，其值与昼夜周期、源排放、光化学反应和二次 OA 有关。区域环境中 O/C 值接近 0.9。氢碳比（H/C，1.4~1.9）和 POA 的城市昼夜变化趋势与氮碳比（N/C，约为 0.02）有相似规律。大气环境中 OM/OC 与 O/C 相关性（$R^2 = 0.997$）良好。老化大气环境中 O/C 和 OM/OC 的最高值分别为 1.0 和 2.5，远高于传统的大型烟雾箱模拟的 SOA，而实验室生产的初级生物质燃烧的 OA（BBOA）与环境 BBOA 相似。烃类的 OA（HOA）主要来自于城市化石燃料燃烧 POA，具有最低的 O/C（0.06~0.10），类似于汽车尾气。

本研究利用最新研究得到的 OM/OC 对 OM 计算进行优化。已有研究往往使用二次无机离子、水溶性金属元素、OC/EC 作为 PMF 模型的输入物种，然而这样解出来的一些因子由于缺少指示性较强的示踪物，往往无法与实际来源相对应。

运用本研究的溶蚀器 − 膜 − 后置膜采样方法，可实现颗粒态半挥发无机组分的准确采集。研究结果表明，北京大气颗粒物采样过程普遍存在 NH_4NO_3 和 NH_4Cl 的挥发损失，由于半挥发无机组分热力学平衡受温度控制，夏季的采样负偏差十分明显。春季采样期间，NH_4^+、NO_3^- 和 Cl^- 三者损失总量均值和损失率均值分别为 3.68 $\mu g \cdot m^{-3}$（0.25~12.17 $\mu g \cdot m^{-3}$）和 9.76%（1.04%~65.39%）；夏季为 6.62 $\mu g \cdot m^{-3}$（0.41~22.23 $\mu g \cdot m^{-3}$）和 8.87%（1.38%~26.36%）。半挥发无机组分采样负偏差比例并不直接取决于颗粒物浓度，春夏季雾霾期间偏差率较小，但损失量依然可观。春夏季颗粒物采样过程中，存在不同程度的半挥发无机组分以及酸损失。春季存在严重的酸（HNO_3 与 HCl）损失；而夏季相反，NH_4^+ 损失严重且不均衡，可能存在其他铵盐（胺盐）的挥发损失。

本研究还考察了半挥发无机组分采样损失的影响因素，其中气象条件影响显著。在高温低湿条件下，半挥发性铵盐损失严重。在溶蚀器 − 膜 −

后置膜采样系统中，颗粒物中铵盐损失量对气态前体物的浓度变化及气固相分配比例变化很敏感。本研究开展的采样负偏差定性定量评估为之后的颗粒物研究提供了偏差补偿的参考。

通过平行采样通道的对比，评估传统单一滤膜颗粒物的采样偏差。春季两个通道 $PM_{2.5}$ 质量浓度无显著差异。单一滤膜采样法高估了 NH_4^+ 浓度，低估了 NO_3^- 与 SO_4^{2-} 浓度。在低浓度时，其采样偏差尤为明显。而夏季颗粒物采样半挥发无机组分损失严重，单一滤膜采样严重低估了颗粒物浓度，采样偏差率为 43.35%（11.73%~76.64%）。因此，改善传统单一滤膜采样方法，颗粒物中半挥发组分（主要是 NH_4NO_3）的损失补偿对准确表征大气颗粒物及其无机组分污染特征尤为重要。

结果表明，夏季传统单一滤膜采样结果严重低估了颗粒物污染水平。在重污染天气，若某天下午降暴雨（对颗粒物起到一定的清除作用，在线 $PM_{2.5}$ 浓度出现小幅减少），而当天的颗粒物采样在降雨前，则其颗粒物浓度反映的是降雨前高温高湿状态的重污染水平。对于夏季单一滤膜严重低估颗粒物浓度的原因仍需探讨。值得注意的是，影响采样偏差的因素很多，在不同季节、不同区域以及不同污染水平的条件下，采样正负偏差变化特征也会不一样，消除颗粒物及其无机组分的采样偏差必须从改变传统单一滤膜采样入手。

经过尝试和探索，将有机示踪物作为解析物种输入模型中，较好地解决了这一问题。使用 PMF 模型和测得的 100 多种有机示踪物数据，对云南农村地区个体暴露模式下 $PM_{2.5}$ 的来源进行解析，得到了较好的结果。

3.8.3 北京 $PM_{2.5}$ 的污染源解析

针对 2014 年 10 月北京出现多次重霾天气这一情况，采集了 10 月 4—27 日北京大气 $PM_{2.5}$ 样品，分析了大气中水溶性离子、金属、OC、EC、有机示踪物等组分，对比了霾与非霾天的化学成分，利用 CMB 模型解析了致霾过程中重要有机物的贡献。结果表明，生物质燃烧、机动车排放和二次污染物对有机细颗粒物的贡献率分别为18.9%、36.9%和41.9%。上述研究的分析对象为水溶性离子和元素，分析结果如图3.16所示。

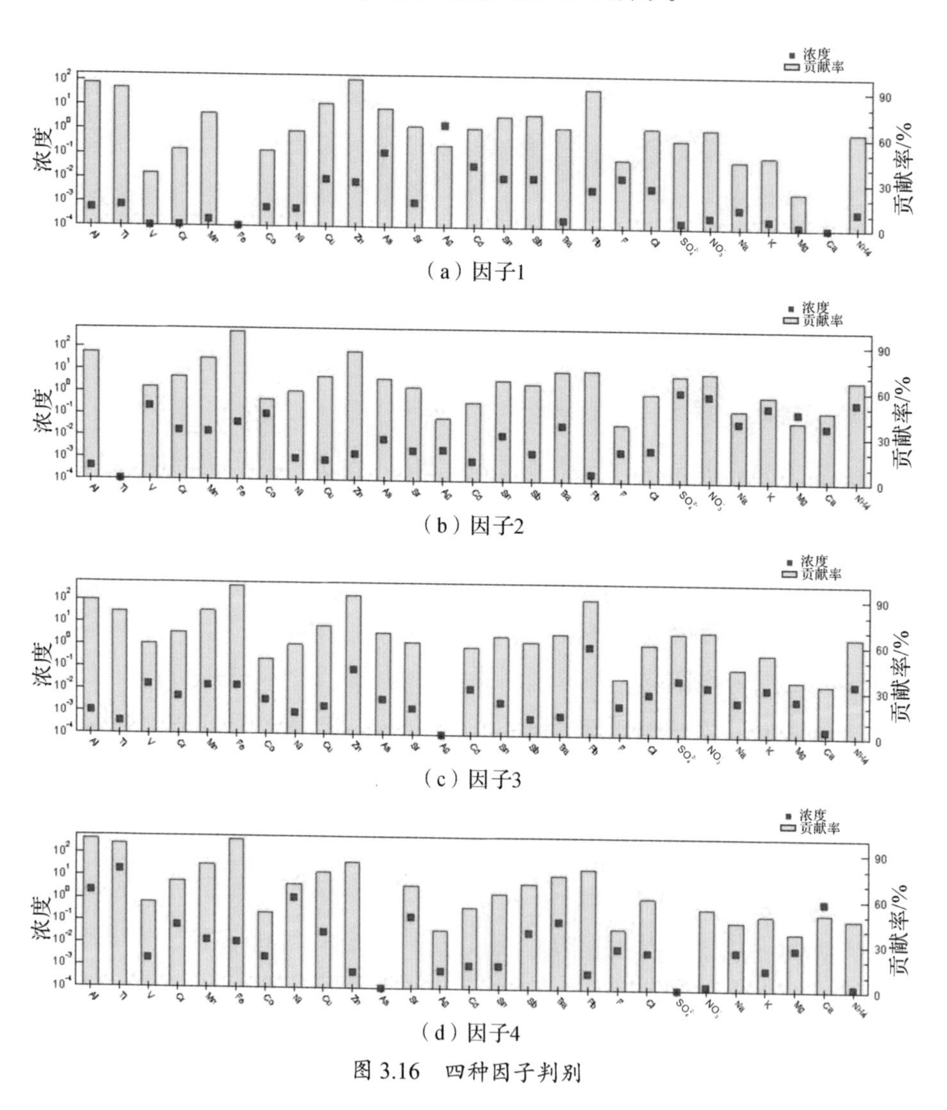

图3.16　四种因子判别

由图 3.16 可知，因子 1 中，As、Cu、Zn、Cd、Sn、Sb、Ag 的贡献较多，由此判断因子 1 为工业排放。因子 2 中，SO_4^{2-}、NO_3^-、NH_4^+ 的贡献显著，由此判断因子 2 为区域传输，但是 K^+ 的贡献也很大，所以因子 2 可能与生物质燃烧排放杂糅在一起。因子 3 中，Ca、Al、Ti 的贡献较多，由此判断因子 3 为土壤尘，但是因子 3 中 Ni 的贡献也很大，所以因子 3 可能与燃煤排放混合在一起。因子 4 中，Cu、Zn、Cd、Pb 的贡献较多，由此判断因子 4 为机动车尾气排放源。

上述四类因子的贡献如图 3.17 所示。本研究 PMF 模型的结果显示，对北京重金属的主要贡献为机动车排放、工业排放、土壤尘和燃煤。

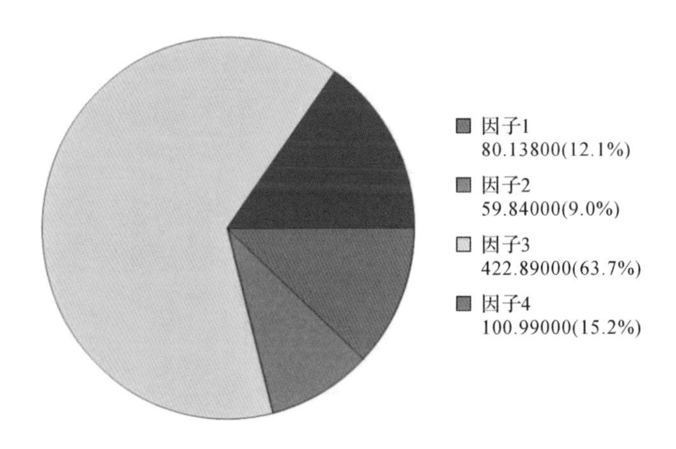

图 3.17　四类因子的贡献

3.8.4　$PM_{2.5}$ 的可视化源解析

（1）怀柔 APEC 观测

2014 年 11 月 3—11 日，北京市同周边省市采取一系列空气污染控制措施，以保证 APEC 会议期间的空气质量。从 2014 年 9 月 10 日起至 2015 年 1 月底进行了为期五个月的采样，并利用 WRF 模型进行粒子后向轨迹（FLEXPART）的模拟，以便了解颗粒物的来源。根据模拟结果（见

图 3.18），颗粒物的气团可分为六大类（根据方向和轨迹长短命名）：西北偏西（WNW，24.73%）、西北偏北（NNW，31.86%）、东北经东（NEE，15.45）、东南经南（SES，7.76%）、短距西南（SSW，6.12%）和长距西南（LSW，14.08%）。其中，百分数表示个各气团轨迹的输入比例。

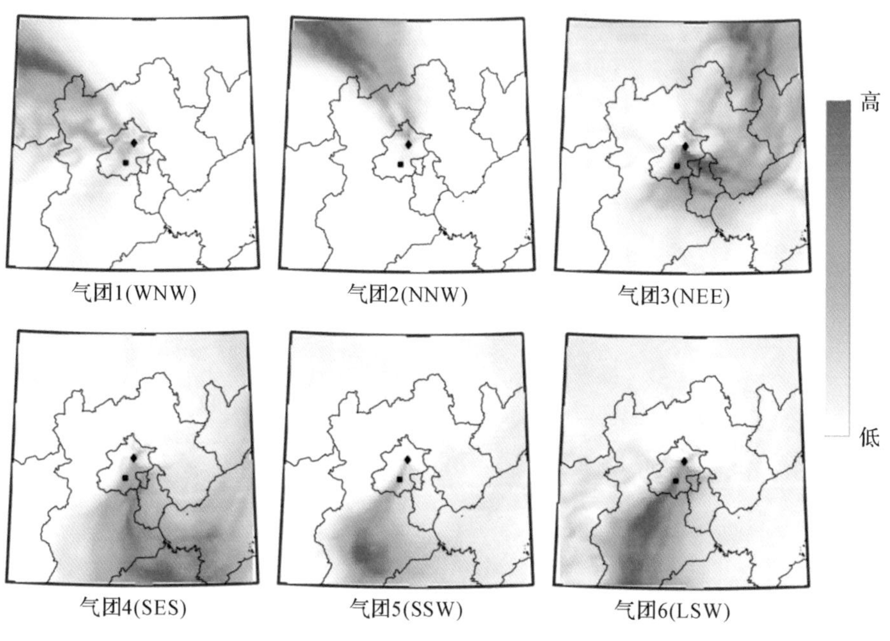

图 3.18　颗粒物后向轨迹结果（菱形点表示怀柔雁栖湖采样点）

（2）北京地区冬季雾霾形成机制联合观测实验

针对灰霾形成机制的观测活动，使用地面膜采样分析和模型模拟（WRF-Chem）相结合的形式来解析颗粒物来源。对 2016 年 9 月初的重污染过程进行全国尺度上的 WRF-Chem 案例模拟（见图 3.19），模拟结果显示，最大的模拟浓度出现在 9 月 1 日 14:00。$PM_{2.5}$ 干重浓度最大为 262.8 μg·m^{-3}，PM_{10} 浓度最大为 367.7 μg·m^{-3}。重霾区主要为东部地区和华北平原大部，包括河北、河南、山东、江苏以及四川盆地。

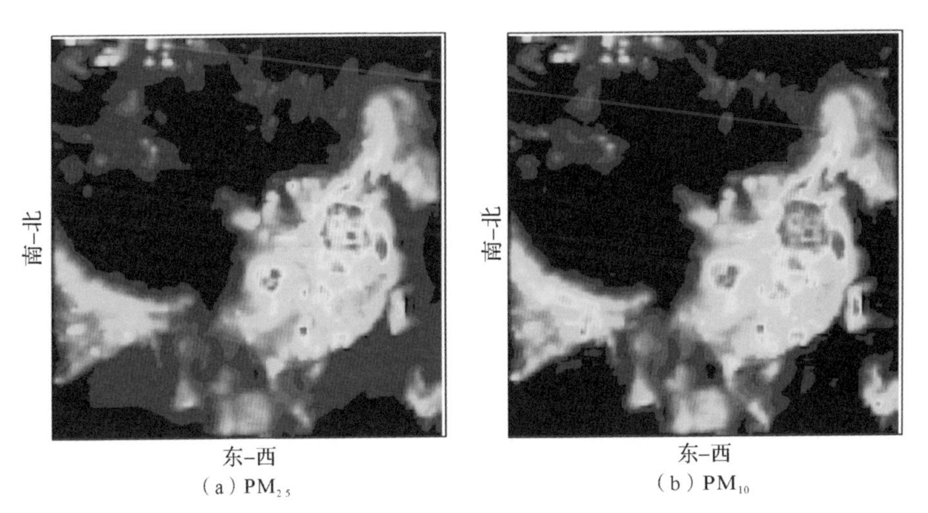

（a）$PM_{2.5}$　　（b）PM_{10}

图 3.19　全国尺度上的 WRF-Chem 案例模拟结果

4　大气灰霾数值模式

4.1　区域大气灰霾数值模式

嵌套网格空气质量预报模式系统（NAQPMS），是中国科学院大气物理研究所自主研发的新一代全耦合欧拉模式系统，可以模拟和预报包括 $PM_{2.5}$ 在内的多种大气污染物。在该模式的基础上，本研究耦合了一个气溶胶微物理模块 APM（advanced particle microphysics），形成了能够模拟多尺度气溶胶微观动力学的分档模式 NAQPMS+APM（Nested Air Quality Prediction Modeling System with Advanced Particle Microphysics）。该模式采用高分辨率的分档法表征粒子谱分布，不仅能够生成气溶胶粒子的质量浓度信息，还生成给出粒子的数浓度、数浓度谱分布和混合状态信息。利用 NAQPMS+APM 模式，可以详细解析细粒子污染发生的微观动力学机制。

（1）APM 模式

APM 中的主要微物理过程包括成核、凝结 / 蒸发、碰并、吸湿增长与干沉降。APM 可以灵活地设定气溶胶种类数和各类气溶胶的分档数。

APM 中包含的气溶胶包括二次粒子、含碳粒子（BC、OC）、海盐和沙尘。二次粒子由核化作用形成，APM 模式显式地计算其成核率以及粒子增长和碰并过程；含碳粒子主要由人为排放产生，APM 模式计算其凝结增长及其对二次粒子的碰并清除过程；海盐粒子由海洋排放产生，APM 模式计算各档海盐粒子的排放通量、增长及碰并过程；沙尘粒子由沙源地产生，APM 模式计算它的凝结增长及其对二次粒子的碰并清除过程。

APM 中的气溶胶混合状态可被视为“半外混合”，即单个气溶胶粒子由种子粒子和附着成分组成。种子粒子就是上文中介绍的五种气溶胶粒子；附着成分包括不可挥发可凝成分与半挥发性成分。不可挥发可凝成分包含硫酸盐及粒子表面老化形成的有机物质，半挥发性成分包含硝酸盐、铵盐及半挥发性 SOA。

（2）不同气溶胶粒子的处理方式

● 二次粒子

在 APM 中，二次粒子共分 40 档，粒子直径为 1.2 nm~12 μm。第一档对应核化形成的新粒子大小。因此，在模式计算中可将核化形成的粒子直接加到第一档，而无须额外假设计算（如果第一档直径远大于核化形成粒子的大小，则需要通过假设和参数化来计算核化作用对第一档粒子数浓度的影响）。硫酸盐粒子分档情况和单位质量排放谱分布如图 4.1 所示。在 APM 中包括了二次粒子的成核、凝结增长、自身的碰并及其他粒子（海盐、沙尘、BC、OC）对二次粒子的碰并清除过程。

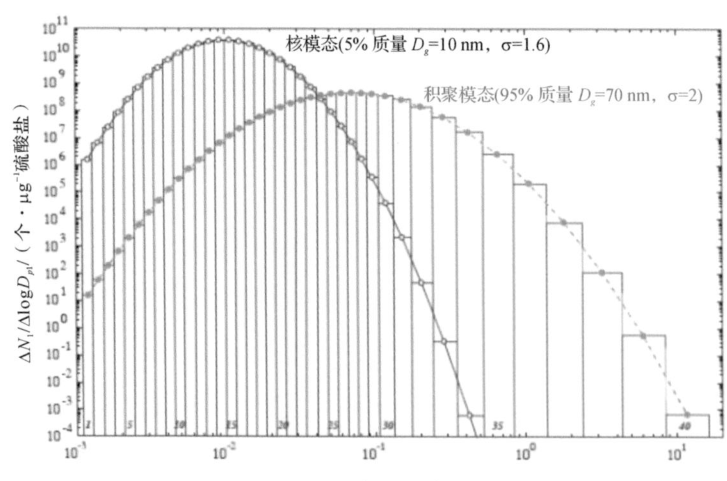

图 4.1 硫酸盐粒子分档情况及单位质量排放谱分布

• 黑碳和有机碳

考虑含碳气溶胶排放的巨大不确定性，在原来的 APM 中暂时不表征 BC、OC 的微物理过程，只考虑其对二次粒子的碰并清除过程。一次排放的 BC、OC 粒子大致呈对数正态分布，由模拟得到的质量浓度和假设的分布函数求得 BC、OC 的数浓度。 现有的测量结果（Dentener et al., 2006）表明，化石燃料产生的 BC、OC 粒子（BCOCFF）大小与生物燃料和生物质燃烧产生的 BC、OC 粒子（BCOCBB）有显著差异。为合理计算 BC、OC 对粒子总数浓度和云凝结核（CCN）的贡献，将 BC、OC 分成 BCOCFF 和 BCOCBB 两类，每一类有四个示踪物（疏水 BC、亲水 BC、疏水 OC、亲水 OC）。假设 BCOCFF 满足中值直径 D_p 为 60 nm、标准差为 1.8 的对数正态分布，BCOCBB 满足中值直径 D_p 为 150 nm、标准差为 1.8 的对数正态分布。只有亲水的 BC 和 OC 可作为 CCN。

• 海盐

一次排放是海盐粒子的唯一来源，其直径一般大于 10 nm。在 APM 中，海盐粒子分为 20 档，直径为 12 nm~12 μm。分谱的排放通量采用 Clarke 等（2006）的方案进行计算。APM 中涉及海盐的微物理过程包括其自身的碰并及其对二次粒子的碰并清除过程。

• 沙尘

APM 中沙尘的微物理过程包括沙尘对可凝气体的凝结吸收及其对二次粒子的碰并清除过程。APM 中沙尘粒子按直径分为四档：0.2~2.0 μm、2.0~3.6 μm、3.6~6.0 μm、6.0~12.0 μm。起沙总量由 NAQPMS 在线计算求得。

（3）模式微观动力学过程

• 成核

APM 中采用的成核机制为离子诱导成核（ion-mediated nucleation, IMN）。Yu（2010）指出，IMN 理论考虑分子簇生长的电荷动力学效应，而且能够显式计算带电分子簇的电荷中和机制，与经典的离子核化理论有重要区别。经典的离子核化理论以形成临界胚胎自由能的改变为基础，不能合理地表征气体分子的动力学限制，因为大气气体前体物含量很小，特别是硫酸气体。另外，经典的离子核化理论也未考虑离子重新结合成核过程。IMN 机制的物理意义明确，可考虑硫酸气体浓度、温度、相对湿度、离子化速率和已有粒子表面积对新粒子形成的影响。因此，决定 IMN 机制的物理因子允许成核速率在三维的空间和时间上连续变化，该机制能够以物理上一致的方式量化整个大气中成核对粒子数浓度和 CCN 数量的影响。因此，相比于其他理论，IMN 具有一定的特色和优越性。

- 凝结 / 蒸发

凝结是气溶胶粒子长大的机制之一。一次排放和成核形成的核模态粒子可以经吸收大气中的可凝气体（如硫酸气体、有机气体和其他无机成分）而长大。凝结过程的合理表征对于计算气溶胶的微物理动力过程、大气中的清除过程及 CCN 数浓度、粒子谱分布具有重要的意义。APM 模式主要考虑了硫酸气体在二次粒子上的凝结以及无机盐分和二次有机成分在各类粒子上的动态凝结 - 蒸发过程。

- 吸湿增长

吸湿增长是大气气溶胶粒子长大的重要机制。由于吸湿作用，大气中的粒子可增长至其干粒子大小的数倍。APM 模式考虑了不同化学成分的吸湿增长，采用 Li 等（2001）的方法来计算无机盐分的吸湿作用，使用 Varutbangkul 等（2006）的方案来计算有机部分的吸湿作用，采用 Gerber（1985）的方案来计算海盐吸湿作用。在本研究中无机组分的吸湿增长由 ISORROPIA 无机气溶胶模块求得的含水量来求得。吸湿增长因子为不同组分吸湿因子的加权平均值。

- 碰并

碰并是控制气溶胶谱分布的重要过程，它能够减少气溶胶粒子数浓度，使粒子谱分布向大粒子端移动，但其不改变气溶胶粒子的质量浓度。碰并还可以改变粒子的混合状态，使外混合状态转化为内混合状态。因此，碰并过程对于准确刻画粒子之间的相互作用和粒子谱分布具有重要的意义。原来的 APM 模式考虑了二次粒子之间的相互碰并、海盐粒子的相互碰并和其他各类粒子对二次粒子的碰并清除过程。本研究添加了一次粒子之间的碰并作用。碰并算法采用 Jacobson（1994）的方案。

● 粒子吸水特性的处理

APM 中的含碳粒子（BC、OC）分亲水和疏水两类。在 APM 模式中假设，一次排放中 20% 的 BC 和 50% 的 OC 是亲水性的，80% 的 BC 和 50% 的 OC 是疏水性的。老化过程的存在使疏水粒子向亲水粒子转变，APM 基于 Cooke 等（1999）提出的假设，疏水性粒子以 1.2 d 的寿命向亲水性粒子转化。此过程可用下列公式表征：

$$\frac{dC_{hb}}{dt}=-\frac{C_{hb}}{\tau}$$
$$\frac{dC_{hl}}{dt}=-\frac{dC_{hb}}{dt} \qquad (4\text{-}1)$$

其中，C_{hb} 为疏水粒子的浓度，C_{hl} 为亲水粒子的浓度，t 为疏水粒子老化特征时间，本研究取 1.2 d。

● 凝结吸附与平衡分配

有的粒子可通过吸收和释放气体而改变大小。APM 显式求解 H_2SO_4 在已有粒子上的凝结，而对硝酸盐、铵盐、半挥发性二次有机成分的吸收采用平衡假设（ISORROPIA 模块和 SOAP 模块）进行计算。吸附在各粒子上的硝酸盐、铵盐、半挥发性二次有机成分与该粒子上的硫酸盐量成正比。 二次粒子大小可分为核大小、干粒子大小和湿粒子大小。粒子只在其核大小变化时在档间移动。

（4）NAQPMS 与 APM 的耦合方案

我国中东部以一次排放的粒子为主，因此一次粒子的排放、输送、老化及清除过程对我国中东部细粒子的微物理特征具有决定性的影响。既有的 APM 模式对一次排放的粒子的处理较为粗糙，即假设其谱分布形状同排放的谱分布，在模拟计算中只追踪两个模态的粒子质量，粒子数浓度由质量浓度和假设的谱分布求得。这种简化的处理方式未考虑一次粒子的碰并。碰并过程是亚微米粒子重要的汇过程，特别是在临近排放源的粒子数浓度高值区和粒子寿命较长且可凝气体浓度低的区域。因此，从理论上讲，不考虑一次粒子的碰并过程而计算得出的一次粒子数浓度会偏高，亦会导致一次粒子对二次粒子具有偏强的碰并清除作用，进而影响二次粒子数浓度谱分布和总粒子数浓度谱分布的模拟。下面首先从理论上初步估算碰并作用对粒子数浓度的影响。描述粒子碰并过程的物理方程式如下：

$$\frac{\partial n(v,t)}{\partial t}=\frac{1}{2}\int_{v_0}^{v-v_0}K(v-q,q)n(v-q,t)\mathrm{d}q-n(v,t)\int_{v_0}^{\infty}K(q,v)n(q,t)\mathrm{d}q \tag{4-2}$$

将方程（4-2）离散化，假设碰并核函数为常数，可得

$$\frac{\mathrm{d}N}{\mathrm{d}t}=-\frac{1}{2}KN \tag{4-3}$$

求解可得

$$N(t)=\frac{N_0}{1+t/\tau_c} \tag{4-4}$$

其中，

$$\tau_c=\frac{2}{KN_0} \tag{4-5}$$

为使 APM 微物理模式能够合理地模拟我国大气细粒子的数浓度谱分布特征，本研究改进了 NAQPMS+APM 模式，对含碳粒子 BC 和一次有机碳（primary organic carbon，POC）进行了分档，并在微物理模块中添加了 BC 和 POC 粒子的碰并过程描述，对一次粒子的凝结增长及其对二次粒子

的碰并过程也进行了相应的更改升级。含碳粒子的粒径按等对数粒径间隔分为 28 档，干粒子直径为 10 nm~5 μm。此外，将一次粒子分档之后，可以灵活地将观测到的一次粒子排放谱分布纳入模式系统，减少粒子谱分布模拟的不确定性。

大于 10 nm 的凝结核（CN10 nm）的数浓度模拟与观测对比如图 4.2 所示。模拟值基本在观测值的 2 倍范围之内，从城市站点到郊区较为清洁的站点，到受到污染影响的高山站点，再到西部清洁的高山站点，改进后的 NAQPMS+APM 模式都能够较好地模拟出与观测较为一致的气溶胶数浓度绝对量值，能反映出不同大气环境条件下气溶胶数浓度的空间变化特征。也就是说，改进后的 NAQPMS+APM 模式能够模拟出实际大气条件下合理的气溶胶数浓度值，其对气溶胶数浓度的模拟性能良好。

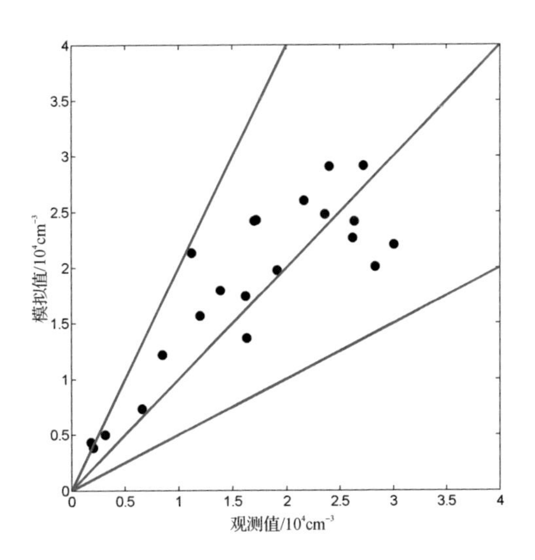

图 4.2 CN10 nm 数浓度模拟与观测对比

北京不同季节气溶胶谱分布的观测和模拟结果如图 4.3 所示。可以发现，该模式较好地再现了气溶胶谱分布的观测特征。特别是在春季，观测

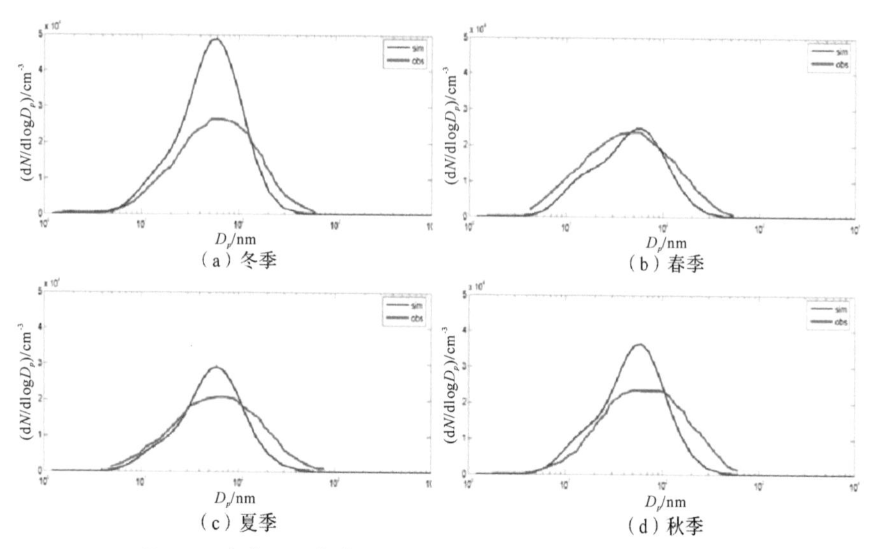

图 4.3　北京不同季节气溶胶数浓度谱分布的观测和模拟结果

和模拟的气溶胶数浓度谱分布的峰值粒径较为接近。在其他三个季节，该模式模拟的气溶胶峰值粒径较观测值偏低，这可能与北京冬季采暖季一次气溶胶排放量偏高有关。

4.1.1　大气灰霾多模式预报预警系统研发

大气灰霾多模式预报预警系统组成如图 4.4 所示。大气灰霾多模式预报预警系统采用中尺度气象预报模型 WRF，中国科学院大气物理研究所自主研发的 NAQPMS，美国的 CAMx、CMAQ 和 WRF-Chem 等空气质量数值预报模式。各空气质量模式均采用相同的排放源、区域设置、网格数和分辨率进行模拟，所得结果通过同一截面予以展现。集合数值预报模式水平结构为多重嵌套网格，分辨率为 5 km、15 km、45 km，垂直不等距分为 20 层。每次预报的计算时间均不超过 4 h。

（1）系统建设方案

为了减小区域设置不同引起的模式差异，对多模式预报系统的区域网格进行了统一的设置。在项目建设中，模式计算采用三重嵌套区域设置。

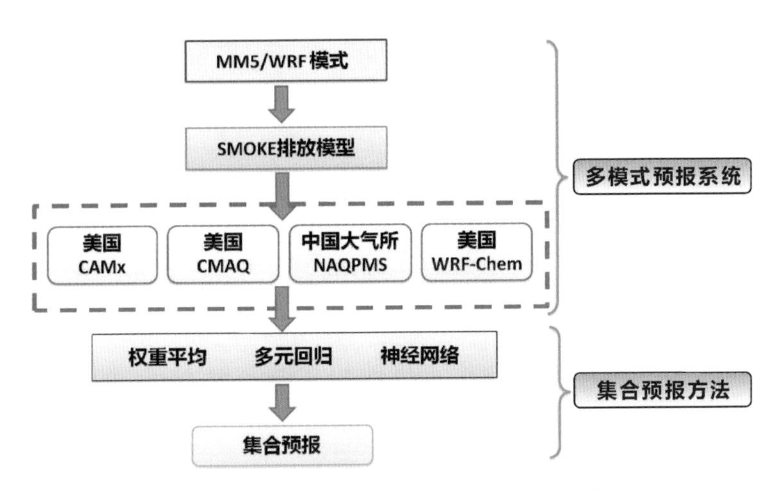

图 4.4　大气灰霾多模式预报预警系统组成

区域中心 106°E、24°N，第一真纬度线为 4°N、第二真纬度线为 24°N，标准经度线为 106°E。第一区域为东亚区域，50°E~160°E，10°S~60°N，覆盖全国，水平分辨率为 45 km，网格数为 182 × 172；第二区域为我国中东部区域，90°E~140°E，北纬 15°N~55°N，覆盖我国绝大多数地区域，水平分辨率为 15 km，网格数为 243 × 273；第三区域为京津冀及周边区域，包括 110°E~128°E，33°N~45°N，覆盖北京、天津、河北、山西、山东、辽宁全境，以及吉林、内蒙古、陕西、河南、安徽、江苏部分地区，水平分辨率为 5 km，网格数为 300 × 249。模式计算垂直范围从地面到 20 km 高度，垂直分层为 20 层。模式区域可扩展至全球。

模式计算以北京时间 20 时为起点，计算未来 192 h 的气象场和污染物浓度场，以实现未来 24 h、48 h、72 h、96 h 和 120 h 的区域灰霾预报，以及未来 6~7 d 可供参考的区域污染趋势预测，预报输出结果的时间分辨率为 1 h，输出污染物包括 $PM_{2.5}$、PM_{10}、O_3、NO_2、SO_2、CO 六种主要污染物，$PM_{2.5}$ 组分（硝酸盐、硫酸盐、铵盐、黑碳、一次有机物、二次有机物等）、气溶胶光学厚度（AOD）和大气能见度，以及风速、风矢量、温度、相对湿度、气压、降水等气象要素。

（2）系统预报效果

● 重污染个例预报效果评估

采用集合预报方法评估城市预报准确率，利用不同空气质量模式、不同网格分辨率、不同预报时效生成的每个集合预报成员城市空气质量指数（air quality index，AQI）预报值构成集合预报区间。若城市 AQI 实测值落于集合预报区间，即认为预报准确。

2015 年 4—6 月试运行期间，京津冀 13 个城市 AQI 预报准确率如表 4.1 所示。预报效果最好的时间段是 2015 年 6 月，京津冀 13 个城市 AQI 预报准确率都在 80% 以上，其中 10 个城市 AQI 预报准确率在 90% 以上。2015 年 4—5 月预报效果较 2015 年 6 月稍差。就 2015 年 4—6 月 AQI 预报准确率均值而言，京津冀 13 个城市都在 70% 以上，北京最低（72%），邯郸、沧州、唐山最高（均为 93%）。

表 4.1　2015 年 4—6 月京津冀 13 个城市 AQI 预报准确率

时间	4 月	5 月	6 月	4—6 月均值
北京	64%	67%	83%	72%
天津	86%	87%	93%	89%
石家庄	89%	80%	83%	84%
邯郸	89%	97%	93%	93%
张家口	64%	73%	90%	76%
保定	79%	77%	93%	83%
沧州	96%	87%	97%	93%
承德	82%	67%	80%	76%
衡水	61%	67%	93%	74%
廊坊	46%	77%	93%	73%
秦皇岛	82%	90%	100%	91%
唐山	100%	83%	97%	93%
邢台	86%	77%	90%	84%

● 预报效果评估

针对大气灰霾预报预警系统对京津冀地区 2013—2014 年 30 次重污染的模拟预报效果，系统评估了该系统的预报水平，对比分析提前 1 d、2 d 和 3 d 对 30 次重污染天气过程的预报能力，得到以下几个特点。

在起始时间方面，系统提前 1 d、2 d 和 3 d 的预报结果如图 4.5（a）所示。提前 1 d 预报效果好于提前 2 d 和 3 d，重污染天气过程预报成功的次数分别为 13 次、11 次和 11 次。用标准Ⅰ进行评估，提前 1 d、2 d 和 3 d 重污染天气过程预报准确率均可达到 57% 以上。用标准Ⅱ进行评估，预报准确率均可达到 70% 以上。不同季节的预报效果如图 4.5（b）所示，不同季节的准确率分别为 75%、0、90% 和 60%，秋季预报效果较其他季节好。

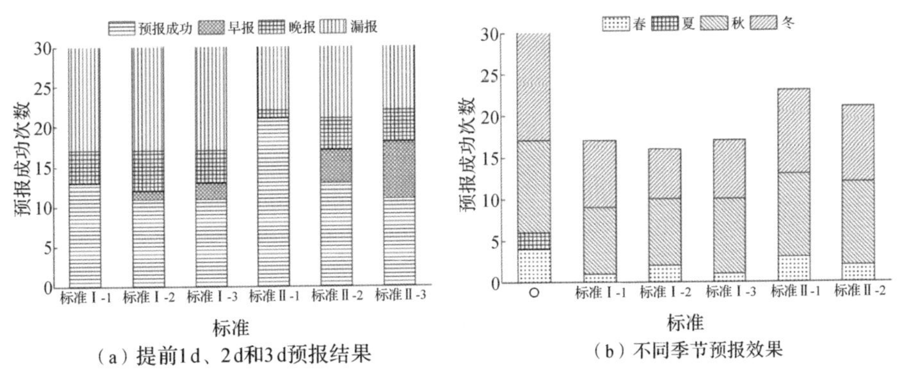

（a）提前1 d、2 d和3 d预报结果　（b）不同季节预报效果

O 为实际污染的次数；标准Ⅰ-1、标准Ⅰ-2、标准Ⅰ-3 分别表示 AQI=200 提前 1 d、2 d 和 3 d 的预报效果；标准Ⅱ-1，标准Ⅱ-2，标准Ⅱ-3 分别表示 AQI=150 提前 1 d、2 d 和 3 d 的预报效果

图 4.5　2013 年和 2014 年预报情况

在持续时间方面，提前 1 d、2 d 和 3 d 预报的重污染天气过程一般持续 3~4 d，最长可达 6 d。对于冬季持续时间较长的重污染天气过程，系统可能预报出重污染天气过程的开始或中间时段，这时需要密切关注该时间段每日的预报结果，综合发布未来几日的预警信息。以 2013 年 1 月 4 日开始持续时间长达 28 d 重污染天气过程为例，系统虽未能准确

预报此次过程的起始时间，但陆续报出该时段内 7—11 日、13—15 日、18—23 日和 26—31 日的重污染天气过程。模式中静态的排放清单难以反映京津冀区域冬季复杂的污染排放，这可能是预报时间不连续的主要原因之一。

在空间范围预报方面，系统预报的空间范围通常大于实际重污染天气过程影响的空间范围，对秋冬季静稳条件导致的大范围重污染天气过程，预报的空间范围通常可达实际的 80% 以上。系统对河北中南部的预报效果较好，特别是保定、石家庄和邯郸，实际受到重污染天气过程影响次数为 26、30 和 24，报出次数分别为 20、22 和 18。秦皇岛、北京和邢台漏报情况较为突出，秦皇岛 3 次污染过程均未报出，北京 17 次污染过程漏报 8 次，邢台 28 次污染过程漏报 12 次。排放清单对京津冀区域不同城市污染物排放的估计与实际存在偏差，可能是导致漏报的主要原因之一。

4.1.2 大气灰霾资料同化系统研发

大气灰霾资料同化系统（ChemDAS）基于 $PM_{2.5}$、PM_{10} 小时浓度观测值及嵌套网格空气质量预报模式系统（NAQPMS）小时模拟结果，利用最优插值、集合卡尔曼滤波等算法，对空气质量数值模式三层区域各时次模式模拟结果与污染物实际分布进行同化，从而得到指定区域内尽可能接近实况污染物水平分布的小时浓度场及相关产品。同时，根据滚动预报设置，自动对特定时刻模式预报初值场进行同化，从而得到下次滚动预报时模式运行初值场。

（1）系统业务化

- 系统运行策略

为保证准实时同化系统 2 h 内计算完成的时效性，单次程序执行只针对单一物种单一区域。因程序内存需求较大，单一计算节点一次只执行三个任务。目前准实时同化部署策略为 2 个计算节点、18 个定时任务，$PM_{2.5}$ 和 PM_{10} 各 1 个计算节点，初值场预报共使用 4 个计算节点。

● 时效性测试

准实时同化结果可在该时次监测数据上传后 50 min 内计算得到二进制格点文件，1 h 内得到该时次最终产品（小时浓度分布图）。计算机性能直接决定时效性。各区域因网格数及同化参数设置不一，计算耗时约为 30 min、40 min、20 min（依次对应第一区域、第二区域、第三区域），满足系统要求的 2 h 计算时间。由于需同化计算垂直三层信息，同化初始场结果可在该时次监测数据上传后 2 h 内计算完毕，满足滚动预报需求。

● 稳定性测试

试运行期间，程序共执行 38926 次（准实时同化试运行期间 $PM_{2.5}$ 和 PM_{10} 三个区域每小时执行一次，根据这一点及滚动预报初值场计算次数得出执行次数），出现故障共计 218 次（准实时同化任务出现故障 216 次、滚动预报同化任务出现故障 2 次），故障率小于 1%，可满足系统需求。

（2）同化效果评估

● 蒙特卡洛集合预报评估

本次集合预报系统运行评估测试时段为 2015 年 5—6 月，测试对象包括 6 项主要污染物（$PM_{2.5}$、PM_{10}、CO、NO_2、O_3、SO_2）。

为了比较集合预报结果在京津冀地区整体的改进效果，对京津冀 13 个城市预报的均方根误差的平均水平进行统计计算，结果如表 4.2 所示。可以看到，5 个物种的集合预报效果相比单模式预报均有显著改进。均方根误差的降低幅度均在 25% 以上。集合预报对输入场进行扰动后，得到排放源等输入条件在多种情况下导致的预报效果，并对其中高质量的预报结果进行集成，从而大幅修正单模式预报结果。

表 4.2　集成前后主要污染物预报的均方根误差

污染物	集成前	集成后	改进幅度
$PM_{2.5}$	33.42	25.18	25%
PM_{10}	84.19	44.63	47%
SO_2	17.60	12.14	31%
NO_2	24.66	13.44	46%
O_3	71.23	53.33	25%

- 污染资料准实时同化效果评估

滚动预报试运行效果评估选取 2015 年 6 月 15 日至 2015 年 7 月 8 日的 $PM_{2.5}$ 作为测试对象，同时选取第三区域 80 个站点为统计样本。由于试运行期间选择日均值评估样本数较少，故选择小时值进行评估，以减少样本过少带来的误差，亦不损失评估的客观性，从而更准确地评估滚动预报试运行效果。将基于同化初值场的滚动预报结果及模式原始初值场预报结果分别与观测比对，得到各自均方根误差，再将两者均方根误差相比，从而得到滚动预报 $PM_{2.5}$ 小时值的均方根误差下降比。滚动预报试运行期间样本站点小时值均方根误差下降百分比统计如图 4.6 所示。大部分站点下降百分比在 10% 以上，下降百分比最高超过 45%，平均下降百分比为 22.09%。

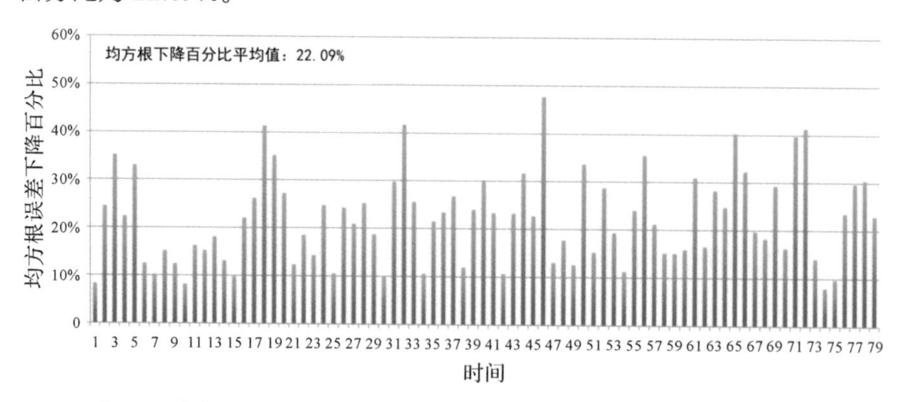

图 4.6　滚动预报试运行期间样本站点小时值均方根误差下降百分比统计

4.1.3 大气灰霾多模式集成预报技术

（1）集成预报方法

● 最优成员挑选法

多模式集成预报由于成员数较少，利用历史预报和观测的信息，线性回归方法可以很好地回归出各集合成员的系数并对其进行有效集成。由于蒙特卡洛集合预报成员较多，线性回归方法产生的计算代价较大，结合观测数据评估各样本的误差，选取样本误差小的集合子集用于集成。

对任一观测站点，计算所有蒙特卡洛集合预报成员前一天的模式预报日均值和观测日均值的绝对误差：

$$\mathrm{Bias}_i = \left| \frac{1}{T}\sum_{t=1}^{T} O_t - \frac{1}{T}\sum_{t=1}^{T} M_{i,t} \right| \tag{4-6}$$

其中，Bias_i 为 i 个模式前一天的偏差，T 为前一天的有效观测值个数，O_t 为某一时间点的观测，$M_{i,t}$ 为第 i 个模式 t 时刻的模拟浓度。将模式成员按照绝对误差从小到大排序，选取该站点误差最小的 N 个成员的值集成出该站点下一天的污染物浓度估计值，集成方法为

$$\mathrm{ENS} = \frac{1}{N}\sum_{i=1}^{N} M_{i,t} - \left(\frac{1}{N}\sum_{i=1}^{N} M_{i,t-1} - O_{t-1} \right) \tag{4-7}$$

其中，ENS 为模式当天的集合预报结果，N 为挑选的最优子成员的个数，即在最优子成员预报浓度的基础上，加上前一天最优子成员预报浓度平均值的偏差，将其作为当天的预报结果。

预报过程中，预报样本子集 N 的大小对集合预报结果的误差有较大的影响。集合样本数太小，会导致预报结果不稳定，对突发污染事件的捕捉能力降低。而集合样本太大，则会纳入误差较大的样本，降低预报的准确率。因此，对于样本个数需要进行适当选取。

基于不同预报方法得到的时间序列，可以得到不同方法的预报特征。对于单模式而言，预报趋势较为平滑，其变化趋势与观测一致，但当 $PM_{2.5}$ 浓度较高（重污染）或较低（$< 50\ \mu g \cdot m^{-3}$）时，其预报误差较大。集合平

均预报的总体水平与单模式相近，由于它考虑了多种气象场和排放源情况，使观测浓度的高值和低值更好地相互逼近。最优子集方法通过去除集合平均方法中误差大的子集，修正了单模式预报和集合平均预报浓度整体偏低的缺陷，对高浓度的污染事件预报更为准确。

- 线性回归集成法

假设对污染物浓度进行 n 次独立的预报试验，根据回归模型

$$\tilde{O}=M\alpha+\varepsilon \tag{4-8}$$

实际预报过程中，通过有限次数（n 次）的观测和对应的预报试验，对预报对象进行估计，得到预报对象观测值的估计值和预报值，则回归模型的向量表达式为

$$\tilde{O}=MA \tag{4-9}$$

其中，$\tilde{O}$，M，A 分别为预报要素的实际估计值、模式计算结果及其对应的回归权重系数。根据最小二乘法原理，回归集成目的是使预报对象的实际观测向量 O 与回归集成向量 $\tilde{O}$ 之间的误差达到极小值，以使得集成预报量能够最大限度地反映预报对象的实际观测情况。因此，以 n 次观测值与回归集成值的误差平方来判断集成效果的好坏。误差平方和 Q 可以写为

$$Q=(O-\tilde{O})^2=(O-\tilde{O})'(O-\tilde{O})=(O-MA)'(O-MA) \tag{4-10}$$

其中，误差平方 Q 是关于系数 A 的非负二次式，因此存在极小值。极小值存在的条件为

$$\frac{\partial Q}{\partial a_1}=0 \quad (i=1,2,\cdots,j) \tag{4-11}$$

两边同乘以 M 的转置矩阵 M'，得到

$$(M'M)A=M'\tilde{O} \tag{4-12}$$

当 $M'M$ 满秩时，逆矩阵 $(M'M)^{-1}$ 存在，则系数 A 可以表示为

$$A=(M'M)^{-1}M'\widetilde{O} \tag{4-13}$$

通过上式即可计算出回归模型中系数的最小二乘估计值。

在构建回归集成模型时，本研究团队通过前期研究对比了基于所有站点数据回归集成和基于单站点数据回归集成的预报效果，发现基于单站点数据构建的回归集成模型更能提高整体预报效果。因此，利用 PM_{10} 历史数据对每个站点分别进行线性回归，以单模式的预报结果作为回归集成的因子，对历史观测和预报值构成的样本进行回归，将求得的系数用于对应站点未来一天预报结果的集成。该方法的回归方程可简写为

$$\mathrm{REG}^{s}_{t,x}=\Sigma_m a^{s}_{m,x}M_{m,t,x}+a^{s}_{0,x} \quad (m=1,2,3) \tag{4-14}$$

其中，a_m 代表利用训练阶段数据回归求解的权重系数，a_0 为常数项，表示模式值与观测值的系统偏差。系数 $a^{s}_{m,x}$ 和 $a^{s}_{0,x}$ 应使得误差平方和最小化。

- 多元回归集成法

多元回归集成的计算通过子程序 multi_reg 完成，主控制脚本在大气灰霾多模式预报预警系统完成计算后调用该程序。

multi_reg 子程序同时结合多模式预报结果和观测数据，通过前期测试，利用临近的一定历史时段（例如 1 d、3 d、5 d、7 d、15 d）的观测和预报数据开展回归分析，获得各模式成员的回归系数，并将其应用于当天的实时预报。对于不同站点、污染物和时次，程序所获得的回归系数和回归常数是不同的。程序每次仅计算一个站点、一个时次、一种污染物浓度，然后通过多次循环，完成多站点、多时次、多污染物浓度的集成预报。该子程序有 6 个参数，其中输入参数 5 个，输出参数 1 个（见表 4.3）。

multi_reg 子程序中的临时变量是非常驻内存的，程序可重复调用，无覆盖要求，程序是顺序处理的，根据软件系统的设计，主程序不会并发调用 multi_reg。

表 4.3 子程序 multi_reg 的原型描述

项目	内容
功能	多模式多元回归算法实现
原型	multi_reg(real :: obs(nday), real :: fmod_his(nday, nmodel), real :: fmod_tod(nmodel), real :: fmod_mulreg, integer :: nmodel, integer :: nday)
参数	obs: 单站点某污染物过去 nday 个时次的观测浓度，取正实数； fmod_his: 单站点某污染物过去 nday 个时次的 nmodel 个空气质量模式的预测浓度，取正实数； fmod_tod: 单站点某污染物当天某个特定预测时次的 nmodel 个空气质量模式的预测浓度，取正实数； fmod_mulreg: 单站点某污染物当天某个特定预测时次多元回归集成方法获得的预测浓度，取正实数； nmodel: 表示有多少个模式参与集成预报，取正整数； nday: 表示基于历史多少天的预报误差开展集成预报，取正整数
输入项	obs, fmod_his, fmod_tod, nmodel, nday
输出项	fmod_mulreg

多元线性回归集合预报方法是指利用临近历史时期中模式预报性能构建多元线性回归方程，并据此进行未来时期的预报，计算公式如下：

$$F(t+1)=\sum_{i=1}\alpha_i(t,n)\cdot M_i(t+1)+C(t) \tag{4-15}$$

其中，$F(t+1)$ 为 $(t+1)$ 时刻集合预报值，$\alpha_i(t, n)$ 表示利用 t 时刻的 n 个模式预报和观测的样本进行多元线性回归中 i 模式对应的回归系数，$M_i(t+1)$ 表示 $(t+1)$ 时刻 i 模式的原始预报值，$C(t)$ 为回归常数项。预报系统中，模式的预报性能并非固定不变，而是随时间推移发生变化，回归样本数的合理选择对集合预报的效果起到至关重要的作用。在回归中，选择距离预报时刻最近的模式表现作为样本，回归方程随着模式表现不断更新回归系数，以此不断提高预报的效果。

（2）集成效果评估

基于 2016 年全年的灰霾预报结果，对比单模式预报和多模式集成预报（表中EXP0、OEFv1.0、EXP1、EXP2、EXP3分别代表不同的集成方法）的$PM_{2.5}$和PM_{10}浓度与观测值，得到相关系数和均方根误差如表4.4~4.7所示。

表 4.4 单模式预报和多模式集成预报的$PM_{2.5}$浓度与观测值的相关系数

实验	0 h	24 h	48 h	72 h	96 h	120 h	144 h
CAMx_D02	0.74	0.7	0.67	0.63	0.57	0.55	0.5
CAMx_D03	0.72	0.69	0.67	0.62	0.56	0.54	0.5
CAMQ_D01	0.63	0.59	0.57	0.52	0.47	0.45	0.4
CAMQ_D02	0.74	0.7	0.67	0.62	0.57	0.56	0.51
CAMQ_D03	0.72	0.68	0.66	0.61	0.56	0.54	0.5
NAQP_D01	0.72	0.58	0.54	0.49	0.43	0.4	0.35
NAQP_D02	0.75	0.66	0.63	0.58	0.51	0.49	0.44
NAQP_D03	0.71	0.67	0.64	0.6	0.54	0.51	0.46
WRFC_D01	0.63	0.59	0.53	0.46	0.45	0.43	0.4
WRFC_D02	0.61	0.57	0.51	0.45	0.43	0.42	0.39
WRFC_D03	0.5	0.45	0.41	0.38	0.36	0.33	0.32
EXP0	0.78	0.7	0.65	0.6	0.55	0.51	0.46
OEFv1.0	0.81	0.76	0.72	0.67	0.61	0.59	0.56
EXP1	0.82	0.75	0.71	0.66	0.61	0.58	0.54
EXP2	0.81	0.76	0.71	0.66	0.61	0.59	0.54
EXP3	0.81	0.76	0.71	0.66	0.61	0.58	0.53

表 4.5 单模式预报和多模式集成预报的PM_{10}浓度与观测值的相关系数

实验	0 h	24 h	48 h	72 h	96 h	120 h	144 h
CAMx_D02	0.59	0.55	0.52	0.49	0.43	0.41	0.38
CAMx_D03	0.58	0.54	0.52	0.48	0.42	0.41	0.37
CAMQ_D01	0.48	0.43	0.41	0.38	0.32	0.31	0.28
CAMQ_D02	0.61	0.57	0.54	0.5	0.45	0.43	0.39
CAMQ_D03	0.58	0.54	0.53	0.49	0.43	0.42	0.38
NAQP_D01	0.61	0.44	0.4	0.36	0.31	0.28	0.25
NAQP_D02	0.6	0.5	0.47	0.43	0.37	0.36	0.32
NAQP_D03	0.55	0.51	0.49	0.45	0.4	0.38	0.34
WRFC_D01	0.49	0.44	0.39	0.34	0.34	0.34	0.32
WRFC_D02	0.47	0.42	0.37	0.33	0.32	0.32	0.31
WRFC_D03	0.37	0.31	0.29	0.26	0.26	0.25	0.25
EXP0	0.69	0.6	0.56	0.52	0.47	0.44	0.41
OEFv1.0	0.7	0.64	0.61	0.57	0.51	0.5	0.48
EXP1	0.7	0.64	0.61	0.57	0.51	0.49	0.47
EXP2	0.7	0.64	0.61	0.56	0.52	0.5	0.47
EXP3	0.7	0.64	0.6	0.56	0.52	0.49	0.47

表 4.6 单模式预报和多模式集成预报的 $PM_{2.5}$ 浓度与观测值的均方根误差

实验	0 h	24 h	48 h	72 h	96 h	120 h	144 h
CAMx_D02	32.67	34.11	35.3	37.57	39.61	40.25	41.89
CAMx_D03	36.27	37.53	38.53	40.66	42.55	43.08	44.65
CAMQ_D01	37.08	37.47	38.31	40.12	41.74	41.9	43.35
CAMQ_D02	32.25	34.27	35.39	37.46	39.11	39.8	41.74
CAMQ_D03	34.88	36.33	37.19	39.16	40.77	41.36	43.37
NAQP_D01	34.72	46.19	48.66	50.63	52.71	55.51	56.66
NAQP_D02	31	37.64	40.42	43.47	46.15	48.56	51.07
NAQP_D03	36.21	40.77	43.45	46.12	48.55	51.06	54.42
WRFC_D01	46.64	46.34	46.74	47.94	48.37	49.08	50.52
WRFC_D02	43.83	43.54	44.21	45.79	46.44	47.36	48.67
WRFC_D03	45.36	43.47	44.14	46.08	46.8	48.13	48.37
EXP0	27.82	34.09	36.99	39.38	42.63	44.82	48.38
OEFv1.0	24.6	27.49	29.82	32.34	34.63	35.54	37.13
EXP1	24.6	28.49	30.39	32.99	35.41	36.85	38.61
EXP2	25.06	28.12	30.3	32.65	34.78	36.05	38.47
EXP3	24.9	28.31	30.63	33.06	35.31	36.55	38.92

表 4.7 单模式预报和多模式集成预报的 PM_{10} 浓度与观测值的均方根误差

实验	0 h	24 h	48 h	72 h	96 h	120 h	144 h
CAMx_D02	63.51	65.59	66.64	68.35	70.41	70.95	73.12
CAMx_D03	62.67	65.01	66.04	67.9	70	70.52	72.75
CAMQ_D01	66.81	69.9	71.54	73.02	74.89	75.15	76.98
CAMQ_D02	68.03	72.34	74.03	75.79	77.29	77.94	79.91
CAMQ_D03	67.02	71.2	72.76	74.65	76.21	76.9	78.97
NAQP_D01	61.73	70.99	72.68	74.21	76.98	79.1	81.11
NAQP_D02	61.68	65.62	66.8	68.38	71.21	72.91	75.8
NAQP_D03	62.87	65.18	66.32	67.97	70.7	72.57	76.2
WRFC_D01	92.74	92.08	91.43	91.88	92.37	93.03	94.78
WRFC_D02	85.45	85.62	85.21	85.96	86.62	87.49	89.28
WRFC_D03	77.67	77.47	77.07	78.39	79.29	80.67	81.54
EXP0	46.37	52.65	55.5	58.31	61.67	63.53	66.78
OEFv1.0	44.59	48.03	50.31	52.83	55.46	56.09	57.43
EXP1	44.44	48.77	50.73	53.14	55.89	57.29	58.63
EXP2	44.94	48.42	50.63	53.03	55.34	56.5	58.43
EXP3	44.71	48.61	50.9	53.32	55.71	56.89	58.8

4.1.4 大气灰霾集合预报预警系统应用案例

大气灰霾集合预报预警系统在全国各级环保监测部门起到了重要作用，有效地支撑了当地的预报预警及空气质量保障任务。以下通过几个重点案例说明该系统的实际应用价值。

（1）APEC 会议空气质量保障

APEC 会议于 2014 年 11 月在北京顺利召开。11 月的北京处于秋冬转换季节，风速小，静稳逆温多，降水少，不利于污染物扩散。为保障会议期间的空气质量，北京、河北、天津、山东、山西、内蒙古等地区采取了不同程度的控制措施。在相对往年较为有利的气象条件下，北京各污染物减排比例基本在 40% 以上，其他省份污染物减排比例在 30% 以上。由于各地区联防联控，协同采取空气质量应急减排措施，APEC 会议期间北京空气质量优良，仅一天为轻度污染，实现了“APEC 蓝”。本研究团队利用大气灰霾集合预报预警系统，模拟分析了 APEC 会议期间的气象条件和排放削减效果，为空气质量管理决策提供了重要的支撑作用。

本研究团队以大气灰霾集合预报预警系统为核心工具，基于 APEC 会议期间（2014 年 11 月 3—12 日）气象和污染情况，分别利用采取控制措施的基准排放源（基准）和采取控制措施后（控制）的排放源进行数值模拟，分析控制措施对空气质量的影响。根据北京市环境保护局会后公布的估算结果以及各地区保障方案和减排量测算报告，给出各地区采取控制措施后主要大气污染物的减排比例（见表 4.8）。

验证空气质量模式结果是否能够表征大气污染的实际状况，是判断模式是否可用于控制措施效果评估的前提。模式模拟时段为 2014 年 10 月 12 日至 11 月 12 日，其中前 15 d 为模式“磨合”时间。2014 年 10 月 27 日至 11 月 12 日模式模拟的 $PM_{2.5}$ 浓度与观测值的对比情况如图 4.7 所示。由

图 4.7 可以看出，模式合理地模拟出了北京市平均 $PM_{2.5}$ 浓度的逐日变化，模拟结果无论在趋势还是量级上都与观测结果一致。

表 4.8　各地区采取控制措施后污染物减排比例

省份	SO_2	NO_x	PM_{10}	$PM_{2.5}$	VOC
北京	54%	41%	68%	63%	35%
河北	30.68%	30.19%	32.97%	32.97%	30%
天津	36.4%	62%	35%	35%	30%
山东	30%	30%	30%	30%	30%
山西	30%	30%	30%	30%	30%
内蒙古	30%	30%	30%	30%	30%

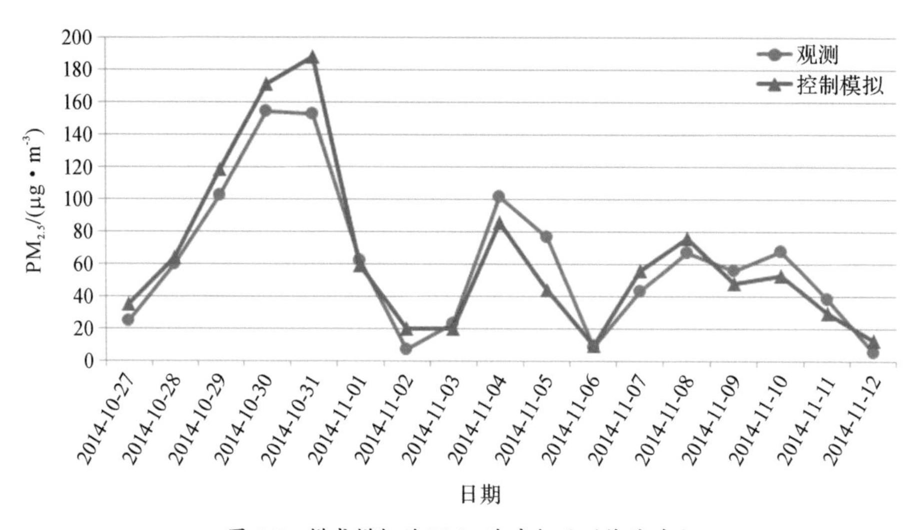

图 4.7　模式模拟的 $PM_{2.5}$ 浓度与观测值的对比

对应急措施影响 $PM_{2.5}$ 浓度超标天数进行了统计分析，结果如表 4.9 所示。在当年气象条件下，如不采取应急减排控制措施，会期 10 d（2014 年 11 月 3—12 日）中，轻度污染天数将由 1 d 增为 6 d，中度及以上污染天数将增加 1 d。事实上，模式对持续多天累积过程的污染浓度存在低估，

8~10 d 连续污染过程可能导致重度污染。可见，空气质量应急减排等保障措施具有明显效果。

表 4.9 会期 $PM_{2.5}$ 浓度超标天数统计

超标情况	观测	基准模拟	控制模拟
≥轻度污染（75 $\mu g \cdot m^{-3}$）	1	6	1
≥中度污染（115 $\mu g \cdot m^{-3}$）	0	1	0
≥重度污染（150 $\mu g \cdot m^{-3}$）	0	0	0
≥严重污染（250 $\mu g \cdot m^{-3}$）	0	0	0

另有实验结果显示，若不采取控制措施，京津冀地区的 SO_2、NO_2 和 $PM_{2.5}$ 都将显著增加，北京地区 SO_2 的增幅将可达 4~12 ppb（40%~60%），NO_2 的增幅可达 4~12 ppb（40%~80%）。$PM_{2.5}$ 的增幅可达 15~30 $\mu g \cdot m^{-3}$（40%~60%）。从总体上看，北京南部地区的增幅将大于北部地区。因此，控制措施对北京 APEC 期间的空气质量改善起到了十分重要的作用。

（2）2016 年 12 月京津冀红色预警重污染影响评估

12月16—20日，受采暖季污染物排放增强和不利气象条件的综合影响，我国华北地区发生大范围的持续重污染过程，20 多个城市同步启动重污染红色预警。本研究团队利用大气灰霾预警预报系统和多种观测资料，初步分析了本次污染过程的成因，评估了数值模式对重污染过程的预报效果，给出了红色预警减排措施效果的定量评估。

● 数值预报能力分析

空气质量模式是开展大气污染预测预报的重要工具。多模式（NAQPMS、CAMx、CMAQ 和 WRF-Chem）数值预报对北京、天津、保定、石家庄、邯郸和郑州 12 月 15—22 日污染过程的预报效果如图 4.8（左侧）所示。可见，24 h 滚动预报结果可以很好地预测 12 月 16—22 日京津冀及周边地区污染的累积和清除过程。污染从 15 日开始累积并逐步加强，19—21 日达到严重污染级别以上，22 日污染清除。为有效应对本次重污染过程，京津冀及周边多个城市于12月15日发布红色预警。图4.8（右侧）重点评估了数值模式能提前多少天预测出污染的累积和清除趋势，这对于区域红色预警的启动和解除至关重要。多模式数值预报系统最早在12日可以预测出15—16日的污染累积过程和17—19日的污染持续过程，提前4 d有效支撑了预警的启动。模式最早在19日可以预测出22日的污染清除过程，提前3 d支撑了预警的解除。同时模式也存在不足，13日起报的北京、天津等地在20日即出现AQI降低的趋势，这与观测结果不符。但随着模式预报系统的滚动更新，19日起预报的结果能够较好地预测各城市的污染清除过程，并为污染预警解除提供支撑。受气象预报不确定性影响，空气质量预报也可能存在较大的误差。

综上所述，数值模式提前3~4 d就可以成功预测出重污染过程的累积和清除趋势，滚动预报结果较合理地反映出整个过程的时空演变特征和污染物浓度水平，为重污染预警的启动和解除提供有力的支撑。

● 资料同化技术作用分析

观测数据表明，18—20日华北大部分地区$PM_{2.5}$浓度达到了严重污染级别。无同化情况下，NAQPMS预测结果在分布上和观测结果总体一致，但是其浓度级别和污染范围与观测结果仍具有较大偏差。结合全国实时观测数据，通过资料同化技术实现模式预报结果与观测结果的融合，为预报提供更准确的初始浓度场。采用同化初始场的情况下，NAQPMS模式预报的$PM_{2.5}$严重污染范围覆盖了华北大部分地区，在水平分布和浓度级别上与观测结果均更为一致。这表明资料同化技术可有效提高空气质量数值预报的准确性。

● 同期气象扩散条件分析

采用NAQPMS模式敏感性分析方法，定量评估2016年12月16—21日和2015年同期气象扩散条件变化对京津冀及周边地区$PM_{2.5}$浓度的影响。与2015年相比，2016年12月16—21日期间，华北、东北及关中地区的气象扩散条件普遍更为不利，气象扩散条件变差可使$PM_{2.5}$浓度升高

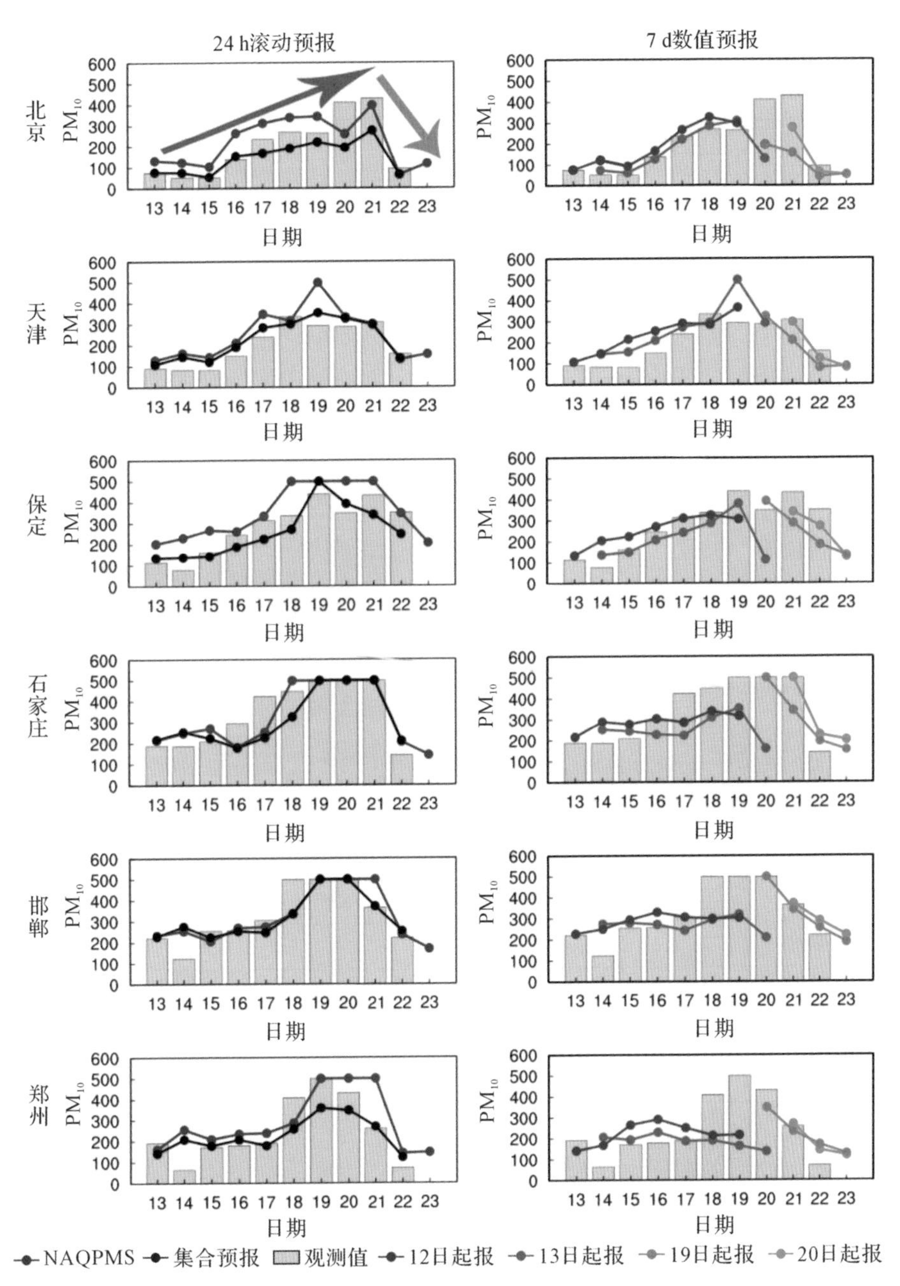

图 4.8 多模式数值预报对比

30%~50%，其中河北南部、河南及关中部分地区的 $PM_{2.5}$ 浓度升高比例甚至达到 50% 以上。

● 污染应急减排效果分析

通过不同排放情景的模式敏感性试验模拟评估应急减排措施的实施效果。分析表明，污染应急减排措施的实施对缩小污染范围和降低污染程度的作用显著，各城市污染级别可降低 1~2 级。

2016 年 12 月 16—21 日，应急措施有效缩小了重污染的影响范围。重污染期间，各地应急减排使得空气中 $PM_{2.5}$ 浓度平均减少 35~75 $\mu g m^{-3}$。其中，河北南部及河南北部等重污染地区 $PM_{2.5}$ 浓度平均减少 75~150 $\mu g \cdot m^{-3}$。12 月 20 日为本次过程污染程度中最严重的一天。对比结果表明，河北、河南、山东、山西、陕西等地污染等级均下降了 1~2 级，$PM_{2.5}$ 平均减少 75~200 $\mu g \cdot m^{-3}$。可见，应急减排措施对污染的削峰作用显著。进一步对 12 月 20 日的应急减排影响进行统计分析，结果如表 4.10 所示。应急减排措施使 70 多个城市的污染级别出现不同程度的下降，惠及人口 3.5 亿以上，影响面积约 70 万平方公里，受影响地区的 GDP 总量约为 20 万亿元。

表 4.10　12 月 20 日应急减排措施影响统计

影响	城市个数	影响人口 / 万	影响面积 /km^2	GDP 总量 / 亿元
从严重降至重度	9	8595.6	117851	53849
从重度降至中度	20	8952.3	217977	55639
从重度降至轻度	11	3624.1	71961	19375
从中度降至轻度	33	14057.2	270219	83991

4.1.5　大气灰霾预报预警流程研究

（1）关键预报指导作用的大气条件预报产品和灰霾成分预报产品筛选及分发

本研究团队根据京津冀区域重污染过程的规律和影响因素研究结果，

完成了对灰霾集合预报产品的特点和用途分析。同时，鉴于区域大气污染防治协调技术支撑以及上下游和周边相互协作预报业务工作的实际需要，结合京津冀各地预报预警体系建设规划和实际工作经验，在区域环境空气质量预报预警业务测试平台上生成的预报产品中，提取能够指导预报的关键信息和具备关键预报指导作用的大气条件预报产品与灰霾成分预报产品，以满足各级预报预警业务需要，为其提供参考。

在上述研究的基础上，编制了全国预报预警信息交换内容报告，主要内容如下。

● 京津冀区域预报产品

预报信息：京津冀区域空气质量监测预报，包括未来 24 h、48 h 京津冀区域 AQI 等级分布、首要污染物等，未来 3~5 d 空气质量潜势预测。

预警信息：预警情况下的京津冀区域重污染预警信息，包括重污染过程发生的时间、地点、范围、预警等级、首要污染物等，以及与卫星中心合作的重污染预警示意图。

发送方式：36 个城市及省级站预报产品交换系统平台分发。预报和预警信息以短信和电子邮件的形式发送至环保部、中国环境监测总站，以及北京市、天津市、河北省空气质量预报相关负责人。

● 区域预报和预警初级指导产品

预报信息和预警信息同“京津冀区域预报产品”部分。增加京津冀及周边区域主要污染物浓度未来第 2~7 d 预报场等图形产品。

● 第二期产品分发平台建设完成后增加的产品

区域浓度形势场和 AQI 基础预报指导产品主要为京津冀区域范围的空气质量预报初级产品，预报时间为 3 d，并可展望未来一周空气质量趋势。可提供产品为六种污染物（$PM_{2.5}$、PM_{10}、O_3、CO、NO_2、SO_2）的预报场等图形产品。

区域初始场产品主要为省级、省会城市和计划单列市等成员单位的精细化预报系统提供模式资料同化后的区域初始场及边界条件产品。其中，最大计算精度的第三重嵌套实况和预报格点数据产品，提供给京津冀区域成员单位。根据产品发布平台的建设进度，第二重嵌套的实况和预报格点资料可逐步提供给长三角、珠三角及其他地区成员单位。

在出现重污染预警情况下，根据建设进度增加以下分发产品。①区域污染形势集合预报产品：如区域污染形势演变趋势、边界层垂直气象污染结构特征、$PM_{2.5}$ 污染物组分谱分布、能见度预报以及可能发生的沙尘传输路径和影响程度等。②污染物概率预报产品：如不同等级污染事件发生的概率及持续的时间、污染物累积和清除的关键时间节点等。③区域污染来源分析识别产品：如对目标影响城市的不同地区、不同行业、不同时间段的区域污染来源和贡献追因产品。

第二期产品分发平台和信息服务系统建成后，预报产品可通过该系统直接发送。

● 各地上报的预报信息清单

预警信息：根据环发〔2013〕111 号文《京津冀及周边地区重污染天气监测预警方案（试行）》要求，省级预警情况下，各省级成员单位向相关行政和主管部门及中国环境监测总站，报送辖区重污染预警信息，包括重污染过程发生的时间、地点、范围、预警等级、首要污染物等。

报送方式：信息产品以文字形式通过传真及电子邮件报送。

● 第二期产品分发平台建设完成后的信息上报产品

预报信息和预警信息同“京津冀区域预报产品”部分。

第二期产品分发平台和信息服务系统建成后，预报预警产品可通过该系统直接发送。

在上述工作研究工作基础上，制定《环境空气质量预报信息交换技术指南（试行）》，并下发给全国监测系统空气质量预报相关单位使用。

（2）重度以上污染预报预警工作流程

根据前期调研，完善围绕数值模式集合预报产品应用的重度以上污染预报预警工作流程。一个完整的空气污染预报预警流程机制，一般包括空气质量预报预测、空气污染警报服务（警报浓度设定和警报告知）以及应对短期减排措施（自愿措施及强制措施）的参考建议。其中，空气质量预报预测的发展主流是数值预报，其能够反映污染源的排放贡献和追因，还能够预报预测污染源的区域分布和跨区传输，同化大气化学实时监测数据，提高预报预测的准确率，综合利用遥感和立体监测等各种资料，还可以结合统计方法进行集合预报。根据各国的实际情况和控制能力对预警等级的定义，预警的等级也考虑了对关注人群的分类影响，围绕数值预报模式系统产品的应用进行预警。此外，根据数值预报的污染源追因产品，为应对短期减排措施提出有效的参考建议。

因此，在调研国际空气质量集合预报的产品、流程及其用途的基础上，本研究团队基于京津冀地区的大气灰霾预报预警的实际需求，以数值模式集合预报产品应用为核心，分析灰霾集合预报产品的特点和用途，提取能指导预报预警的关键信息，确定具备关键预报指导作用的大气条件预报产品和灰霾成分预报产品，完成环境空气质量预报预警工作流程的编制。在此基础上，编制完成《环境空气质量预报预警业务工作指南（暂行）》，指导全国环境监测系统空气质量预报工作。

4.2 利用放射性碳同位素方法研究背景地区 $PM_{2.5}$ 典型源

$PM_{2.5}$ 放射性碳（^{14}C）前处理分析主要包括 CO_2 收集和石墨化制靶过程。经石墨化的样品送至北京大学核物理与核技术国家重点实验室加速器中心进行 ^{14}C 分析，测量精度优于 5‰，测量结果经过同位素分馏校正，用现代碳比率表达。

4.2.1 基于 ^{14}C 的 $PM_{2.5}$ 中碳组分来源解析方法建立

测得的砣矶岛 $PM_{2.5}$ 中用于 ^{14}C 分析的各碳组分浓度如表 4.11 所示 。EC 的来源为燃烧源，在划分现代碳和化石碳时，生物质燃烧和化石碳燃烧的贡献率分别记为 EC_{bb} 和 EC_{ff}。对于水溶性有机碳（water-soluble organic carbon，WSOC）和不溶性有机碳（water-insoluble organic carbon，WISOC）而言，化石碳燃烧的贡献率可直接明确为燃烧排放的贡献率，记为 $WSOC_{ff}$ 和 $WISOC_{ff}$；但现代碳燃烧的贡献既包括生物质燃烧的贡献，也包括生物质非燃烧（如植物的分解、分散和生物排放等）的贡献，故在此定义为非化石碳的贡献率，记为 $WSOC_{nf}$ 和 $WISOC_{nf}$。2011 年砣矶岛冬季总碳（total carbon，TC）占 $PM_{2.5}$ 浓度的 17.1%，2012 年春季 TC 占 $PM_{2.5}$ 浓度的 8.7%，2012 年夏季 TC 占 $PM_{2.5}$ 浓度的 8.5%，2012 年秋季 TC 占 $PM_{2.5}$ 浓度的 11.0%。砣矶岛各季节 $PM_{2.5}$ 中 TC 的来源如图 4.9 所示。

表 4.11　砣矶岛 $PM_{2.5}$ 中用于 ^{14}C 分析的各碳组分浓度

单位：$\mu g \cdot m^{-3}$

碳组分	2011 年冬季	2012 年春季	2012 年夏季	2012 年秋季	EC_{max}	OC_{max}	$PM_{2.5\ max}$
WSOC	2.17	2.62	2.43	2.41	2.20	7.90	3.68
WISOC	1.25	2.68	0.99	1.92	1.93	7.28	2.32
OC	3.41	5.30	3.42	4.33	4.13	15.18	6.00
EC	3.88	1.93	1.20	1.51	12.73	3.52	1.63

可见，冬季 EC 占 TC 的比例最大（53.1%），冬季燃煤和生物质供暖的 EC 排放是一个重要的原因（Quan et al.，2014）。另一个重要的特征是 WSOC 的贡献总体处于很高的水平，并且表现出夏季高于冬季的趋势。WSOC 主要源自于生物质燃烧排放的一次污染物和其前体物的二次形成，机动车排放会产生较小部分的贡献（Du et al.，2014）。这与前述分析和 PMF 解析结果——生物质燃烧是 OC 的最主要贡献源——相一致。

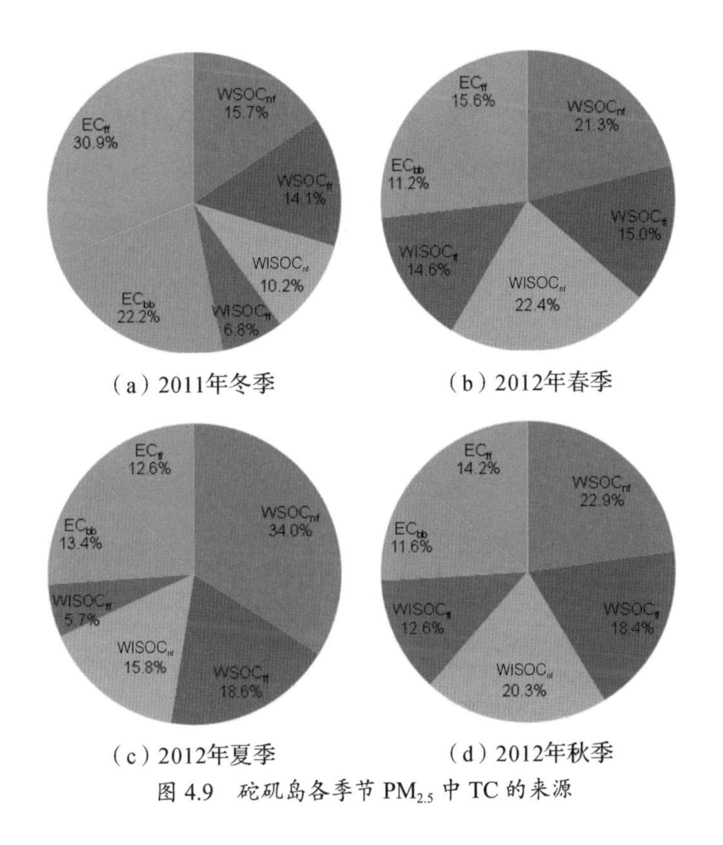

（a）2011年冬季　　（b）2012年春季

（c）2012年夏季　　（d）2012年秋季

图 4.9　砣矶岛各季节 $PM_{2.5}$ 中 TC 的来源

Du 等（2014）在北京的观测分析结果表明，WSOC 和 OC 的年均比值为 45.9%，冬季和夏季的相应比值为 38.8% 和 62.6%，也呈夏季高、冬季低的趋势。与北京的结果相比，砣矶岛的 WSOC/OC 值则明显偏大，在夏季可达到 71.0%。这说明生物质燃烧对背景区域的贡献明显大于对城市的贡献。

从 TC 的来源来看，化石燃料的贡献率也呈现冬季高、夏季低的特点：2011 年冬季和 2012 年春季、夏季、秋季这四个季节依次为 51.9%、45.2%、36.9 和 45.2%。非化石燃料的贡献在冬季小于 50%，其他三个季节的贡献率均大于 50%，在夏季达到 63.1%。非化石燃料的贡献可以分为生物质燃烧排放和非燃烧排放。非燃烧排放是一个相对缓慢的过程，在人类活动强烈影响的区域，其贡献远小于燃烧排放。砣矶岛大气污染物的绝大部分来自于环渤海及其临近区域，这些地方所受人为活动影响十分强烈，因此可以认为生物质燃烧排放的贡献要远远大于非燃烧排放的贡献。

将四个季节的 WSOC 和 WISOC 按浓度加权合并为 OC，可以得出生物质燃烧排放和非燃烧排放贡献年均 OC 的 60.6%。相应地，对 EC 也按季节加权，得出生物质的年均贡献率为 44.3%。这与 PMF 解析结果——生物质是 OC 和 EC 的最主要贡献源——是一致的。不同的是，利用 PMF 解析出的贡献率分别为 52.3% 和 34.7%，比 ^{14}C 的解析结果低（对 OC 低估了 8.3 个百分点，而对 EC 低估了 9.6 个百分点），EC 比 OC 低估的偏多。在高温燃烧的情况下才会产生相对丰富的 EC，而民用生物质燃烧和露天焚烧总体温度相对较低。因此，这个低估可能是民用煤和市政废物的燃烧排放导致的。其中，市政废物包括一定比例的生物质；为提高秸秆的利用效率，目前有一些以煤为混合材料的生物质压块燃料在使用中（Shen et al.，2012）。

OC 在 2012 年 6 月 6 日达到最大值，生物质燃烧和非燃烧排放对 WSOC 的贡献率达到 80.8%，对 WISOC 的贡献率达到 76.7%，对浓度加权平均 OC 的贡献率为 78.8%；生物质燃烧排放对 EC 的贡献率达到 56.7%，这与采样期间气团后推轨迹经过山东半岛有关。采样期间，山东半岛有密集的火点，表征显著的生物质露天焚烧现象。在采样期间，$PM_{2.5}$ 在 2012 年 4 月 26 日达到最大浓度（144 $\mu g \cdot m^{-3}$），EC 在 2012 年 1 月 16 日达到最大浓度（13.6 $\mu g \cdot m^{-3}$），生物质燃烧和非燃烧排放对 OC 的贡献率也分别达到 59.9% 和 54.6%，相应地对 EC 的贡献率分别为 40.1% 和 45.9%。这两个样品采集时间分别处于冬季和春季，可见生物质燃烧和非燃烧排放在渤海区域对大气碳质成分的贡献十分重要。

4.2.2 ^{14}C 源解析及 PMF 模型的验证

PMF 模型源解析通常伴随着一定的不确定性，从而导致 $PM_{2.5}$ 解析结果存在偏差。本研究引入国际上比较先进的具有实测性质的放射性 ^{14}C 分析方法，分析具有代表性 $PM_{2.5}$ 样品中的 OC 与 EC 来源。这样一方面可以准确地解析对环境、人体健康产生重要影响的碳质物质的来源，另一方面可以比较PMF模型与^{14}C对OC、EC的分析结果，从而验证PMF模型的有效性。

为了验证PMF模型的有效性，本研究对M1（来自山东半岛的气团）与M2（来自京津冀地区的气团）PMF源解析结果与^{14}C源解析结果进行比较。为了方便对比，本研究将PMF模型中燃煤排放、机动车排放、工业源及船舶排放归为化石源；将海盐和生物质燃烧归为生物源；并未考虑土壤扬尘及机动车扬尘，因为它们通常来自化石和生物的混合源。比较结果如图4.10所示。在M1中，PMF模型解析的生物源对OC和EC的贡献率分别为52%和49%，比^{14}C源解析的结果（59%和52%）分别低了7个百分点和3个百分点。PMF模型解析的化石源对OC和EC的贡献率都是

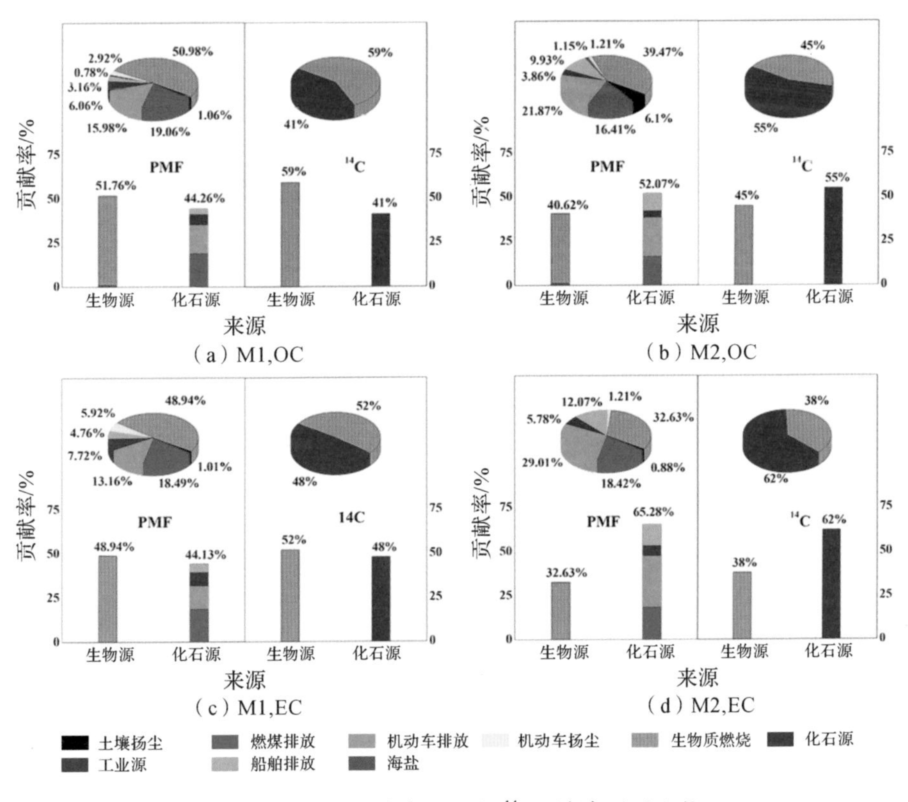

图4.10　PMF源解析结果与^{14}C源解析结果比较

44%，分别比相应 ^{14}C 结果（41%和48%）高了3个百分点和低了4个百分点。在M2中，PMF模型解析的生物源对OC和EC的贡献率分别为41%和33%，比 ^{14}C 源解析的结果（45%和38%）分别低了4个百分点和5个百分点。PMF模型解析的化石源对OC和EC的贡献率分别为52%和65%，分别比相应 ^{14}C 结果（55%和62%）低了3个百分点和高了3个百分点。总体上，PMF的源解析结果要低于 ^{14}C 的解析结果，因为PMF结果中并未纳入土壤扬尘源与机动车扬尘源，而两种解析结果之间最大相差7个百分点，这也说明了这两种源对OC与EC的贡献较小。PMF模型与 ^{14}C 结果相差如此之大的原因在于PMF对结果的高估。比如PMF解析结果在M1和M2中，化石源对OC的贡献率均被高估了3个百分点，这可能是PMF将部分生物源不恰当地划分为化石源的结果。但是总体上，PMF解析结果与 ^{14}C 实测结果相一致，这说明了本研究中 $PM_{2.5}$ 源解析结果的准确性。

4.3 京津冀区域 $PM_{2.5}$ 重要组分源贡献定量评估

4.3.1 $PM_{2.5}$ 的地区来源和垂直变化分析

污染时段（Case Ⅰ）和清洁时段（Case Ⅱ）京津冀各地区地面 $PM_{2.5}$ 浓度来源贡献率如图4.11所示。在污染时段，京津冀各地区 $PM_{2.5}$ 以本地来源为主，贡献率介于48%~72%。河北南部的本地贡献率最大，而河北东部最小。京津冀区域内的相互输送（5%~37%）影响显著。河北北部主要受北京和河北东部影响，区域内输送贡献率为37%。而北京主要受河北南部、河北东部和天津的影响，区域内输送贡献率为36%。区域外的输送对京津冀的 $PM_{2.5}$ 也有重要影响（4%~35%）。山东对河北东部、河北南部和天津的贡献率分别为21%、10%和14%。河南主要影响河北南部（9%）。就整个京津冀平均而言，本地和外来贡献率分别为78%和22%。区域内河

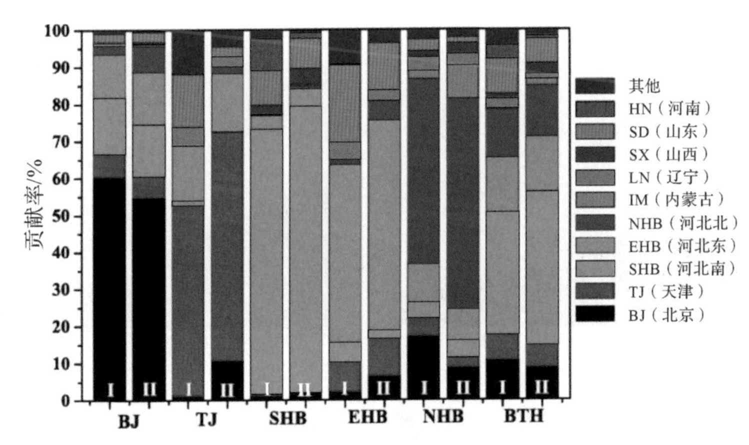

图 4.11 污染时段和清洁时段京津冀各地区地面 $PM_{2.5}$ 浓度来源贡献率

北南部的贡献率最大（33%）而天津最小（7%），区域外则以山东（10%）和河南（4%）的贡献为主。与清洁时段相比，污染时段各地区（除北京外）本地来源贡献率均有所减小（幅度为 5%~10%），凸显区域输送在重污染形成中的重要性。2013 年 1 月京津冀的重污染过程分析同样表明，静稳条件下存在显著的区域输送（Sun et al.，2014；Wang Y et al.，2014）。

图 4.12 进一步展示了污染时期和清洁时期京津冀各地区不同高度 $PM_{2.5}$ 浓度来源贡献率。在北京地区，随着高度上升，本地影响显著降低，污染时段本地贡献率从 60% 降低为 10%。在京津冀区域内，北京主要受河北南部和河北东部影响，河北南部在 2.5 km 以下均有显著贡献（14%~42%），而河北东部仅在 1.2 km 以下有显著影响（6%~19%）。同时可注意到，在污染时段，河北南部对北京的输送在 0.5~1.5 km 最大（32%~42%），而在近地面则最小（15%），这表明沿太行山的输送通道（邢台－石家庄－保定－北京）并不在地面而可能是在 1 km 左右的中低空。另外，在 1 km 以上，山西对北京 $PM_{2.5}$ 浓度的贡献率迅速增大，由近地面的 0 增大到 27%，这主要是太行山脉阻隔影响造成的。与清洁时段相比，污染时段来自北边（如河北北部、内蒙古）的贡献减小，而来自南边（如河北南部、河南）的贡献增大，这主要是风向由偏南转偏北造成的。

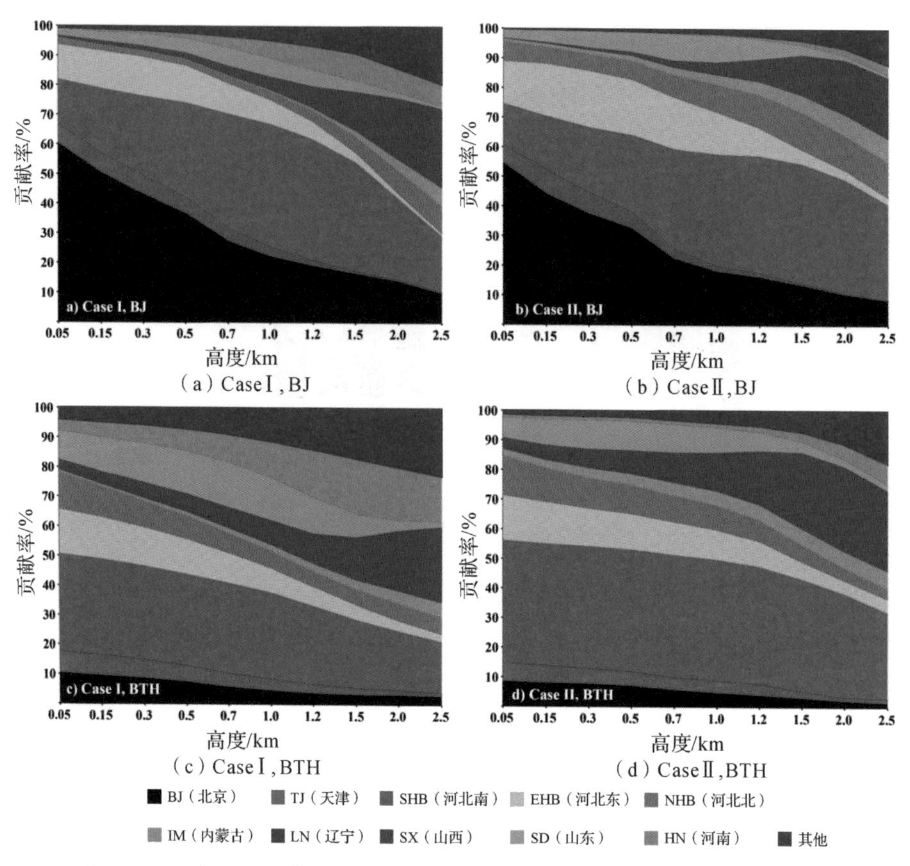

（a）Case Ⅰ, BJ　（b）Case Ⅱ, BJ　（c）Case Ⅰ, BTH　（d）Case Ⅱ, BTH

图 4.12　污染时段和清洁时段京津冀各地区不同高度 $PM_{2.5}$ 浓度来源贡献率

在除北京以外的京津冀地区，随着高度上升，本地影响也逐渐减小，污染时段本地贡献率从 78% 下降到 30%。在京津冀区域内，从地面到高层，河北南部贡献均最大（17%~42%），其次是河北东部。山东、河南、山西等周边省份的排放对京津冀 $PM_{2.5}$ 浓度均有影响。在污染时段，1 km 以下山东贡献较大（10%~15%），而山西（8%~26%）和河南（12%~18%）则在 1 km 以上有较大影响，这主要是由地形和风向决定的。与清洁时段相比，污染时段来自西北边（如内蒙古、山西）的贡献减小，而来自东南边（如山东、河南）的贡献增大，这与北京的情况类似。此外，同样可以发现，在污染时段，外来影响增强而本地影响减弱。

总体来看，京津冀地区 $PM_{2.5}$ 来源主要受源区排放强度、地理位置、地形和风向等因素的共同影响。京津冀地区 $PM_{2.5}$ 污染联防联控，在区域内部应重点加强对河北南部和河北东部的控制，此外还需要同时联合区域外的山东和河南，做好协同减排。

4.3.2 $PM_{2.5}$ 行业来源分析

开展污染控制时，不仅需要了解其来源地，还要明确各个行业排放的贡献。通过模式敏感性试验，得到了京津冀各地区不同行业排放对地面 $PM_{2.5}$ 浓度的贡献率如图 4.13 所示。在污染时段，各地区平均 $PM_{2.5}$ 浓度为 124~247 $\mu g \cdot m^{-3}$，约为清洁时段的 3~5 倍。其中，以电厂和工业（42%~59%）、民用排放（31%~48%）的贡献为主，而交通源贡献（9%~10%）相对较小，这与京津冀的行业排放构成一致。该结果与 Wang Y 等（2014）对 2013 年 1 月京津冀重污染个例的模拟结果类似。与清洁时段相比，污染时段河北南部和河北东部的行业贡献变化不大。而北京、天津、河北北部的交通、电厂和工业排放贡献约减小 2~6 个百分点，民用排放贡献约增大 5~11 个百分点。这表明重污染期间，除了大型电厂、工业的减排外，加强小型、零散民用锅炉的控制也很重要。

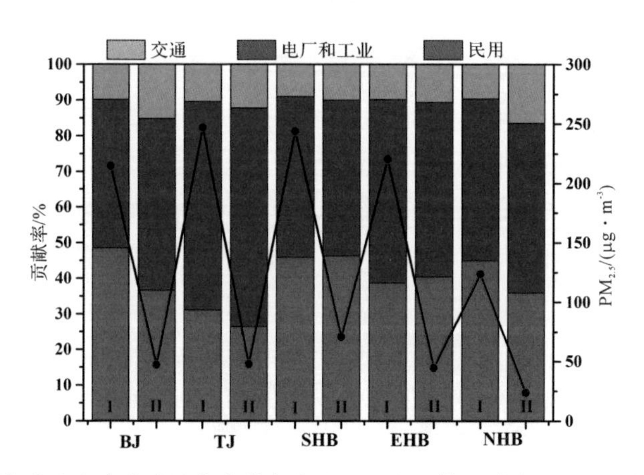

图 4.13 污染时段和清洁时段京津冀各地区不同行业排放对地面 $PM_{2.5}$ 浓度的贡献率

5　先进仪器研发、产业化与应用

5.1　烟雾箱系统研制与应用

5.1.1　建设方案

研制的烟雾箱系统构成如图 5.1 所示。烟雾箱由零空气发生系统、特氟龙膜反应器、光源系统、温控系统、配气与控制系统和检测系统构成。

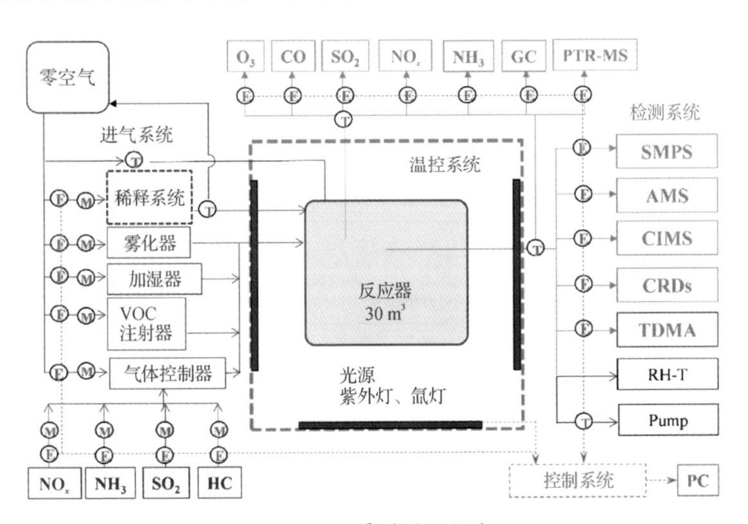

图 5.1　烟雾箱系统构成

（1）零空气发生系统

零空气是烟雾箱清洗的媒介，也是反应气氛的平衡气体，还是各种反应物的载气。进行模拟实验前对空气进行净化的最低要求：模拟前反应器空气中既不能含有模拟的反应物，也不能含有反应中间或最终产物，同时不能含有对反应进程有干扰的组分，以及与反应物或产物产生作用的不纯净成分。零空气满足：O_3、SO_2、H_2S、COS、CH、NO_x 的浓度小于 1 ppb；CO 的浓度小于 5 ppb；O_2 所占比例为 20.8% ± 0.3%；CO_2 的浓度为 350 ppm；露点 −51℃（−60 F，34 ppm）；PN < 10 cm^{-3}。零空气系统由空气压缩机、压缩空气储气罐、除湿器、零空气发生器和零空气储气罐构成。零空气储气罐的零空气通过不锈钢管引出至配气箱。

（2）反应器

反应器由特氟龙膜反应器、支架和外箱体构成。特氟龙膜反应器是烟雾箱的核心部件。反应器设计为 4.1 m × 2.5 m × 3 m 的长方体（见图 5.2），有效容积为 30 m^3，S/V = 1.97 m^{-1}。反应器由 125 μm 厚的聚全氟乙丙烯（FEP）特氟龙膜焊接而成。对特氟龙膜双层重叠处，采用气动封口机进行热缝合，焊接后仔细检查两层特氟龙膜的融合度，确保不漏气。为确保反应器中反应物浓度均匀，在反应器底部安装一台转速可调的风扇。通过对流的方式，实现反应初期前体物浓度的均匀搅拌。通常室内烟雾箱风扇马达的轴承直接穿过特氟龙膜。由于风扇旋转摩擦，这种密封方式降低了反应器的气密性。本研究首次采用磁悬浮风扇的连接方式，显著增加了反应器的气密性。

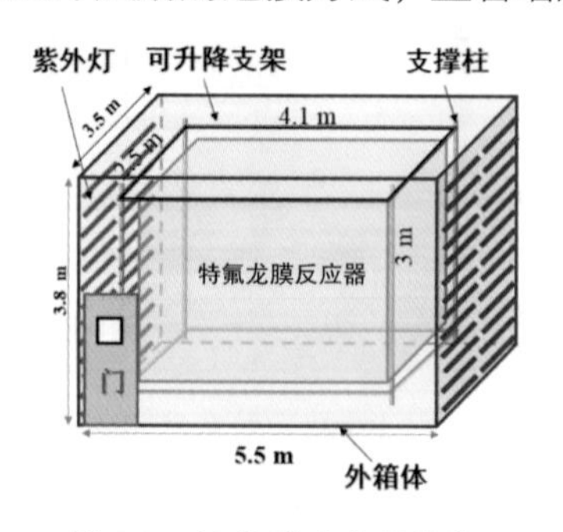

图 5.2 烟雾箱反应器结构

（3）光源系统

室内烟雾箱的光源要求尽可能接近太阳光的光谱 - 能量分布范围。本研究采用氙灯（4 × 6 kW）作为主要光源，采用硅硼酸玻璃（厚度 2 mm）过滤紫外光，同时选择 365 nm 的紫外灯（120 × 60 W）作为补充。每 10 只紫外灯用一个开关控制，每只氙灯用一个开关控制。通过控制灯的开关可以在一定范围内调控总体光强和光谱范围。为消除氙灯发热，将其置于冷却水中，将冷却水不断循环。同时，在氙灯前面装配硅硼酸玻璃和不锈钢框架，用于过滤氙灯产生的深紫外段光线，以提供更接近对流层太阳光光谱的光照模拟。

（4）温控系统

实验室由空调系统控温。同时在烟雾箱外设计独立的温控系统。通过循环送风实现温度控制。箱体顶和前后墙为夹层结构，可允许空气流通。顶层为送风口，布置有出风筛板，可使出风均匀。前后墙的下端均匀布置 4 个回风口，将循环气流送回空调机组进行冷却。通过空气的不断循环冷却，达到控制箱体内温度的目的。温度控制范围为 10~27℃，控制精度为 1℃。同时，空调机组的压缩机有一定的除湿功能，并且能够对循环风的湿度进行控制，循环风的相对湿度控制范围为 40%~90%。为保持箱体内部清洁，防止气路堵塞，在送风管路上布置高效过滤器以去除循环风中的颗粒物。

（5）配气系统与控制系统

为了配制光化学反应所需的特定反应气氛，需要向烟雾箱反应器中通入各种反应物，包括 NO_x、SO_2、NH_3、O_3、VOC 和颗粒物等。NO_x、SO_2 和 NH_3 通过钢瓶气提供，经特氟龙管线进入防腐蚀流量计，再进入烟雾箱。O_3 通过紫外光解零空气产生。零空气经流量计进入 185 nm 紫外光解池，光解反应后进入烟雾箱。利用注射器精确量取有机物液体并注入样品管，样品管置于温度可控的管式炉中加热，同时用零空气载带挥发性有机物，使之进入烟雾箱，VOC 进气管置于恒温加热套中防止冷凝。利用雾化器雾化含盐溶液，通过零空气载带使颗粒物进入扩散干燥器，最终进入烟雾箱。每路气体均用电磁阀和三通阀控制进入烟雾箱的时间，其中气路平衡时为排空状态。此外，烟雾箱清洗过程需要大流量零空气。零空气经流量计进入烟雾箱。清洗过程中，同时利用抽气泵抽气，保证进入烟雾箱和排出烟雾箱的气流平衡。抽气频率由电磁阀通过电脑控制。烟雾箱实验需要调节反应器内的湿度。经过流量计进入水汽发生器，将含水汽的气体引入特氟龙膜反应器（内箱体）中。水汽发生器温度可控，从室温到 100 ℃。特氟龙膜反应器内安装有高精度湿度探头，观察烟雾箱中湿度的变化。当反应器内反应气氛达到设定值时，停止输送气体。反应过程中通过温度探头实时观测反应器内温度水平的变化情况。

（6）检测系统

检测系统是烟雾箱的关键组成部分。本研究检测设备通过购置和研制的方式获得。主要包括购置的 O_3、NO_x、SO_2、CO、NH_3、VOC 在线测量设备，测量颗粒物粒径分布的扫描电迁移粒径谱仪（SMPS），组成在线测量的气溶胶质谱仪（HR-ToF-AMS）和黑碳分析仪（AE33）；自行研制的气溶胶粒子吸湿性和光学性质测量的串联淌度粒径谱仪（HTDMA），光腔衰荡光谱（cavity ring-down spectroscopy，CRDS）仪，测量 NO_3 自由基浓度的 NO_3 分析仪。本烟雾箱配备的主要检测设备如表 5.1 所示。

表 5.1　烟雾箱检测系统构成

检测指标	仪器型号	主要指标	仪器来源
NO/NO_2 浓度	Thermo 42i	ppb 级	购买
O_3 浓度	Thermo 49i	ppb 级	购买
CO 浓度	Thermo 48i	ppb 级	购买
SO_2 浓度	Thermo 43i	ppb 级	购买
NH_3 浓度	EAA-22	1 ppb~10 ppm	购买
VOC 浓度	PTR-HR-ToF-MS	ppb 级 质谱分辨率：8000	购买

续 表

检测指标	仪器型号	主要指标	仪器来源
VOC 浓度	TD-GCMS	~99 种，ppb 级	购买
THC 浓度	Thermo 55i	0~1000 ppm	购买
颗粒物粒径	SMPS	10~800 nm；3~150 nm	购买
颗粒物组成 / 浓度	HR-ToF-AMS	非难熔组分 质谱分辨率：4000~5000 > 0.1 mg·m^{-3}	购买
黑碳分析仪	AE-33	0.01~100 mg·m^{3}	购买
颗粒物吸湿性	HTDMA	RH: 10%~95%	研制
颗粒物光学性质	CRDS	0.1 Mm^{-1}	研制
NO_3 自由基浓度	NO_3 分析仪		研制

（7）建成的烟雾箱实物

建成后的烟雾箱实物如图 5.3 所示。

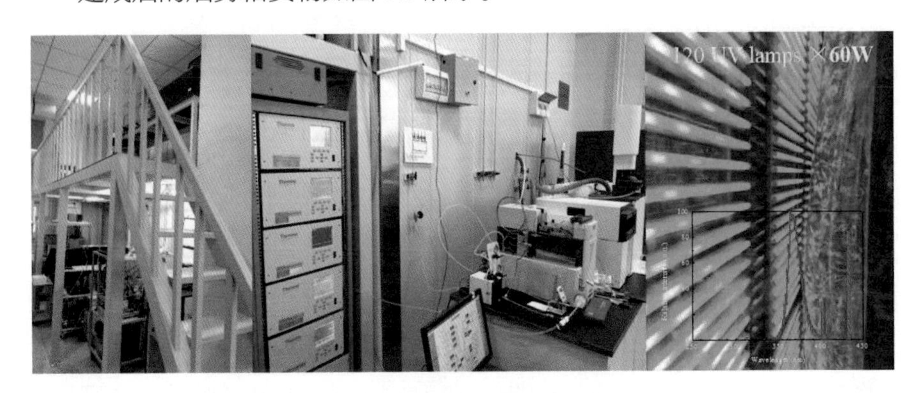

图 5.3 建成后的烟雾箱实物图

5.1.2 烟雾箱系统表征

零空气是烟雾箱实验中的重要气源。一方面，需要利用零空气清洗反应器；另一方面，在添加各种污染物时需要零空气作为载气。经测试，零空气发生器的最大输出流量为 180 L·min^{-1}，配气箱入口压力为 50 psi（1 psi = 6.895 kPa），NO_x 的浓度为 0.5 ppb，O_3 和 SO_2 为 0 ppbv，颗粒物为 0.1 particles·cm^{-3}，均达到了设计要求。

在烟雾箱中通入 139.7 ppb 氮氧化物后，在总流量 150 L·min^{-1} 的流量下清洗烟雾箱。NO、NO_2 和 NO_x 的衰减速率为 0.145 h^{-1}、0.149 h^{-1} 和 0.164 h^{-1}。在 15 h 内，NO_x 浓度可降到 1 ppb 以下，可满足下一次实验要求。颗粒物浓度衰减速率为 0.164 h^{-1}。同样的方法测得甲苯和 α - 蒎烯的衰减速率分别为 0.13 h^{-1} 和 0.12 h^{-1}。

在清洗烟雾箱过程中，通过调节干、湿零空气比例和加湿器温度，可调节特氟龙膜反应器的相对湿度。当干零空气为 30 L·min^{-1}、湿零空气为 120 L·min^{-1}、加湿器温度为 45 ℃时，烟雾箱中湿度分布是均匀的，约 12 h 后湿度可稳定到 80%。根据需要可以进一步将湿度提高至 90%。正常实验需要清洗 24 h，因此，在清洗过程中可以实现相对湿度的调节。

在聚氨酯的保温箱内壁南北墙安装了 120 盏 365 nm 的紫外灯（Philips TL 60W/10R），在北墙还安装了 4 盏 6 kW 的氙灯。其中紫外灯的波长范围为 340~400 nm，最大发射波长为 369.5 nm；氙灯的波长范围为 300~800 nm，与太阳光谱相似。利用 NO_2 光解时 NO、NO_2 和 O_3 的平衡浓度，测定了紫外灯的有效光强。开启 120 盏紫外灯时，NO_2 光解速率常数为 0.55 min^{-1}；而开启 60 盏紫外灯时，NO_2 光解速率常数为 0.29 min^{-1}。该烟雾箱开启 120 盏紫外灯的光解速率常数与广州地球化学研究所的 30 m^3 烟雾箱相当，也与北京夏季正午（11:30—12:30）的光强相当，而开启 60 盏紫外灯的光强与北京夏季 10:00—16:00 的平均光强相当。通过改变开启紫外灯的数量，可实现北京不同季节光强的模拟。

真实大气环境，除下垫面外是没有边界的。而烟雾箱中，污染物会在膜反应器的壁上沉降，并符合一级速率方程。在反应器中通入各种污染物，通过在线检测污染物浓度随时间的变化，测定 NO_2、NO、O_3、α - 蒎烯和甲苯的沉降速率。本烟雾箱各种污染物的沉降速率与广州地球化学研究所的 30 m^3 烟雾箱（见图 2.20）和瑞士保罗谢勒研究所（Paul Scherrer

Institute，PSI）的 27 m^3 烟雾箱的壁效应相当。

颗粒物的沉降与其粒径有关。在烟雾箱中通入多分散的硫酸铵干燥颗粒，在数浓度 < 2000 particle·cm^{-3} 条件下，测定不同粒径段颗粒物的沉降速率常数（用浓度表示）。对于长方体类烟雾箱，其沉降速率常数与颗粒物粒径的关系满足：$k_{des}={}_aD_p^b+{}_cD_p^{-d}$。拟合得到参数分别为：$a$=4.15 × 10^{-7}，b=1.89，c=1.39，d=−0.88。对 100~300 nm 的颗粒物，其沉降速率为 0.023 ± 0.004 h^{-1}。烟雾箱中 SOA 的粒径通常在 100~300 nm 范围内，对于 6~8 h 的标准烟雾箱实验，有 16.8% ± 3.1% 的颗粒沉降在壁上，该结果略优于广州地球化学研究所的烟雾箱。

5.1.3 烟雾箱系统应用研究

（1）苯系物光化学反应研究

实验在干燥、无种子的条件下进行。实验中 VOC 浓度从约 30 ppb 变化到 700 ppb。利用高分辨飞行时间质子转移反应质谱测定 VOC 的浓度，利用 SMPS 和 HR-ToF-AMS 分别测定有机气溶胶浓度和组成。甲苯光氧化的 SOA 产率在 4%~8% 范围内变化；二甲苯光氧化的 SOA 产率在 5%~8% 的范围内变化。需要注意的是，VOC 浓度在 100 ppb 以上时，随着 VOC 浓度降低，SOA 产率逐渐降低。对甲苯而言，甲苯浓度低于 100 ppb 时，随着甲苯浓度降低 SOA 产率反而增加。

图 5.4 展现了利用烟雾箱研究甲苯 −NO_x 光氧化体系中 SOA 产率随有机气溶胶浓度的变化。不同研究在实验条件上的差异，可能导致 SOA 产率的差异。因此，很难直接对比不同研究的结果。但总体上讲，由图可知，在高浓度前体物条件下（HC 浓度 > 100 ppb，Mo 浓度 > 25 mg·m^{-3}），本烟雾箱获得的 SOA 产率结果与文献研究结果具有可比性，居于中间水平，尤其与 Odum 等（1997a，1997b）的结果高度一致。上述结果进一步验证了烟雾箱系统性能的可靠性。

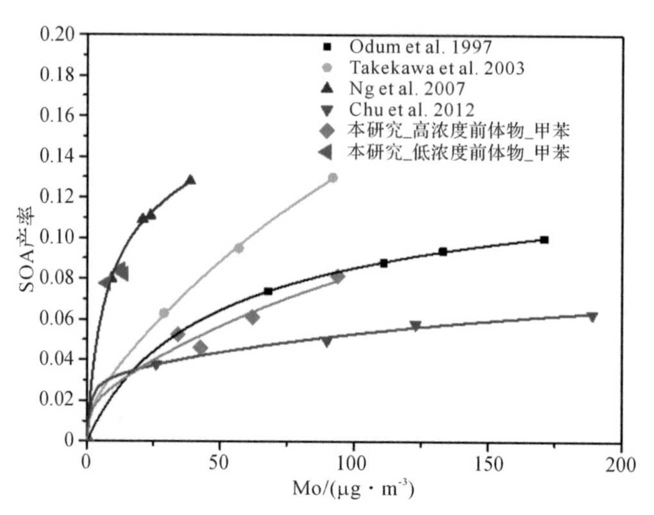

图 5.4　甲苯光化学反应 SOA 产率与有机气溶胶浓度的关系

当甲苯浓度低于 100 ppb 时，烟雾箱实验中 SOA 产率显著偏离了高浓度甲苯条件下 SOA 产率随有机气溶胶浓度的曲线，结果完全落在 Ng 等（2007a，2007b）获得的实验曲线上。由于实验中除了 HC 浓度的差异，其他反应条件基本相同，本研究中观察到的 SOA 产率的差异，可归结为 HC 浓度的差异导致的。

与甲苯反应体系类似，在低浓度二甲苯条件下 SOA 产率也显著高于高浓度二甲苯条件下获得的预测结果。在低浓度甲苯或二甲苯条件下，SOA 产率为高浓度甲苯或二甲苯条件下预测值的 3~4 倍。现有的烟雾箱实验大多在高浓度前体物条件下获得 SOA 产率，即使在实验的低浓度条件下，VOC 浓度也显著高于真实大气环境中单一 VOC 的浓度。因此，我们认为利用高浓度 VOC 获得的 SOA 产率可能会低估真实大气条件下 SOA 产率。这可能是目前模式研究和观测结果之间存在显著差异的原因之一。

在不同 VOC 浓度条件下，其他实验条件如 OH 自由基浓度水平和 C/N 并没有显著差异，但测得的 SOA 产率出现了明显的分离。目前已经认识到 SOA 是由 VOC 经过一系列氧化过程生成的半挥发性、低挥发性有机物进一步凝聚成核生成的。为了理解在不同条件下 VOC 的氧化过程，我们利用 PTRMS 分析了间二甲苯氧化产物（如 4- 氧 -2- 戊烯醛、2- 甲基丁烯二醛或 1,3- 二甲基丁烯二醛）的浓度随时间的变化。随着光化学反应的进行，上述物种的浓度均出现先增加后降低的现象，表明上述物种属于中间产物。而随着反应物浓度的降低，这些物种浓度峰值出现的时间逐渐提前。也就是说，在低浓度 VOC 条件下，半挥发性有机物向低挥发性有机物的进一步转化提前了。换而言之，低浓度 VOC 有利于低挥发性有机物的生成。由于反应体系 OH 自由基浓度是一定的，不同浓度条件下 OH 自由基的消耗取决于 VOC 的浓度和生成的中间产物的浓度。在低浓度 VOC 条件下，当 VOC 被消耗后，OH 自由基更优先与中间产物反应，从而有利于中间产物向低挥发性有机物的转化。

分析不同条件下生成的有机气溶胶的质量浓度与间二甲苯消耗量的关系发现，低 VOC 浓度条件下，碳氢化合物消耗量在 80 $mg \cdot m^{-3}$ 就开始生成 SOA，但高 VOC 浓度条件下需要消耗 400 $mg \cdot m^{-3}$ 的碳氢化合物才生成 SOA。也就是说， VOC 转化为一代产物后，快速向高级氧化产物的转化是低前体物浓度条件下 SOA 生成且有高 SOA 产率的原因。这与低前体物浓度条件下第一代产物的消耗速率增加是一致的。这一结果也暗示了在低前体物浓度条件下，生成的 SOA 可能具有更高的氧化性或者更低的挥发性。

（2）汽油 / 机动车尾气光化学反应研究

开展汽油车尾气或汽油光化学反应对 SOA 的贡献研究具有较强的现实意义，汽油车尾气排放贡献了北京市大气中 VOC 的 32%~46%。为研究 VOC 混合条件下 SOA 的生成，我们研究了河北省 93 号和 97 号汽油的光化学反应过程。实验仍然在干燥、无种子条件下进行。结果表明 SOA 产率范围为 5%~25%，显著高于单一 VOC 条件下的 SOA 产率。

93 号汽油 -NO 体系光化学反应过程中，开启紫外灯后，可观察到光化学反应过程中 NO、NO_2、O_3 和 SOA 的典型浓度变化曲线。基于气相色谱测定的汽油组分浓度的变化和生成的 SOA 质量浓度变化，可获得 SOA 产率。

利用烟雾箱系统和 PTRMS 分析开启紫外灯后，可观察到以 C_4H_8、C_5H_{10}、C_6H_6、$C_6H_5CH_3$、$C_6H_4(CH_3)_2$、$C_6H_3(CH_3)_3$ 或 $C_6H_4CH_3C_2H_5$、$C_6H_4(C_2H_5)_2$ 等为主的汽油组分的消耗，同时观察到 $(CH_3)_2CO$、CH_3CH_2CHO、C_3H_7CHO、C_4H_9CHO、C_5H_9CHO、$C_5H_{11}CHO$、C_6H_5CHO、$CH_3C_6H_4CHO$ 等醛酮化合物为主的第一代产物生成；随着时间增加第二代产物 HCOOH、CH_3COOH 等的信号逐渐增强，并在 2 h 左右达到峰值；第三代产物以 HCOOH 和 CHOCHO 为主。从而确认了 C_4 和 C_5 烯烃、苯、甲苯、二甲苯、三甲苯、甲基乙基苯和二乙苯等是汽油光化学反应的活性物种。

对比国内外相似实验条件下蒸发汽油和柴油的 SOA 产率随有机气溶胶质量浓度的变化关系，发现河北省 93 号汽油和 97 号汽油的 SOA 产率都显著高于 Robinson 等（2007）和 Odum 等（1997b）测定的汽油的 SOA 产率，而与 Robinson 等测得的柴油 SOA 产率相当。对于 97 号汽油，在低浓度条件下 SOA 产率甚至高于国外柴油的 SOA 产率。这一结果表明，上述两种汽油如果以挥发的方式排放到大气环境，其 SOA 产率非常高，可能对华北地区有机气溶胶的贡献非常大。

为了进一步了解上述油品产率较高的原因，利用气相色谱质谱测定了河北省 93 号和 97 号汽油的化学组成。上述汽油中均以甲苯、间二甲苯、1,2,4- 三甲苯、间乙基甲苯、2- 甲基戊烷、乙苯、3- 甲基戊烷、邻二甲苯、2- 甲基己烷、1,2,3- 三甲苯、正己烷、对乙基甲苯、正丙苯、正庚烷、1,3,5- 三甲苯、邻乙基甲苯、甲基环戊烷、反 -2- 戊烯、苯、2,2- 二甲基丁烷、1- 戊烯、1- 己烯、甲基环己烷、2,4- 二甲基戊烷、正癸烷、对二乙苯等为主。各主要成分的百分含量与 Wang 等（2013）测定的 93 号汽油成分基本相似。但与国外汽油相比，我国及本研究中汽油的烯烃含量较高。由此推测，由于烯烃的光化学反应活性较强，参与 SOA 生成的烷基自由基或烷氧自由基的组成和浓度有别于国外汽油的光化学反应过程，进而导致 SOA 产率的差异。

进一步将汽车尾气经稀释通道引入烟雾箱。选择车型为沃尔沃 2013 款 T5 小轿车，燃油为北京 98 号汽油。汽车为热启动（20 min）的怠速工况。尾气进气量为 6 $L \cdot min^{-1}$，尾气稀释比为 8：1，稀释后的尾气全部进入烟雾箱。但通入 1 h 后，在烟雾箱中可检测的尾气浓度较低，开灯光照 8 h 基本没有颗粒物生成。其主要原因有两方面：①尾气中各种污染物浓度较低，而烟雾箱体积较大，导致加样效率偏低；②由于实验空间的限制，机动车尾气排气口距离烟雾箱较远，进气管道较长，加样效率较低。

为了研究机动车直接排放尾气的光化学过程对 SOA 的贡献，利用光化学流动管初步研究尾气在不同老化条件下的 SOA 生成。车型仍然选择沃尔沃 2013 款 T5 小轿车，燃油为北京 98 号汽油。汽车为怠速工况。尾气进气量为 6 $L \cdot min^{-1}$，尾气稀释比为 8：1。反应器中 OH 自由基通过 O_3 与 H_2O 光解产生，相对湿度为 30%，反应温度为 30℃。反应器中 OH 自由基浓度根据甲醇相对消耗量进行测定，其中甲醇与 OH 自由基反应的速率常数为 9.3×10^{-13} $cm^3 \cdot molecule^{-1} \cdot s^{-1}$。假定大气中 OH 自由基的平均浓度为 1×10^6 $molecule \cdot cm^{-3}$，据此计算大气老化时间。由于本研究关注的是 VOC 氧化生成 SOA 的过程，反应器为连续流动状态，因此需要确认反应过程中排放的 VOC 浓度是否稳定。整个研究过程中排放的 VOC 浓度是比较稳定的，生成的 SOA 质量浓度可直接比较。怠速条件下进入反应器中的 POA 浓度为 14.0 ±0.22 $mg \cdot m^{-3}$。考虑稀释比后，尾气中 POA 浓度为 112 $mg \cdot m^{-3}$。当尾气被 OH 自由基老化 2.6 d 后，OA 浓度增加到 30.5 ± 5.5 $mg \cdot m^{-3}$。其中 SOA 浓度的贡献为 16.5 $mg \cdot m^{-3}$，SOA/POA 为 1.2。该结果与烟雾箱模拟的 SOA/POA（1.6）相当。但随着老化时间的增加，SOA 浓度继续增加。

例如，当老化时间为 5.3 d、5.8 d 和 8.8 d 时，OA（POA+SOA）浓度分别为（47.0 ± 2.1）$mg \cdot m^{-3}$、（85.6 ± 7.3）$mg \cdot m^{-3}$ 和（106.2 ± 7.4）$mg \cdot m^{-3}$。当老化时间增加到 9.5 d 时，OA 浓度降低到（92.7 ± 14.8）$mg \cdot m^{-3}$。这是因为高浓度 OH 自由基将有利于生成的 OA 产生更多的碎片，从而导致 SOA 产量降低。在老化时间为 5.3 d、5.8 d、8.8 d 和 9.5 d 时，SOA 浓度依次为 33 $mg \cdot m^{-3}$、71.5 $mg \cdot m^{-3}$、92 $mg \cdot m^{-3}$ 和 78 $mg \cdot m^{-3}$，SOA/POA 依次为 2.4、5.1、6.6 和 5.6。该结果与隧道实验结果获得的 SOA/POA（1.5~9）基本可比。利用气溶胶质谱仪测定的硝酸盐浓度也与 OA 同步变化。对于气溶胶质谱依据 NO^+ 和 NO_2^+ 测定的硝酸盐，实际上除了无机硝酸盐，有机硝酸酯或有机硝酸盐也会贡献这两个质量碎片。因此，实际的 SOA/POA 可能会高于研究报道的结果。

但需要指出的是，烟雾箱实验中由于 OH 自由基浓度较低，同时反应时间较短，实际上达不到环境空气的老化时间。例如，我国华北冬季灰霾常以 4~7 d 为一个周期。由于烟雾箱实验中老化时间较短，据此估算可能会低估机动车尾气对 SOA 的贡献。同时，国外的隧道实验通常老化 3 d 就达到了最高的 SOA 产量，但本研究中机动车尾气需 8.8 d 才能达到最高的 SOA 产量。利用北京市环境空气进行光化学实验也得到了相当的老化时间。由此表明，我国汽油成分与国外的差异可能是 SOA 达到最高产量需不同的老化时间的原因。而对于 4~7 d 的老化时间，SOA/POA 为 5.1~5.6。在典型灰霾事件中，机动车尾气经光化学反应生成的 SOA 对 OA 的贡献是不可忽略的。

5.2 大气氧化性（HO_x 自由基、NO_3 自由基）在线测量技术

由于 OH 自由基浓度极低（约 1×10^6 $molecule \cdot cm^{-3}$）、寿命短（大气环境寿命 < 1 s）、反应活性高，其浓度检测需要满足高灵敏度、高选

择性、实时在线测量等特点，目前国际上仅有少数研究小组发展了几种大气 OH 自由基的可靠监测技术。大气 HO_2 自由基的测量通常采用间接测量法，通过化学反应，将 HO_2 自由基转化为 OH 自由基，然后进行测量。各种测量方法中，激光诱导荧光（laser induced fluorescence，LIF）技术满足 OH 自由基探测需求，是目前大气 OH 自由基测量的主要技术之一；同时，相对其他探测技术而言，如差分吸收光谱（differential optical absorption spectroscopy，DOAS）技术、化学离子质谱（chemical ionization mass spectroscopy，CIMS）技术等，LIF 技术受大气环境干扰较小，适用于我国复杂污染条件下的大气 OH 自由基监测。

在应用于大气 NO_3 自由基测量的技术中，DOAS 是最常用的一种测量方法；基质隔离电子顺磁共振光谱（matrix isolation electron spin resonance，MI-ESR）法通常需要低温捕获空气样品，然后进行实验室分析；而激光诱导荧光方法需要复杂的标定，维护费用太高，不适宜长期外场测量。DOAS 方法测量的是一段光程气体的平均浓度，通过设置一定的光程，可实现高灵敏度、非接触遥测。基于高精密光学腔的测量技术，如光腔衰荡光谱（CRDS）技术和腔增强吸收光谱（cavity enhanced absorption spectroscopy，CEAS）技术，在探测灵敏度上能与长光程 DOAS 相媲美，具有高灵敏度、快速且不受测量地点和天气影响的特点。相对而言，近年来发展的脉冲激光腔衰荡光谱技术，具有结构简单、稳定、易操作、灵敏度高的特点。开放光程差分吸收光谱（OP-DOAS）技术与 CRDS 技术适用于外场大气 NO_3 自由基的测量，并具有良好的发展趋势。

针对自由基在大气化学中的重要作用及对其实时在线探测的需求，开展大气中 OH 自由基、HO_2 自由基和 NO_3 自由基的探测技术研究及系统研制，包括大气 HO_x（OH、HO_2）自由基激光诱导荧光探测系统、大气 NO_3 自由基现场实时探测系统和大气 NO_3 自由基 OP-DOAS 遥测系统，实现对大气自由基的现场高灵敏探测，为揭示我国高污染、强氧化性大气环境下灰霾细粒子的生成机制和增长特性提供科学数据。

系统主要包括以下 3 个子系统。

（1）大气 HO_x（OH、HO_2）自由基激光诱导荧光探测系统

采用高重复频率紫外激光作为光源，结合激光诱导荧光技术、超高灵敏度的信号探测系统等，解决自由基低损耗采样、激光波长稳定输出、共振荧光高效探测等难题，研发具有自主知识产权的大气 HO_x 自由基探测系统。

（2）大气 NO_3 自由基现场实时探测系统

采用光腔衰荡光谱方法，结合高灵敏的信号探测技术，解决光源调制、腔耦合技术及自由基采样损失的定量研究等关键问题，建立测量大气 NO_3 自由基光腔衰荡在线探测系统，应用于模拟箱和大气中 NO_3 自由基的探测。

（3）大气 NO_3 自由基 OP-DOAS 遥测系统

建立环境大气 NO_3 自由基 OP-DOAS 遥测系统，解决高效率光强耦合、高灵敏探测、水汽等气体交叉干扰等难题，实现对环境大气中 NO_3 自由基的非接触、高灵敏探测。

5.2.1 大气 HO_x 自由基激光诱导荧光探测系统

（1）大气 HO_x 自由基激光诱导荧光探测系统设计及搭建

大气 HO_x 自由基激光诱导荧光探测系统通过监测低压腔内激光激发 OH 自由基产生的荧光信号强度来探测 OH 自由基浓度，系统主要包括激光器光源系统、荧光池、探测系统、系统控制及数据处理系统等（见图 5.5）。

其中，激光器为 OH 自由基荧光激发提供稳定的 308 nm 高重频可调谐脉冲激光光源（激光经扩束和传导后沿荧光池激光臂从荧光池中心穿过），同时保证激光能量和输出波长的稳定性。采用真空泵组从荧光池顶端的进气喷嘴小孔将包含待测物环境大气引入荧光池，气流在喷嘴下方迅速膨胀扩张，在荧光池中心位置与激光光束相交，其中的 OH 自由基被 308 nm

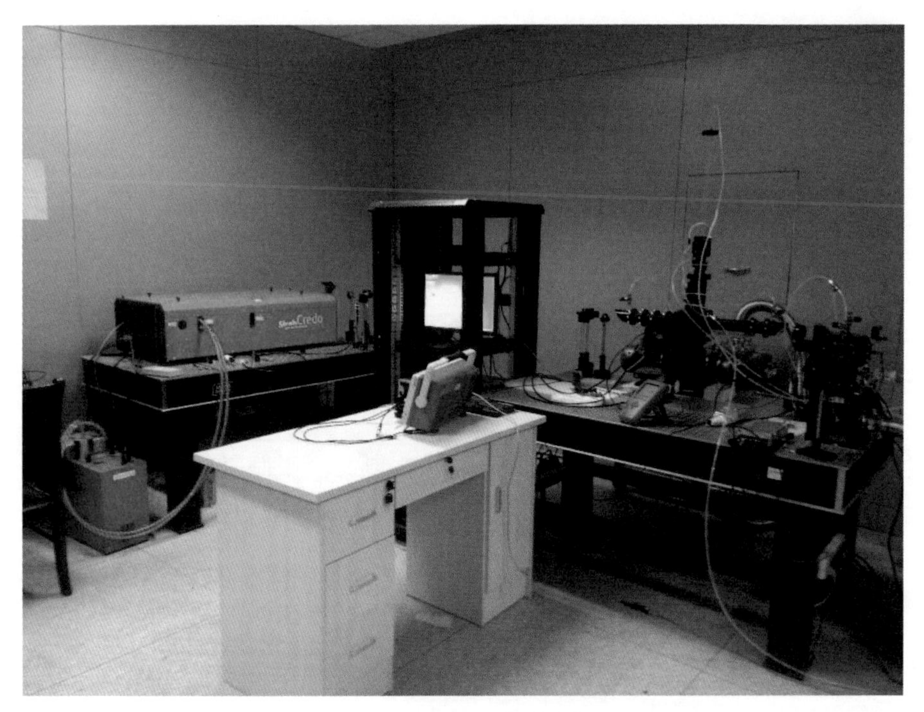

图 5.5 LIF 探测系统实物图

的激光激发，产生相同波段的共振荧光（308 nm）。荧光信号经光学透镜组成的光学收集系统汇聚到探测器的感光面，结合电子门控系统对探测器的开关（响应）进行调制，对荧光信号进行特定时序内的时间选择测量。信号经放大后送入光子计数卡并进行甄别计数，根据荧光光子信号强度分析 OH 自由基浓度。HO_2 自由基的测量是通过化学反应方法，将 HO_2 自由基转化为 OH 自由基进行的。

- 激光器光源系统

激光器光源是系统的关键组成部分，其参数的选择影响整个系统的探测性能。采用高重频 YAG 激光器（1~10 kHz）倍频输出 532 nm 激光，泵浦可调谐染料激光器输出 616 nm 激光，再通过偏硼酸钡（BBO）晶体倍频产生 308 nm 的激发光。为了使激光高效地激发 OH 自由基并产生荧光信号，需要提高激发区域（即激光光束与气流相交区域）的面积。综合考虑激光光束传导和实验需求，采用光纤耦合方式将光束传输后，进行激光扩束准直后导入荧光池。

在用 LIF 技术定量测量 OH 自由基的研究中，控制激光波长的稳定性，保证 OH 自由基的稳定激发是准确测量的基本条件。将激光波长修正在激发线位置可以最大限度地减小因室内温度变化等因素引起的波长漂移对测量精度的影响。在 LIF 系统中加入第二探测池（参考池），在参考池中采用镍铝丝热解水产生高浓度、高稳定性 OH 自由基，通过激光激发产生荧光，利用光子计数器获得荧光积分强度来作为波长稳定的监控信号和波长修正依据。对 308 nm 波段激光输出进行修正控制，修正偏差小于 0.1 pm。激光波长修正系统的精度可以使输出波长稳定在激发线 $Q_1(2)$ 上，实现荧光池内荧光信号的稳定激发，满足 LIF 技术定量、精确测量大气 OH 自由基浓度对波长稳定性的要求。

- 荧光池的设计

荧光池是 HO_x 自由基激光诱导荧光探测系统的关键部件之一，主要功能包括 OH 自由基的采样、荧光信号的激发、荧光探测等。荧光反应单元是一个方形的铝块腔体，气体采样轴、激光轴、荧光检测轴相交于腔体中心点。单元腔体内部被阳极化染黑处理以减少杂散光。

气体采样轴的设计主要包括进气喷嘴的选取、扩张距离的确定和抽气系统的设计。进气喷嘴采用的是分子束分离器，可以减少外表面的反射和内表面的碰撞，进气喷嘴小孔直径约为 1 mm。同时进气喷嘴下方位置设计有特氟龙材料的 NO 气体环形喷淋管，可向环形中心通入 NO 气体，将待测气体中的 HO_2 自由基转化为 OH 自由基，测量 HO_2 自由基的浓度。为了精确测量 OH 自由基，需要确定合适的气体扩张距离，即进气喷嘴到荧光池探测中心的距离。扩张距离较短会由于近绝热膨胀导致气体温度降低而影响 OH 探测灵敏度，距离较长则会导致气体与腔壁的碰撞。气体采样轴下端经波纹管与真空泵相连，通过真空泵抽取待测气体进入反应池进行测量。

在荧光探测轴方向上，通过光学收集系统可高效地采集荧光信号。因为大气中 OH 自由基的浓度极低，再通过气体扩张后，腔体内可激发的 OH 自由基只有 10^3~10^4 molecule·cm^{-3}，所以需要高灵敏的荧光收集系统。荧光收集系统主要由收集透镜组、反射凹面镜及干涉滤色片组成。高灵敏荧光光学收集系统将激发的荧光聚焦到探测器中心并采用门控采集，通过单光子计数器的方式获得荧光信号。

● 探测系统

由于荧光信号非常微弱，需要采用高增益的光电倍增管（photomultiplier tube，PMT）对其进行探测，但相对较强的激光杂散光可能使得 PMT 饱和，甚至损坏。而 308 nm 激发机制下激发光和荧光在同一个波段，不能采用光学滤光片的方法来消除激光杂散光。同时，激光杂散光会引起 PMT 产生激光后脉冲，持续时间几十纳秒至几微秒，严重干扰荧光探测。因此，需对荧光探测 PMT 进行门控来消除上述影响。

结合多倍增级光电倍增管设计 PMT 门控系统，可实现低强度荧光探测。采用调制 PMT 打拿极电压的方式实现 PMT 的门控，可有效地改善激光杂散光及激光后脉冲对测量的影响。系统门控上升沿时间可达 20 ns，开关比可达 10^5 量级以上。门控微通道板（microchannel plate，MCP）-PMT 系统作为 LIF 探测系统的另一套探测器，配套完善的门控系统及信号放大系统，可满足低强度荧光信号的探测。

探测系统对荧光信号进行探测后，通过单光子计数器的方式获得荧光信号，将探测器（门控 PMT/MCP-PMT）的信号输入到门控光子计数板中，对特定时序内的信号进行累加测量，再对计数板输出的信号进行处理。

● 定标系统

由于采用激光诱导荧光探测 OH 自由基需要对系统进行定标，因此需采用化学方法来产生稳定的 OH 自由基源。目前常用的定标方法之一是同步光解定标法。

同步光解法采用汞灯 185 nm 线光解 H_2O 和 O_2 的方式来产生一定浓度的 OH 自由基，产生的 OH 自由基浓度与通入的 H_2O 和 O_2 浓度以及产生的 O_3 浓度相关，通过反应气体的测量及相应的计算可以获得产生的 OH 自由基浓度。将定标系统放置于 OH 自由基探测系统采样口上方，使其抽取定标系统内的反应气体，完成 OH 自由基系统的定标实验。OH 自由基浓度可以通过以下公式进行计算：

$$\frac{[OH]}{[O_3]}=\frac{1}{2}\frac{\sigma_{H_2O}}{\sigma_{O_2}}\frac{[H_2O]}{[O_2]}$$

对不同浓度配比的 H_2O 和 O_2 浓度及光解反应产物 O_3 浓度进行测试，计算出相应的 OH 自由基浓度，产生的 OH 自由基浓度范围为 2.9×10^7~1.2×10^8 molecule·cm^{-3}。将同步光解定标系统（见图 5.6）产生的不同浓度的 OH 自由基通入荧光池内，对其进行激发，测量时激光波长稳定在激发线 $Q_1(2)$ 上（307.9951 nm）。采用系统选定的门控 PMT 及对应门控时序等参数对荧光信号进行测量，测得的不同浓度的 OH 自由基荧光信号结果如图 5.7 所示。结果表明系统具有很好的线性，定标结果可以用于实际大气中 OH 自由基的监测。

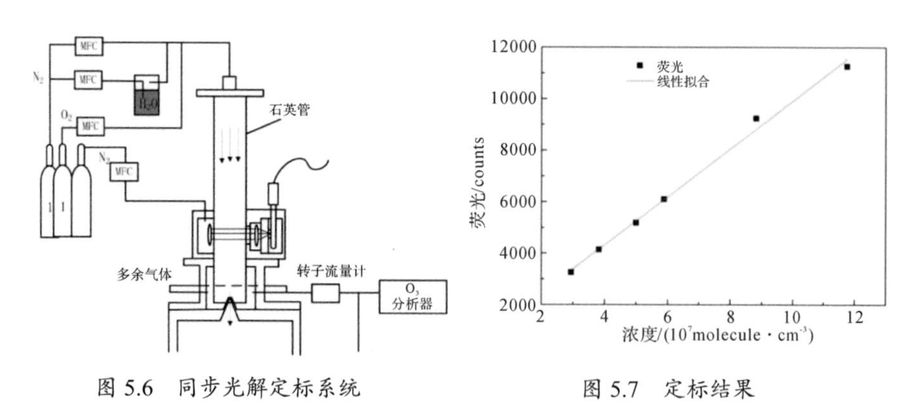

图 5.6　同步光解定标系统

图 5.7　定标结果

（2）大气 HO_x 自由基激光诱导荧光探测系统实验测试

● OH 自由基实验室测试

将光源系统、波长修正系统、探测系统、校准池等进行整体集成，并完成联合调试，实现 LIF 探测系统的整体集成和搭建。完成激光光源的能量稳定及波长修正；以激光器同步输出信号作为基准，控制激光器、门控 PMT、光子计数卡等的相对时序，选择合理的荧光采集时间；对设计的门控 PMT 探测系统进行测试，获得良好的噪声抑制和激光后脉冲抑制，提高 PMT 探测系统信噪比。

采用同步光解定标系统产生的固定浓度的 OH 自由基对 LIF 探测系统灵敏度及探测限进行测试。测试中使用的 OH 自由基浓度的获取及计算与其定标过程相同，获得的 OH 自由基浓度为 5×10^7 molecule·cm^{-3}。采用 MCP 作为探测器，对系统探测灵敏度及探测限进行分析。

单位激光脉冲下的探测灵敏度（C'）和激光能量 P 下的总探测灵敏度（C）可以分别表示为

$$C'=\frac{S}{[\mathrm{OH}]\cdot P}\ [\mathrm{cps}(\mathrm{OH}\cdot \mathrm{cm}^{-3})^{-1}\cdot \mathrm{mW}^{-1}]$$

$$C=C'\cdot P[\mathrm{cps}(\mathrm{OH}\cdot \mathrm{cm}^{-3})^{-1}]$$

同时，与背景信号紧密相关的 OH 自由基探测限可以表示为:

$$[\mathrm{OH}]_{\min}=\frac{S}{N}\sqrt{\frac{1}{m}+\frac{1}{n}}\ \frac{\sqrt{S_{\mathrm{BG}}}}{C\sqrt{t}}$$

测得 60 s 积分时间下系统灵敏度及探测限分别为 6.5×10^{-7} cps (OH·cm^{-3})$^{-1}$ 和 5.6×10^5 molecule·cm^{-3}（$S/N = 2$）。

●HO_2 自由基的测量

HO_2 自由基的测量是基于激光诱导荧光技术对 OH 自由基的测量。设计相应 HO_2 自由基的转换装置并向其中通入一定浓度的 NO，通过化学反应（$NO+HO_2\cdot \rightarrow \cdot OH+NO_2$）将 HO_2 自由基转化为 OH 自由基，通过检测 OH 自由基的荧光强度可以推算出 HO_2 自由基的转换效率。

结合定标系统对 HO_2 自由基转化效率进行测试，向定标系统中通入 15 L·min^{-1} 总量的混合气体，汞灯光解条件下产生等量的 OH 自由基和 HO_2 自由基。用 MCP 测试产生的 OH 自由基的荧光数，获取 OH 自由基浓度信息；再通过 HO_2 自由基转化装置通入 1 mL·min^{-1} 纯 NO 气体，将 HO_2 自由基转化为 OH 自由基，测试 OH 自由基荧光强度的变化。可推算出，向转换装置中通入 1 mL·min^{-1} NO 时，HO_2 自由基的转换效率可以达到 39% 左右。

● 外场 OH 自由基的测量

搭建可用于大气环境的外场实验平台，保证箱体在真实复杂外场环境中稳定工作，包括腔体采样设计、温度控制、太阳光遮蔽等，探究太阳杂散光、环境参数等对 OH 自由基探测的影响。通过采样引入大气 OH 自由基进行探测，获取外场实验参数。

对外场实验系统安装调试完毕后，对日间的太阳杂散光信号进行测试，门控开启后的几百纳秒作为荧光检测通道，门控即将关闭前的一段时间作为太阳杂散光通道。对太阳杂散光通道结果进行拟合，能够有效地对其他时间（日期）测量的荧光通道内的太阳杂散光进行扣除。

为了解日间大气 OH 自由基浓度变化，在合肥市科学岛进行了大气 OH 自由基外场监测实验。激光器、激光波长修正系统等器件放置于实验室内，可维持实验环境和实验参数的稳定。外场实验箱体放置于外场空地上，荧光池、探测器、电脑、电源等系统放置于实验箱体内；通过箱体上方采样小孔对大气 OH 自由基进行采集。通过紫外光纤将激光光束传导至外场实验箱体的荧光池内，通过数据传输线实现激光器与外场实验设备间的时序统一和数据传输。采用 MCP 作为外场探测系统，选择适当的系统荧光探测时序。测量选择的激发线为 $Q_1(2)$ 线（307.9951 nm），采用激光波长修正系统实时监控激光器的输出波长。

以 2017 年 4 月 27—28 日的外场实验为例，得到的 OH 自由基日变化结果如图 5.8 所示，可以观察到明显的 OH 自由基日变化曲线，12:00—13:00 OH 自由基的浓度最高，18:00 左右基本监测不到明显的 OH 自由基信号。

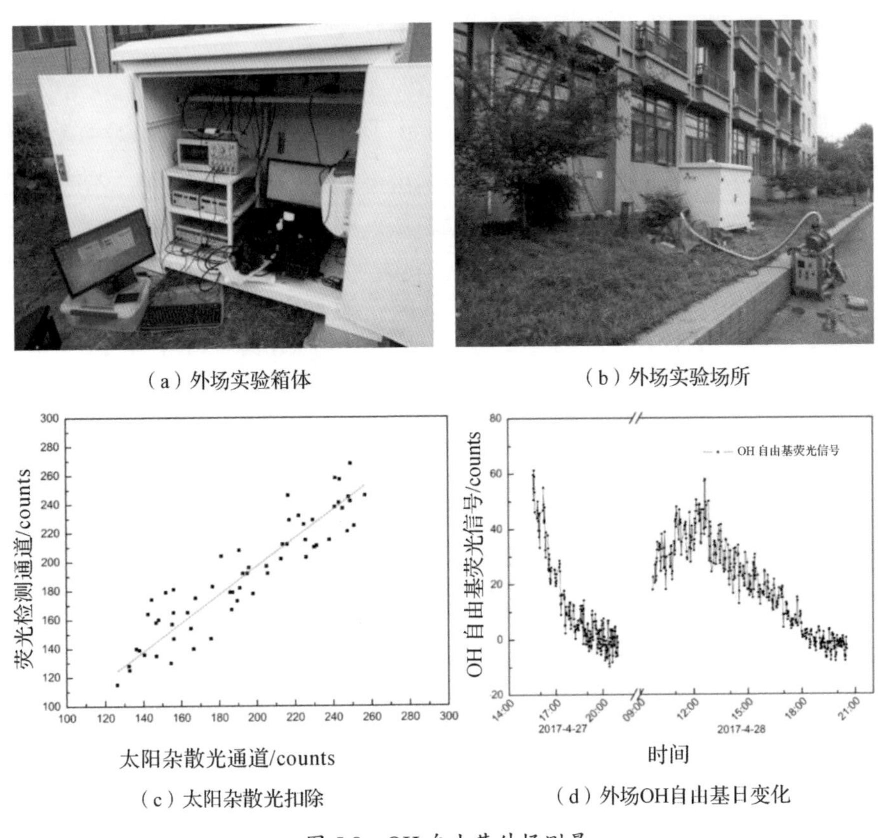

图 5.8　OH 自由基外场测量

5.2.2　大气 NO_3 自由基光腔衰荡实时探测系统

（1）大气 NO_3 自由基光腔衰荡实时探测系统搭建及实验室测试

光腔衰荡光谱（CRDS）是测量大气痕量气体浓度的一种直接吸收技术。脉冲光源与高精密腔耦合，通过腔端镜测量光的输出强度。强度[$I(t)$]随时间（t）成单指数衰减，所以衰荡时间（τ）可以从信号的单指数拟合来反演。系统主要由光源、高精密反射腔、探测系统及气路等组成。采用小型的二极管激光器作为系统光源，结合光腔衰荡光谱技术和高灵敏的信号探测及数据处理系统，建立测量大气 NO_3 自由基的光腔衰荡在线探测系统。

● 光源

基于搭建移动装置的需要，一般选择脉冲 YAG 激光泵浦染料激光器作为脉冲光腔衰荡光谱系统的光源，但由于其体积及重量较大，不适用于外场实时测量，因此选择二极管激光器代替常规的染料激光器作为光源，实现系统小型化的目标。二极管激光器为连续输出，为建立脉冲光腔衰荡光谱，需对其外部调制，使其实现几百到几千赫兹的脉冲输出，脉冲的上升沿和下降沿都约为 40 ns，满足对 NO_3 自由基测量的技术要求。

● 衰荡腔

NO_3 自由基具有较强的反应活性，壁碰撞损耗较大，故需选用壁碰撞影响小的 PFA（可溶性聚四氟乙烯）管作为腔体和进气管道。过滤后的空气中仍可能有少量的气溶胶，故需使用 N_2 吹扫来保护镜片。由于 NO_3 自由基在大气中含量极低，必须有较长的吸收光程才能达到低探测限，对所选择的高反镜有极高的要求（根据估算，反射率最少需 99.995%），因此在设计腔体时采用反射率为 99.9985% 的高反镜。将 PFA 管固定于铝制的腔体内，设计精细的高反镜调节系统获取准确的光路。

● 数据采集及处理程序设计

采用红光灵敏的 PMT 作为探测器，使用窄带带通滤光片控制杂散光的影响。采用低噪声及高响应速率的数据转换电路、快速的数据采集系统以及相应的信号处理软件，实现系统的控制、信号采集、浓度反演和实时显示。通过 LabVIEW 程序控制的采集卡采集数据，采集数据平均后采用单指数拟合得到衰荡时间，进而获得 NO_3 自由基浓度。

将二极管激光器光源、衰荡腔、探测单元及气路进行系统集成，通过流量计控制流速，以便获得稳定的气体流速，N_2 吹扫保护两边的高反镜不受污染，进而集成为装置简单、方便应用于多种移动平台的一体 NO_3 自由基光腔衰荡探测系统。

同时，在 NO_3 自由基光腔衰荡探测系统的基础上，开展大气 N_2O_5 光腔衰荡系统的研制，通过将 N_2O_5 高温热解成 NO_3 自由基来间接实现对 N_2O_5 的测量，搭建双腔式光腔衰荡探测系统，以实现对夜间大气 NO_3 自由基和 N_2O_5 的同时测量。

- 损耗标定

因为 NO_3 自由基反应活性高，具有易碰撞损耗等特点。为了准确测量其在大气中的浓度，需对测量时 NO_3 在系统中的损耗进行标定。采用 NO 气体与 O_3 气体反应，实验室合成 N_2O_5 的方法对 NO_3 自由基在系统中的损耗进行标定，如图 5.9 所示。

通过加热 N_2O_5 固体源产生相对稳定浓度的 NO_3 自由基，然后对 NO_3 自由基在 PFA 管壁损耗和过滤膜损耗进行标定。通过改变流速来改变气体在光腔衰荡系统里的停留时间（小于 2 s），进而标定 PFA 管表面损耗率。实验测量的 NO_3 自由基在 PFA 管表面损耗系数为 $0.19 \pm 0.02\ s^{-1}$。对过滤膜损耗进行标定，外场测试两个小时的过滤膜损耗为 $9\% \pm 2\%$。通过测量标定，确定在 5 L 流速时（停留时间 0.4 s），光腔衰荡系统测量 NO_3 自由基的整体损耗为 $75\% \pm 5\%$。

为了验证相对于损耗标定结果的准确性，采用绝对方法标定 NO_3 自由基在系统中的整体损耗。将 NO_3 自由基光腔衰荡探测系统与 CEAS 测量 NO_2 腔体联立，根据 NO_3 自由基与 NO_2 之间的转化关系，通过测量加入 NO 与 NO_3 自由基反应后引起的 NO_2 变化量，标定 NO_3 自由基在腔体中整体进气损耗。实验结果显示在 $6.5\ L \cdot min^{-1}$ 流速条件下，NO_3 自由基系统整体传输效率约为 $75\% \pm 8\%$，且与分步标定 NO_3 自由基在系统中过滤损耗、PFA 管表面损耗结果基本一致。

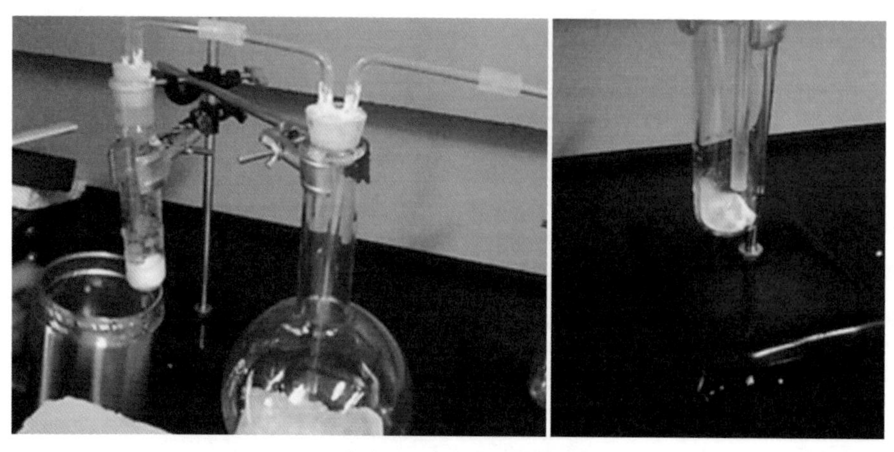

（a）NO_3自由基标定装置

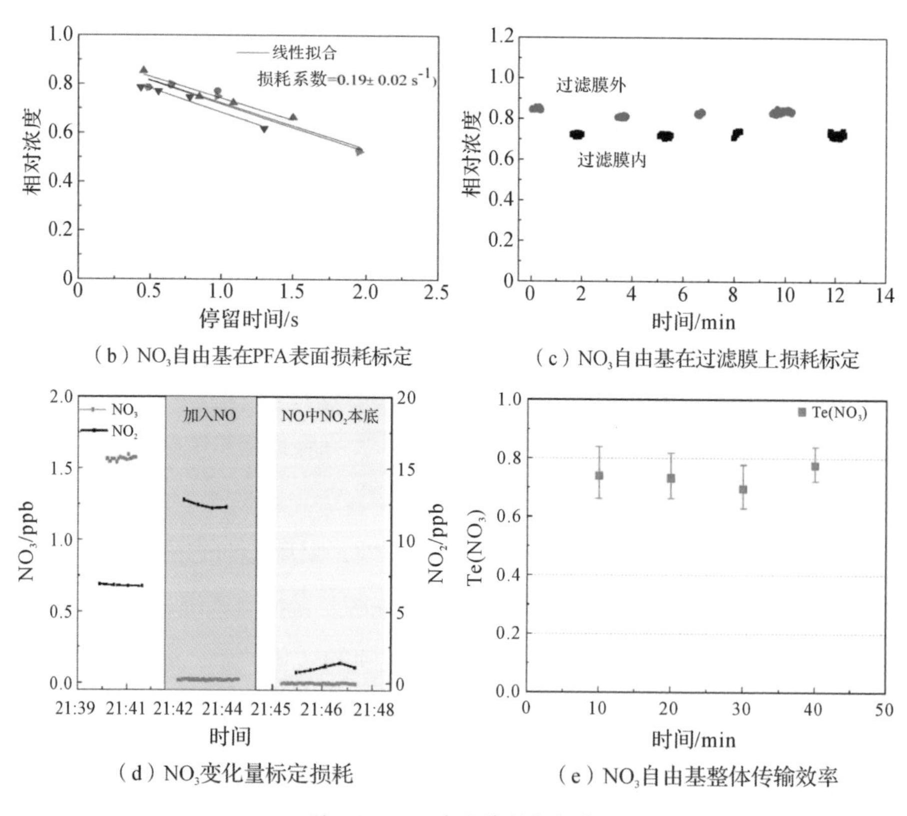

（b）NO_3自由基在PFA表面损耗标定

（c）NO_3自由基在过滤膜上损耗标定

（d）NO_3变化量标定损耗

（e）NO_3自由基整体传输效率

图 5.9　NO_3 自由基损耗标定

（2）光腔衰荡探测系统外场的观测应用

为了获取大气 NO_3 自由基和 N_2O_5 的浓度水平，在京津冀地区开展了多次外场实验观测，获取了观测区域的自由基浓度变化信息，并对其进行了数据分析。

2014 年 6 月至 7 月期间，在河北省保定市望都县采用光腔衰荡探测系统对大气夜间 NO_3 自由基进行观测，系统的测量时间分辨率为 10 s，探测灵敏度为 5 ppt（2σ）。NO_3 自由基白天光解，在日落后迅速积累，夜间出现 1~2 个峰值，平均浓度为 10~12 ppt，观测结果如图 5.10（a）所示。

2014 年 10 月下旬，在北京市怀柔站点采用光腔衰荡探测系统对大气夜间 NO_3 自由基和 N_2O_5 分别进行观测，从而获得高灵敏、高时间分辨率的夜间大气 NO_3 自由基浓度数据，如图 5.10（b）所示。测量结果证实系统各性能指标达到研制要求（探测限为 10 ppt，时间分辨率 $<$ 5 min）。观测期间 NO_3 自由基浓度相对较低，最大浓度约为 50 pptv，平均值为 10 pptv。为了探究冬季郊区 NO_3 自由基及 N_2O_5 的变化趋势及其损耗机制，于 2016 年初在中国科学院大学开展了大型综合外场观测实验，获取了冬季 N_2O_5 的浓度时间序列，如图 5.10（c）所示，N_2O_5 的最高值可达到 1.4 ppb，平均值为 147 ppt。

2016 年，在中国科学院大气物理研究所采用光腔衰荡探测系统对大气 N_2O_5 进行观测，基于 N_2O_5 和 NO_3 自由基之间的热平衡，可以计算得到夜间 NO_3 自由基的浓度。为了探究冬季城市 NO_3 自由基及 N_2O_5 的变化规律及损耗机制，实验时间为 2016 年 11 月 13 日至 12 月 3 日。测量的时间序列如图 5.10（d）所示，污染天由于 NO 浓度较高，N_2O_5 浓度都在探测限附近，干净天 N_2O_5 浓度的最大值为 151 ppt，最小值低于探测限，平均值为 15.9 ppt，中值为 14.1 ppt。整个外场期间，O_3 浓度的最大值为 42.81 ppb，最小值低于探测限，O_3 浓度的平均值为 15.4 ppb；NO 浓度的最大值为 284 ppb，最小值为 2 ppb，平均值为 66 ppb。

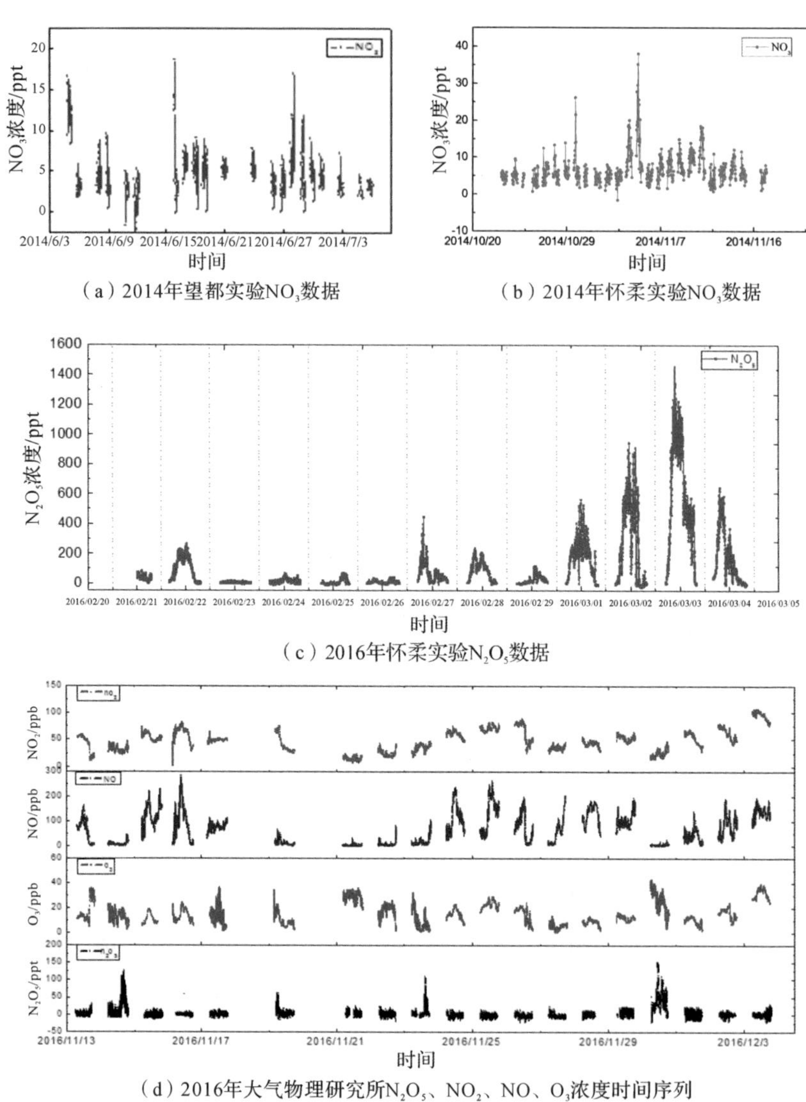

（a）2014年望都实验NO_3数据

（b）2014年怀柔实验NO_3数据

（c）2016年怀柔实验N_2O_5数据

（d）2016年大气物理研究所N_2O_5、NO_2、NO、O_3浓度时间序列

图 5.10　光腔衰荡探测系统外场观测结果

（3）京津冀地区 NO_3 自由基损耗机制研究

根据稳态近似法，结合 NO_2、O_3、PM 及温湿度等辅助数据对 2014 年怀柔冬季外场实验进行相关性分析，从而对 NO_3 自由基夜间损耗机制进行研究。分析表明，在观测期间 NO_3 自由基产率为 0.04~1.03 $pptv \cdot s^{-1}$，平均

寿命约为 68 s，如图 5.11（a）和（b）所示。

同时对观测期间大气 NO_3 自由基损耗途径进行研究，探讨不同湿度及颗粒物浓度对其损耗的影响。观测期间，当大气中 RH ≥ 60%，$PM_{2.5}$ 浓度

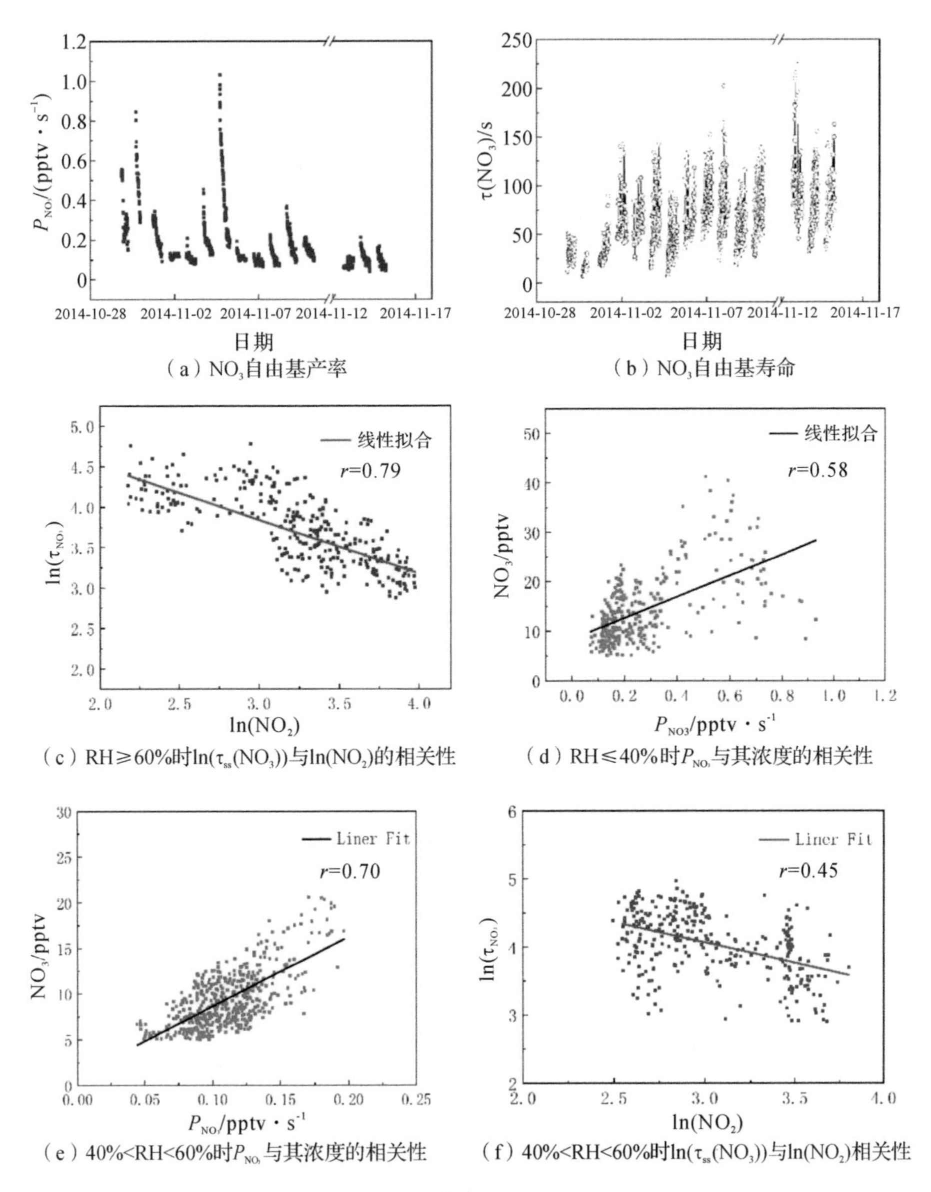

（a）NO_3自由基产率　（b）NO_3自由基寿命

（c）RH≥60%时ln(τ$_{ss}$(NO_3))与ln(NO_2)的相关性　（d）RH≤40%时P_{NO_3}与其浓度的相关性

（e）40%<RH<60%时P_{NO_3}与其浓度的相关性　（f）40%<RH<60%时ln(τ$_{ss}$(NO_3))与ln(NO_2)相关性

图 5.11　NO_3 自由基产率寿命以及 RH 与 NO_3 浓度相关性

大部分大于 60 g·cm^{-3} 时，$\ln(\tau_{ss}(NO_3))$ 与 $\ln(NO_2)$ 的相关性达到 0.79，大气中 NO_3 自由基损耗以间接为主；然而在 RH ≤ 40%，$PM_{2.5}$ 浓度大部分小于 60 g·cm^{-3} 时，因测量点靠近国道而受局地污染源影响，NO_3 自由基直接损耗较明显；当大气中 40% < RH < 60% 时，NO_3 自由基直接损耗与间接损耗途径都存在且不可忽视，如图 5.11（c）~（f）所示。

结合 NO_2、O_3 等辅助数据对 2016 年初北京郊区夜间 N_2O_5 的稳态寿命和非稳态寿命进行计算。当 N_2O_5 的浓度上升时，稳态寿命低估了实际的稳态值；而当 N_2O_5 的浓度下降时，稳态寿命比计算得到的非稳态寿命高。分析 N_2O_5 寿命与相对湿度之间的关系，当相对湿度大于 40% 时，N_2O_5 的寿命随 RH 的增加而降低。

5.2.3 大气 NO_3 自由基开放光程差分吸收光谱（OP-DOAS）遥测系统

（1）OP-DOAS 遥测系统搭建

OP-DOAS 遥测系统由氙灯光源，发射 / 接收一体望远镜准直系统、角反射镜阵列、光谱探测系统，以及数据采集、控制、处理部分组成，如图 5.12 所示。将分支光纤束结合望远镜准直系统，使之用于光路收发。氙灯发出的光被耦合至分支光纤束的 A 端后经望远镜主镜准直传输至远处的角反射镜。从角反射镜阵列反射回的光再次被主镜汇聚到分支光纤束的 B 端芯径中心，并经光纤传输至光谱仪，经光谱仪分光后照射到 CCD 探测器光敏面上。CCD 将接收到的光强按波长分布转化为电信号。这些电信号经过模数转换后输入计算机，获取的大气光谱经算法处理，采用非线性最小二乘法拟合反演出大气中痕量成分沿光程的平均浓度。

● 光源部件

光源采用 150 W 的高压短弧氙灯；为了避免氙灯光束的发散角过大造成的光斑发散，设计合适的透镜组来改善其发散角，提高准直性。考虑望

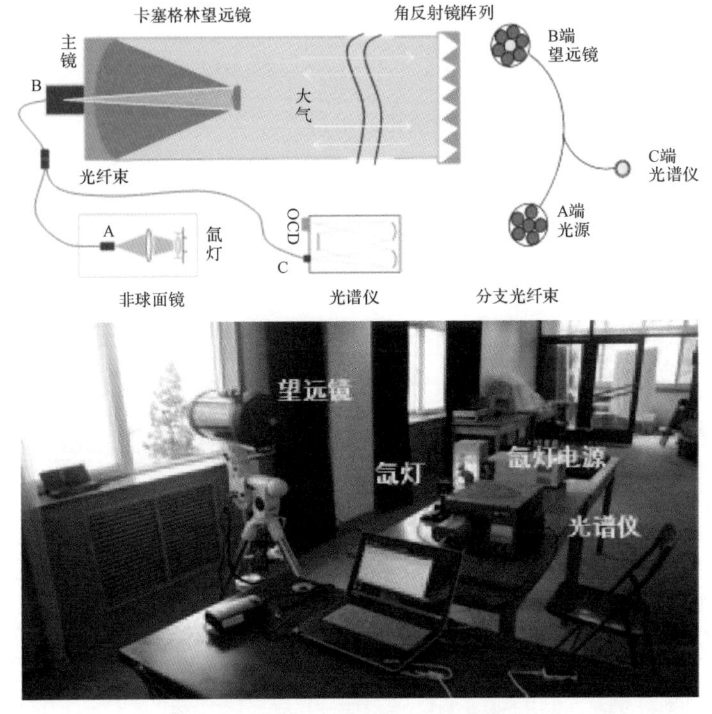

图 5.12　OP-DOAS 遥测系统

远镜及光纤的数值孔径，将非球面单透镜作为简单的物镜并以之形成耦合光纤的聚焦系统，将氙灯发出的光高效耦合到光纤的入射端面。

- 准直发射 / 接收一体光路设计

考虑光路优化及简化系统，采用 7 芯分支光纤束对光束进行收发，将氙灯发出的光耦合到 6 芯（单芯直径为 200 μm）光纤端面（作为发射端），高压氙灯发出的光被分支光纤束的 A 端耦合并进入望远镜，通过望远镜主镜（主镜为抛物线；次镜为双曲面，直径为 60 mm；望远镜焦距为 2350 mm）准直后射向远处的角反射镜阵列（由多个直径为 60 mm 的角反射镜组成，精度不低于 5 ms）。位于光纤束中间的单芯（接收端），用于接收从角反射镜阵列反射回来再次经主镜汇聚的光束。采用大面阵角反射镜，合理布局，可大幅增强反射光光强，改善较长光程下探测时间分辨率，适应轻度、中度污染大气监测环境，保证了数据的连续性。外场观测中加入610 nm 高通滤光片，降低氙灯（宽带光源）非 NO_3 自由基拟合波段的光信号带来的杂散光，提高系统信噪比。

● 光谱探测组件

系统采用 CCD 光谱仪探测系统，为减小暗电流，CCD 制冷至 −30 ℃。光谱仪采用氖灯进行波长标定，CCD 探测的波长范围为 592.656~725.922 nm，波段宽度为 133.266 nm。

搭建了一套光谱仪的温控设备，由加热片、温度探头、温控器、功率控制器等构成。将光谱仪温控设置为 30 ℃，并对该设备的性能进行测试，结果表明系统温度能稳定维持在设定温度。

● 多组分痕量气体浓度反演模型算法

NO_3 自由基的吸收波段在红光区，其两个主要吸收峰在 623 nm 和 662 nm 处，其中 662 nm［ $\sigma = (2.23 \pm 0.22) \times 10^{-17}$ cm^2 ］处吸收较强。OP-DOAS 遥测系统通过测量 NO_3 自由基的两个主要吸收峰（623 nm 和 662 nm）的连续吸收光谱，来定量获得 NO_3 自由基的浓度。由于所测量 NO_3 自由基的波段范围同时存在水汽、NO_2 和氧气的二聚体 O_4 等成分吸收重叠问题，特别是水汽（大气含量较大，浓度为 1.5%~3%，存在着吸收饱和的情况），所以需清除水汽的不利影响。

在实际浓度反演中，将相邻两个白天的大气谱（选择太阳天顶角 < 75° 的大气谱）作为水汽的参考谱，使之同时参与光谱拟合来消除水汽吸收的非线性效应和氙灯结构的影响。考虑 DOAS 系统仪器函数，将 O_4、NO_2 等成分的参考截面与 NO_3 自由基的参考截面同时进行光谱拟合，克服交叉重叠的干扰。采用 NO_3 自由基两个吸收峰分段同时反演，使得结果更加准确，从而降低水汽的不利影响和拟合误差。

（2）OP-DOAS 遥测系统外场的观测应用

为了研究京津冀地区不同季节 NO_3 自由基在大气化学中扮演的角色，

分别于 2014 年夏季在河北省保定市望都县，2014 年秋冬季、2015 年夏季和 2016 年冬季在北京市怀柔区采用 OP-DOAS 遥测系统进行了较为长期的综合外场观测实验，获得了京津冀地区长期、连续、有效的 NO_3 自由基数据（累计 187 晚较为连续的 NO_3 自由基浓度）。结合 NO_2、O_3 温湿度数据，对 NO_3 自由基的产率和寿命进行了计算，并基于相关性分析方法对不同季节 NO_3 自由基的损耗机制及其影响因素进行了研究。系统能够满足中度污染大气环境监测要求，对大气 NO_3 自由基的检测灵敏度约为 2 ppt（2 σ @ 4.4 km 光程），时间分辨率为 30 s 至 1 min。验证了 OP-DOAS 遥测系统应用于长期外场观测的可靠性。

统计望都站点 2014 年夏季，怀柔站点 2014 年秋冬季、2015 年夏季、2016 年冬季 NO_3，τ_{ss}，P_{NO_3} 均值情况，与怀柔站点夏季结果相比，望都站点夏季 NO_3 自由基的产率较高，寿命较低。怀柔站点夏季夜间 NO_3 自由基浓度最高，其次分别为秋季和冬季；夏季和秋季 NO_3 自由基的产率相当，高于冬季产率；秋冬季 NO_3 自由基的寿命高于夏季。

（3）京津冀地区 NO_3 自由基损耗机制研究

根据稳态近似法，结合 NO_2、O_3、PM 及温湿度等辅助数据对 2014 年望都站点夏季外场实验进行相关性分析，对 NO_3 自由基夜间损耗机制进行研究。外场观测结果分析如图 5.13 所示。

图 5.13（a）为 NO_3 自由基寿命和 NO_2 浓度的关系图，斜率为 −0.44，说明间接损耗作用较弱。图 5.13（b）为两者拟合直线斜率与湿度的关系图，可以看出随着湿度的增加，斜率逐渐趋向 −1，表明间接损耗作用加强。图 5.13（c）为 NO_3 自由基浓度和湿度的关系图，绿色的点表示每 5% 的湿度对应的 NO_3 自由基浓度，红线为拟合结果，斜率为 −0.244，相关系数为 0.85，可以看出 NO_3 自由基浓度在湿度较高的情况下趋向一个低值。图 5.13（d）为 NO_3 自由基寿命和 $PM_{2.5}$ 浓度的关系图，空心点为每 20 $\mu g \cdot m^{-3}$ 的 $PM_{2.5}$ 浓度对应的 NO_3 自由基寿命的值，点的颜色表示对应

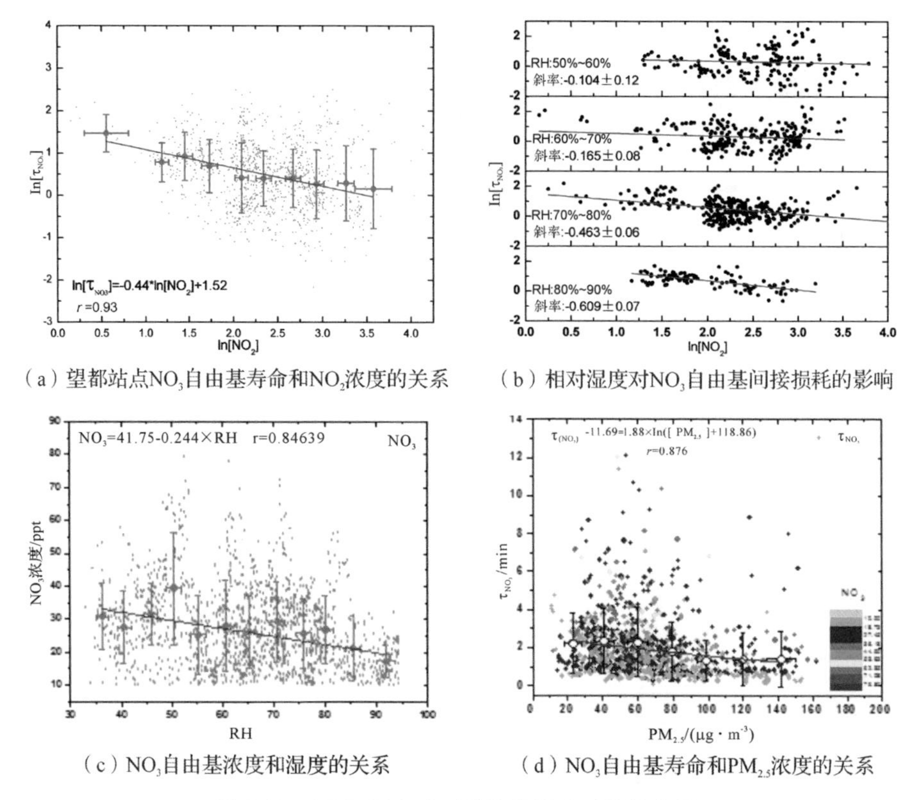

（a）望都站点NO_3自由基寿命和NO_2浓度的关系　（b）相对湿度对NO_3自由基间接损耗的影响

（c）NO_3自由基浓度和湿度的关系　（d）NO_3自由基寿命和$PM_{2.5}$浓度的关系

图 5.13　OP-DOAS 遥测系统外场观测结果分析

的 NO_3 自由基浓度水平，NO_3 自由基寿命随着 $PM_{2.5}$ 浓度的增长呈指数级降低，相关系数为 0.87。

对 2014 年北京怀柔站点外场观测数据同样开展分析，根据 2014 年 10 月 21 日至 11 月 7 日 NO_3 自由基浓度数据，选取 $PM_{2.5}$ > 100 μg·m^{-3} 的时间段为灰霾天，其余为清洁天，2014 年 11 月 1 日至 7 日为 APEC 期间（实行机动车单双号限行减排措施），对 NO_3 自由基、O_3、NO_2 的日变化图和统计平均图进行比较。灰霾天 NO_3 自由基浓度在日落后积累较清洁天缓慢，但能达到的夜间高值较大；灰霾天 O_3 浓度日落后下降较清洁天明显；灰霾天 NO_3 自由基浓度较洁净天高的原因可能是对应的 NO_2 浓度高（O_3 浓度相当）；NO_3 自由基在 APEC 期间浓度较灰霾天高的原因可能是 APEC

期间机动车单双号限行导致 NO_2 浓度较低，O_3 浓度较高。APEC 期间 NO_3 自由基的夜间大气氧化性变强。

对 APEC 期间 NO_3 自由基寿命的指数和 NO_2 浓度指数进行研究，发现两者有一定的负相关性（斜率为 −0.345），说明存在间接损耗。在较高湿度情况下，NO_3 自由基寿命趋向低值。当 NO_3 自由基浓度 > 30 ppt 时，对每 20 μgm^{-3} $PM_{2.5}$ 区间的 NO_3 自由基寿命求平均，并对数据点做线性拟合，NO_3 自由基寿命随着 $PM_{2.5}$ 浓度的增加呈现明显下降趋势（$R^2 = 0.83$），促使 N_2O_5 在气溶胶表面发生非均相反应（间接损耗）。

对 APEC 期间怀柔站点秋季 NO_3 自由基寿命的指数和 NO_2 浓度指数分减排期间和减排前后进行研究，可以得到以下结果：减排期间，NO_3 自由基损耗率（$f = 1/\tau$）升高了约 33%，间接损耗率降低了约 57%。推测主要的原因是，减排措施较大幅度地降低了大气 NO_2 浓度，导致其与 NO_3 自由基生成 N_2O_5 的可逆反应向 NO_3 自由基方向移动，减少了 N_2O_5 的生成，也降低了 N_2O_5 的损耗对 NO_3 自由基的影响。

综上所述，在京津冀地区，当 NO_2 浓度或颗粒物表面积（颗粒物浓度）较低时，NO_3 自由基直接损耗和间接损耗同时存在；当 NO_2 浓度或颗粒物表面积（颗粒物浓度）较高时，NO_3 自由基间接损耗比重加强，实验拟合得到的重要参数 $\gamma_{N_2O_5}$ 变化范围为 0.0042~0.11。

5.3 大气细粒子、水汽和臭氧激光雷达探测技术

在大气细粒子、水汽和臭氧激光雷达探测技术研究过程中，主要攻克了激光雷达技术的瓶颈，包括大气探测方法、光学设计、电子学和数据处理方法等核心技术水平的提高。这部分具体包括以下七个方面的技术。

（1）拉曼水汽探测技术

利用大气中水汽混合比变化较大，而在垂直高度上氮气体积比基本不

变的原理，将激光激发出的水汽和氮气拉曼散射回波比较，可以确定水汽的混合比。主要难点在于白天强背景光条件下的水汽拉曼信号检测。主要解决途径：保证激光器具有很强的发射能量和大口径、窄视场、高效率的接收光学系统，确保系统具有足够的能量口径因子和光学效率。

本研究将紫外高能量激光光学材料制备和加工技术，多波长、高反射率、高损伤阈值的紫外镀膜技术，紫外消色差的激光扩束与整形设计等技术集成，形成了完整的高能量紫外激光扩束整形光学设计和加工方法体系。研究了大口径非球面望远镜的设计、加工、紫外增强镀膜和装调技术，使水汽受激拉曼散射回波信号被高效率地接收。解决了望远镜阵列的光学耦合问题，使得大口径望远镜的远场光学信号和小口径望远镜的近场光学信号同时具有较高的光学效率，从而压缩雷达盲区，提高探测高度。为了进一步提高探测信号的信噪比，为接收单元设计多种遮光器、小孔光阑和窄带滤光片等，以减少杂散光。

（2）差分吸收水汽日间探测技术

在白天强背景光条件下，仅依靠拉曼技术对边界层顶附近（~2 km）以及更高高度的水汽探测，仍有不足。能够在白天工作的水汽激光雷达探测方法，一直是国际上研究的难点和热点。

本研究研制了窄线宽、高频率稳定性、高光谱纯度的种子注入激光光源系统，能够稳定测量水汽的单根近红外谱线。研究了高精度的激光光源频率漂移监视系统，以完成激光光源的长时间、高精度频率锁定。研制了近红外单光子探测器的恒温制冷、精密前置放大和高速信号采集系统。研究光学系统、采集与控制系统、大气效应等对回波信号能量频率抖动、线宽展宽等的影响，完成水汽浓度误差校正和标定方法。

（3）差分吸收臭氧探测技术

差分吸收臭氧探测技术的关键是获取稳定的多波长激光光源，并进行高效率的发射和接收，使不同波长的激光分别探测臭氧吸收的敏感带和非敏感带，通过不同波长回波信号的差分，获得臭氧的空间分布。

本研究设计了高效率的气体拉曼频移光源，获得了稳定的差分激光信号输出。设计了紫外消色差准直发射光学系统，对多波长紫外激光进行扩束，使之具有良好的准直特性。在数据处理方法上，研究了气溶胶散射对各个波长的不同影响，通过实时测量气溶胶光学厚度，对臭氧的浓度反演进行校正。

（4）高性能、长寿命、易维护的紫外可见激光光源

激光器是激光雷达的核心器件之一。本研究研制了适用于大气细粒子、水汽和臭氧激光雷达的高可靠性、高稳定性、长寿命、免调谐的全固态激光器；重点攻克了紫外、可见光及红外等多波长激光雷达光源技术，如高增益脉冲侧泵模块核心技术。重点解决了高效泵浦耦合技术及泵浦均匀性对小信号增益的影响，光束质量恶化对提取效率的影响及热效应对光束质量与稳定性的影响等关键问题。

本研究攻克了耐振动稳定输出激光头设计难题，研发了全密封结构、便携、用户友好的激光器，解决紧凑折叠型自适应免调试谐振腔关键技术问题，且谐振腔无任何弹簧式调整结构，彻底解决了恶劣环境引起的激光光源长期稳定性差问题。研制了 266 nm、355 nm、532 nm 等高脉冲能量多波长激光器，重点解决了高稳定性谐振腔设计、主振荡放大、光束质量控制、热控管理及非线性频率变化等核心单元技术难题。此外，利用专用多波长紫外拉曼频移激光技术，替代原有的以光参量振荡器系统为基础的激光器，最终提高光源的温度稳定性。

（5）低噪声高灵敏度微弱光信号探测技术

使用滤光片提取激光回波信号、抑制杂散光是目前大多数激光雷达采用的常规技术手段，但是滤光片特性受湿度、温度影响较大，带通中心波长会产生漂移，长期稳定性不佳，峰值透过率不高，信号采集效率低，并且大多数滤光片的带外抑制能力不够，宽带的背景噪声对微弱信号检测影

响很大。

本研究攻克了光栅光谱滤光器技术难点，采用光栅光谱仪作为分光器件，从原理上克服滤光片的一系列缺点，大大提高了后继光学系统的灵敏度、信噪比和长期稳定性。研制的光谱仪对温度、湿度、压力等环境变化不敏感，长期稳定性高；光谱分辨率高，选择性好，特别适合多波长、多通道光信号检测；光通量大，效率高，能量损失小；带外抑制能力强，抗杂散光干扰；激光回波信号可通过光纤耦合进入光栅光谱仪，光学设计更为灵活。

（6）高速、大动态范围、低噪声的数据采集子系统

大气在垂直方向上是不均匀的，从地面到十几公里高度，气溶胶消光系数变化大约有 6 个数量级。低层大气激光回波信号非常强，往往导致探测器饱和；而高层大气激光回波信号非常微弱，只能采用模数转换器与单光子技术才有可能进行有效探测。因此，对信号采集电子学系统的响应速度、带宽、动态范围、信噪比等指标都有非常苛刻的要求。

本研究攻克了高速、大动态范围和低噪声的数据采集技术难题；研发了低噪声探测器及其精密电源（噪声与纹波小于 1 mV）、高灵敏宽带前置放大器（带宽 300 MHz）。创新了采样频率 40 MHz、动态范围 100 dB 的数据采集技术。发展了高速模数转换与单光子计数相融合的采集技术。

（7）多波长融合的细粒子、水汽和臭氧时空分布反演软件

粒径是颗粒物的重要性质之一，它反映了颗粒物来源，影响光的散射性质和气候效应，但单波段雷达无法实现粒径信息提取，只有依靠多波段信息融合。常规的米散射激光雷达消光系数计算需要假定分子散射系数，带有一定的误差。这提出了攻克多波长融合的细粒子和臭氧时空分布反演算法的需求。

本研究通过多波段回波信号数据融合提取气溶胶粒径大小、单次反照率等信息，采集多波长米散射、拉曼散射信号，用拉曼散射信号来校正米

散射信号，提高消光系数反演准确性。开发了自动化多参数反演技术，通过颗粒物光学特性、成分、粒径、气象等信息，综合分析颗粒物的质量浓度、输送通量及污染来源等多种参数。研发了智能化应用软件，实现激光雷达的远程控制和远程故障恢复，实现真正的无人值守。

5.3.1 大气细粒子激光雷达

大气细粒子激光雷达系统利用波长较短紫外和可见多波段激光探测细粒子的空间分布。它由光机系统、信号采集器、数据分析软件和辅助系统等几部分组成。细粒子激光雷达光学系统采用同轴反射式设计。激光器组件发出的 355 nm 和 532 nm 激光扩束后，经过直角反射棱镜 1 和 45° 平面反射镜两次反射后进入大气；回波光束再经过接收光学系统中的抛物面反射镜（主镜）及次镜后会聚到小孔光阑处；会聚光束经过准直镜形成平行光束经过直角反射棱镜 2 后进入分光组件，最后通过滤光片后被探测器所接收。这种光路设计可以保证雷达系统盲区和过渡区尽量小，以便更多地获取灰霾研究中最为关注的近地面颗粒物污染数据。为了提高稳定性，本研究采用了收、发光学系统共用同一个光学基准面的设计。通过长期外场实验证明，细粒子激光雷达在经历了多次昼夜温度循环后，光学系统依然非常稳定。

对于激光光源，采用了耐振动稳定输出激光头设计，谐振腔折叠紧凑，且无任何弹簧式调整结构，彻底解决恶劣环境引起的激光光源稳定性差问题。为了减少调节机构，特别对发射光路中的扩束镜进行了优化设计，专门针对 355 nm/532 nm 双波长，进行消色差光学设计，使两个波长可以共用一套发射光学系统，大大降低了发射光学系统的复杂度，提高了稳定性。

为了提高细粒子激光雷达的探测能力和扩展能力，设计了可扩展的多通道分光组件。该分光组件最多有 8 个通道的探测器安装位置，仅需要改变少数反射镜就可以适应多波长、偏振、拉曼等探测能力的扩展。多通道分光组件将接收到的回波信号按照波长、偏振特性等分离。望远镜接收到的回波信号，经过准直后，先经过镀有355 nm、全反532 nm高透的分光片，分离出355 nm的激光信号，被探测器接收。透过的532 nm激光再次经过检偏棱镜和532 nm高反射镜后，分离出偏振平行分量和垂直分量，被探测器接收后处理。细粒子激光雷达安装在加固的整体框架结构中，用保温防潮户外空调机柜保护内部的光学和电子学部件。细粒子激光雷达能够实现外场连续监测，在北京、南京、武汉等多个站点获得了大量有价值的数据，实物如图5.14所示。

图5.14　细粒子激光雷达实物图

2014年秋冬季，在北京市区及周边的监测站点（北京市区：中国科学院大气物理研究所、中国科学院遥感与数字地球研究所、环境监测总站；北京郊区：国科大、门头沟、琉璃河、永乐店；华北平原东南：天津宁河、唐山；华北平原西南：保定、石家庄、邢台）部署了细粒子激光雷达，对京津冀地区的颗粒物污染进行测量。部分监测点的仪器安装位置如图5.15所示。

研究重点测量了APEC前后颗粒物的时空分布和输送特征。11月3—5日发生了APEC期间京津冀区域的第一次污染。从雷达观测的结果来看，西南方向（邢台、石家庄、琉璃河、北京），邢台的颗粒物浓度的平均值最高（0.68 km^{-1}），从3日晚间开始PM浓度升高，污染层从4日

琉璃河监测点：绿岛生态园
（115.9951°E，39.603063°N）

门头沟监测点：门头沟公园
（116.11871°E，39.945508°N）

大气所监测点：大气所铁塔部
（116.378033°E，39.981605°N）

天津宁河监测点：御景半岛小区
（117.8366°E，39.360924°N）

国科大监测点：国科大校园
（116.68841°E，40.41374°N）

唐山监测点：唐山环境监测站
（118.170577°E，39.650284°N）

永乐店监测点：永乐店广场
（116.803063°E，39.712363°N）

保定监测点：保定市环境监测站
（116.688411°E，40.413748°N）

邢台监测点：邢台环境保护局
（114.487962°E，37.078574°N）

图 5.15　细粒子激光雷达部分安装位置

下午开始由近地面不断抬升，污染层高度最高至 1.3 km，气溶胶消光系数的峰值达到 0.97 km^{-1}，边界层高度具有比较明显的日变化，高度变化起伏梯度在 4 日上午和夜间最为明显；但石家庄却较为干净，气溶胶消光系数平均值为 0.19 km^{-1}，边界层较低，且均匀分布在 0.2~0.5 km；琉璃河颗粒物浓度再次升高，平均浓度为 0.59 km^{-1}。由此可见，西南方向存在小区域的短距离输送。东南方向（天津、永乐店、北京），永乐店的污染比天津严重，永乐店和天津的气溶胶消光系数平均值分别为 0.83 km^{-1} 和 0.65 km^{-1}，两地的边界层高度均混合稳定在 0.2 km。

5.3.2 臭氧激光雷达

臭氧激光雷达的总体结构由三个部分组成：激光发射单元、接收单元和数据采集控制单元。激光发射单元由激光器和发射光学组件两部分组成。激光器是激光雷达探测性能的关键因素之一，激光器的类型和性能要求取决于系统的要求和具体的探测对象。接收单元是激光雷达系统的核心部分，需要根据不同的探测目标设计不同类型的接收望远镜和后继光学单元，以降低探测盲区，提高系统信噪比，减少对大气多次散射光子的接收。数据采集控制单元是激光雷达数据质量的关键部分之一，采集电子学系统的响应速度、带宽、动态范围、信噪比直接决定雷达系统时空分辨能力和对弱信号的解析能力。

为了保证整个发射光路的紧凑与系统稳定，光学发射组件设计安装在一平面钢板上。Nd:YAG 激光器、高反和半反镜片、H_2 拉曼管、D_2 拉曼管等发射装置被固定在光学平台上，以保证发射光路的稳定性和紧凑性。266 nm 高反镜片采用反射率达到 99% 的镜片，高透 532 nm 激光束。266 nm 半反镜片的反射率为 60%，这样透过 H_2 拉曼管、D_2 拉曼管的能量比为 3：2，得到的 289 nm、299 nm 激光束在相同高度上都能保证足够的信噪比。266 nm 激光束经 H_2 拉曼管、D_2 拉曼管分别泵浦出波长为

299 nm、289 nm、316 nm 的激光，这 3 种激光分别由两路分光棱镜垂直发射后经透镜发射到大气中。光路中棱镜后面的透镜和拉曼管前端的透镜组成扩束系统。瞬态记录仪采用模块化设计，可以根据要求构成多通道的数据采集系统，每个通道也可以根据需要配置成不同类型的采集模块：AD+光子计数、单独 AD 采集、单独光子计数。模块对外接口要求规范一致，以便于进行多通道扩展。同时，数据通信接口也需适合多通道扩展。实物如图 5.16 所示。

图 5.16　臭氧激光雷达实物图

2014 年，在大气物理研究所、环境监测总站等应用单位分别进行臭氧激光雷达观测实验。此外，2014 年 6—8 月期间，在河北省保定市望都县利用臭氧激光雷达等仪器进行大型综合外场观测实验，8—12 月期间在中国科学院大学利用臭氧激光雷达等仪器进行 APEC 观测实验。图 5.17 为大气臭氧激光雷达测量的颗粒物消光系数和臭氧浓度时空分布图，色标由蓝到红表示了颗粒物消光系数和臭氧浓度由小到大。需要注意的是，高空的臭氧浓度时空演化图的深蓝色区域为无效数据。颗粒物消光系数的大小可以反映颗粒物质量浓度的高低。在晴空天气下，没有明显的颗粒物污染时，

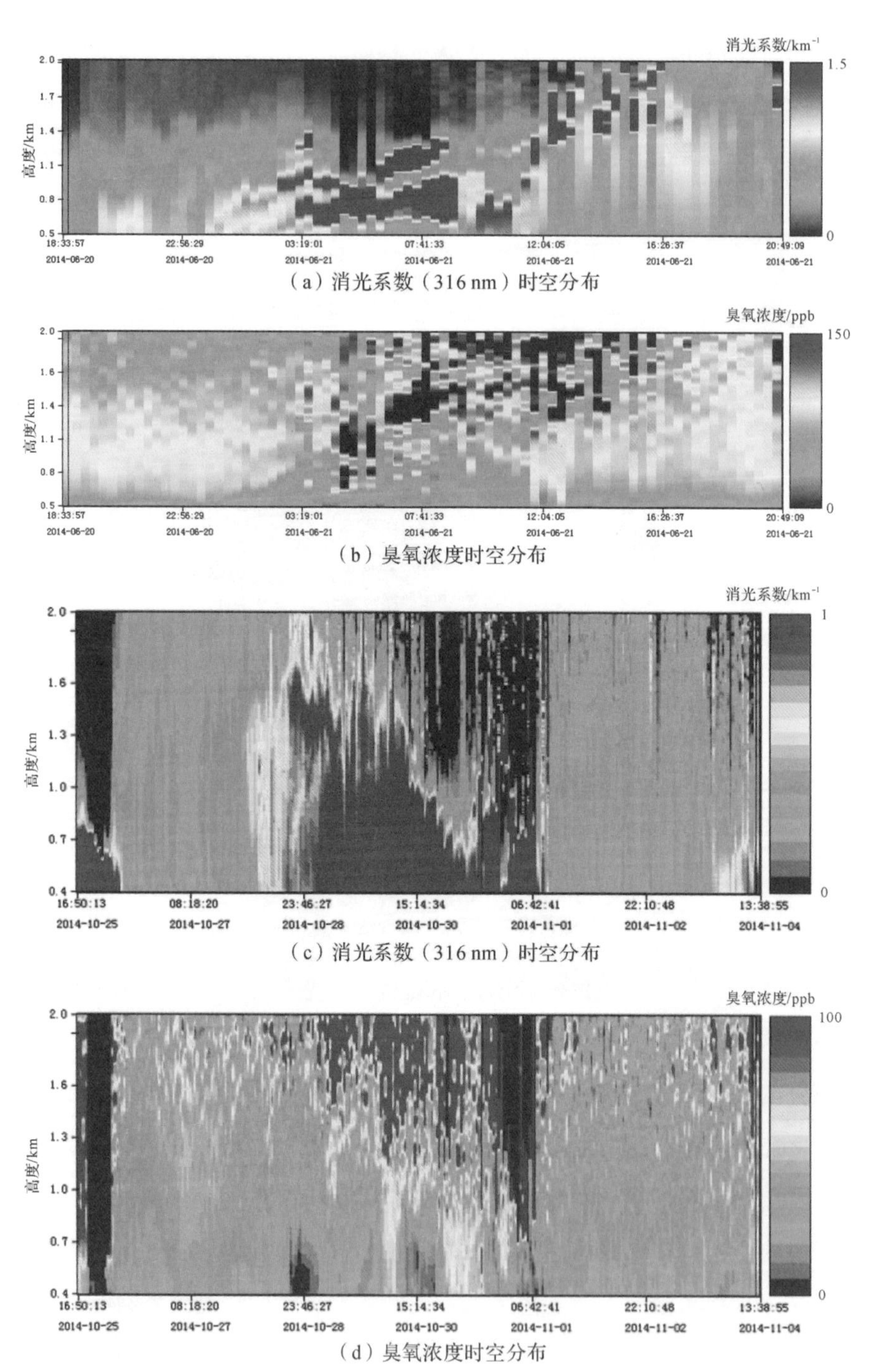

（a）消光系数（316 nm）时空分布

（b）臭氧浓度时空分布

（c）消光系数（316 nm）时空分布

（d）臭氧浓度时空分布

图 5.17 臭氧激光雷达测量的颗粒物消光系数和臭氧浓度时空分布

近地面颗粒物的消光系数小于 0.2 km^{-1}；而在灰霾天，近地面的颗粒物消光系数随污染程度不同而不同，空气能见度越低，颗粒物消光系数越大。颗粒物消光系数若大于 1.5 km^{-1}，说明颗粒物污染表现为严重污染状态。由颗粒物消光系数的时空分布结合天气状况对灰霾污染过程进行分析。2014 年 6 月 23 日和 6 月 24 日，在近地面 1~1.6 km 分别观测到一层臭氧污染层，23 日的臭氧浓度为 90 ppb，24 日后臭氧浓度上升，从下午三时开始，臭氧浓度一直维持在较高的污染值，平均浓度达到 110 ppb。10 月 25 日—11 月 4 日期间，大部分时段为偏南风气流，0.8 km 以下臭氧浓度有明显的日变化规律：在夜间臭氧浓度下降至近 30 ppb，白天逐渐上升至 100 ppb 左右。

2013 年 6 月 13—16 日期间，发生了一次严重的大气细粒子污染。从 6 月 13 日开始，大气细粒子污染逐渐加重，6 月 16 日能见度不到 2 km。在近地面 0.8 km 以下臭氧浓度有明显的日变化规律：夜间臭氧浓度下降至近 30 ppb，白天逐渐上升至 100 ppb 左右；1 km 以上的臭氧浓度的日变化规律不明显。6 月 15 日 1 km 以上有明显的臭氧输送过程，气团臭氧浓度达到 120 ppb 左右（见图 5.18）。

2013 年 6 月 16 日降雨，降雨过后，6 月 17—19 日能见度高达 15 km 以上，细颗粒物浓度很低，整体来说，臭氧浓度较雾霾严重的天气条件下有所下降，如图 5.19 所示。1 km 以下，臭氧浓度的日变化明显；1 km 以上，臭氧浓度的日变化规律不明显。6 月 17 日夜间，2~3 km 存在臭氧浓度 90 ppb 左右的气团。6 月 18 日，1 km 以上，气团臭氧浓度在 90 ppb 左右，范围扩大。

不同高度的气溶胶和臭氧存在着不同的相关性。在一次观测中发现，较低高度（800 m 以下），细粒子与臭氧呈负相关；较高高度（1.5km 以上），细粒子与臭氧呈正相关。另外，多次观测到细颗粒物与臭氧在不同高度具有不同的关联特征。较低高度的细粒子生成过程消耗大量 O_3，较高高度的细颗粒物生成消耗 O_3 较少。这一差别反映了低层和高层细颗粒物生成过

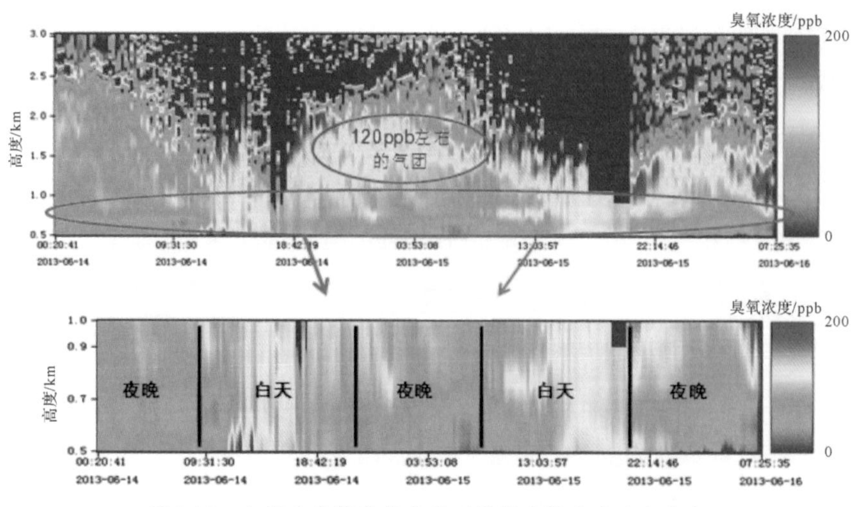

图 5.18　灰霾天臭氧激光雷达测量的臭氧浓度时空分布

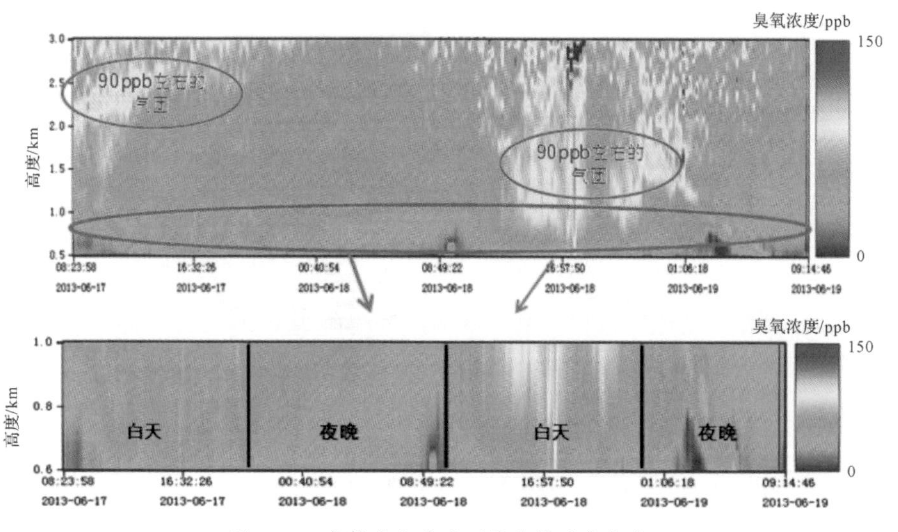

图 5.19　臭氧激光雷达测量臭氧时空分布

程对应着不同的大气化学过程。近地层处 NO 滴定作用较强，与 O_3 反应转化为 NO_2，同时生成细颗粒物。由于 NO 在由地面源向上输送过程中氧化消耗较多，能到达高空的 NO 较少，高空中消耗 O_3 较少。同时由于高空光化学反应更加充分，夜间残留储存的 O_3 较多。因此，高空中 O_3 浓度较高。高空的细颗粒物生成机制不同，可能与污染物输送有关。

不同时段的臭氧时空分布在不同高度具有不同的特性，从上海臭氧观测实验结果来看（见图 5.20），1.6 km 以下，臭氧随时间演变变化剧烈；1.6 km 以上臭氧随时间呈现均匀分布；500 m、700 m、900 m、1000 m 处呈现相同的臭氧浓度变化趋势，臭氧浓度也基本相同； 1000 km、1500 km 臭氧浓度变化趋势基本相同，但是两者数值差异较大；2 km 以上，臭氧浓度基本分布在 20~40 ppb。

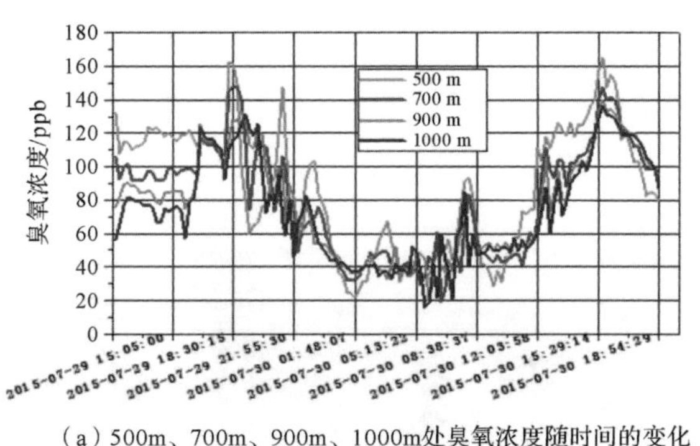

（a）500m、700m、900m、1000m处臭氧浓度随时间的变化

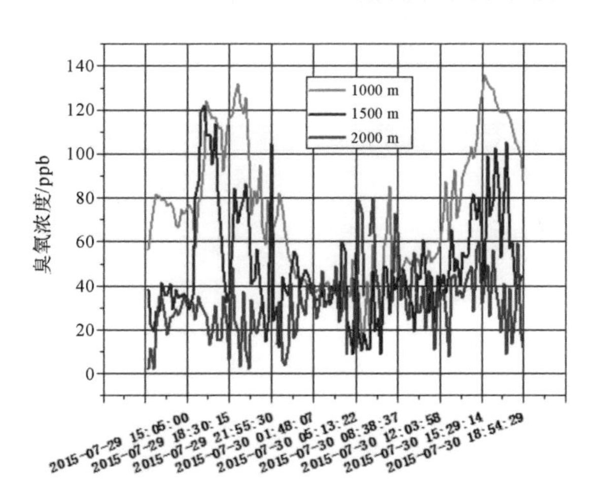

（b）1000m、1500m、2000m处臭氧浓度随时间的变化

图 5.20　上海监测点臭氧浓度观测结果

2015 年 7 月 29 日下午 15 时，高空 1.6 km 处存在气溶胶与 O_3 沉降现象，为一次污染输入过程，导致近地面 O_3 下降趋势变缓，且有小幅升高。

该时段需要更多的近地面数据来支撑。7 月 29 日夜间，可能受冷空气输入影响，地面污染物（PM 和 O_3）存在抬升现象。受此影响，7 月 30 日凌晨时段，空气质量较好。

图 5.21 为广州地区 2015 年 10 月臭氧激光雷达测量的臭氧浓度时空分布图。从图中可以看出，10 月广州臭氧浓度连续性偏高，数据质量可靠；1.2 km 以下，臭氧浓度分布具有规律的昼夜变化，并随着时间推移整体有减小的趋势；地面测量的臭氧浓度整体上也呈现出下降趋势；1.2km 以上，臭氧浓度分布较为均匀，并随时间的推移浓度也有所降低；10 月 21 日后，臭氧浓度的探测高度随天气影响有所降低。

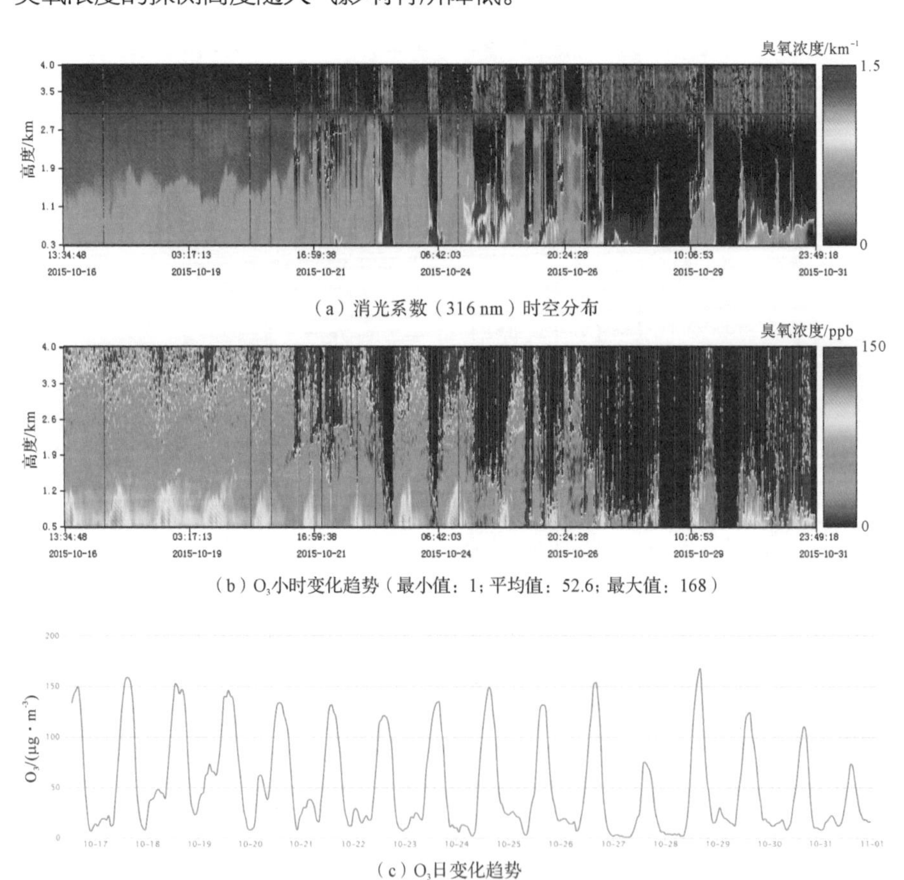

（a）消光系数（316 nm）时空分布

（b）O_3小时变化趋势（最小值：1；平均值：52.6；最大值：168）

（c）O_3日变化趋势

图 5.21　广州地区 2015 年 10 月臭氧激光雷达测量的臭氧浓度时空分布

图 5.22 为臭氧浓度时空分布的典型结果。2015 年 10 月 16—20 日，天气晴朗，能见度高。臭氧污染集中在 1.5 km 以下。1.5 km 以下，臭氧浓度在 100 ppb 左右随时间逐渐减小至 50 ppb 左右；1.5 km 以上，臭氧浓度变化不大。臭氧浓度在 1.5 km 有较为明显的分层结构，类似于颗粒物分布。

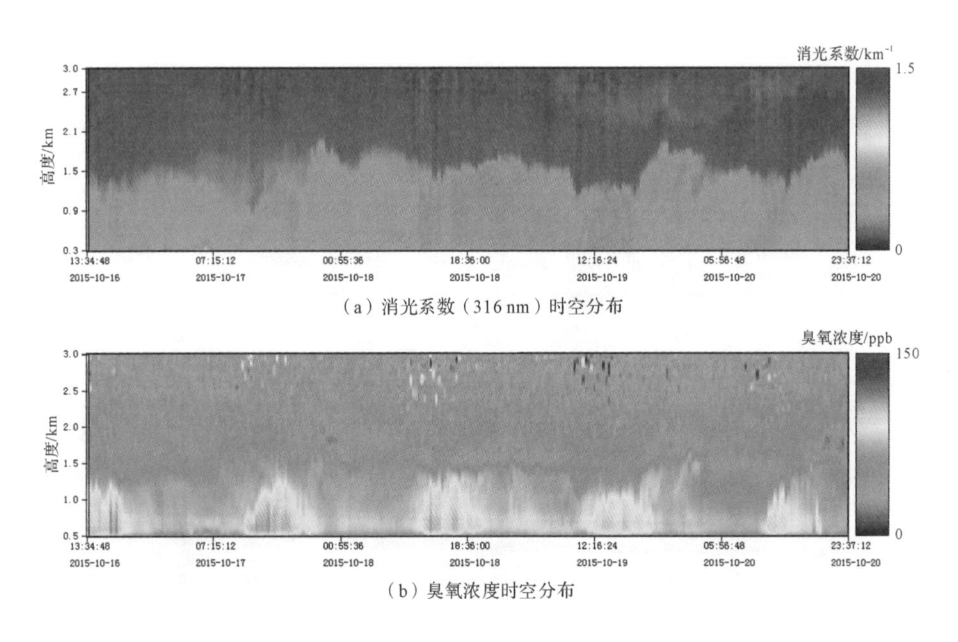

（a）消光系数（316 nm）时空分布

（b）臭氧浓度时空分布

图 5.22　臭氧浓度时空分布的典型结果

图 5.23 为鹤山地区 2015 年 11—12 月臭氧激光雷达测量的臭氧浓度时空分布。11 月臭氧污染主要发生在下旬。12 月，未见明显臭氧污染过程。12 月 16—20 日，臭氧浓度较其他时段明显偏高。1 km 以下，臭氧浓度有较为明显的昼夜分布规律；1 km 以上的高空中，臭氧浓度基本分布在 50~60 ppb。

5.3.3　水汽拉曼激光雷达

水汽对 1064 nm 波长的光波吸收非常少；对 905 nm 波长的光波具有比较强的吸收能力，吸收截面比较大，满足差分吸收要求。可选择

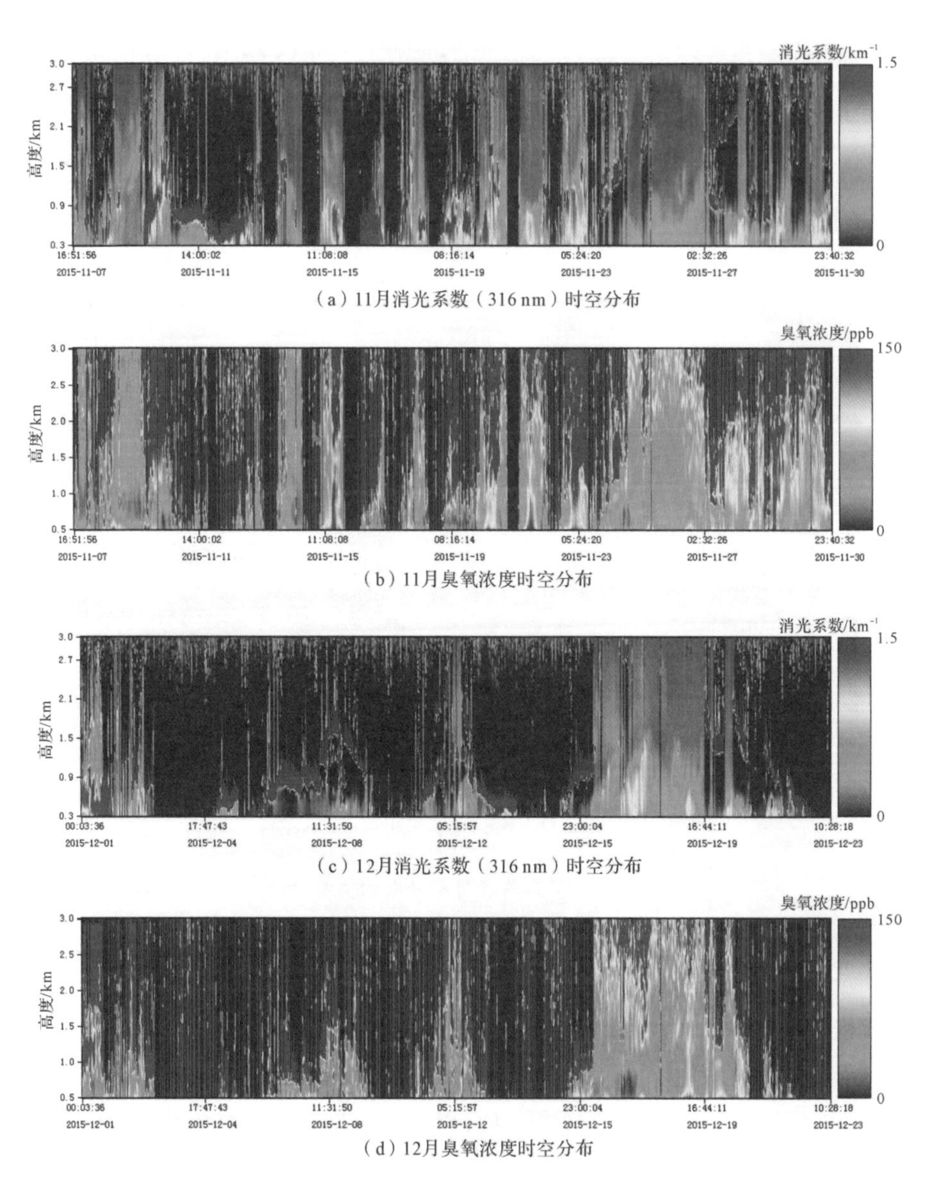

（a）11月消光系数（316 nm）时空分布

（b）11月臭氧浓度时空分布

（c）12月消光系数（316 nm）时空分布

（d）12月臭氧浓度时空分布

图 5.23　鹤山地区 2015 年 11—12 月臭氧激光雷达测量的臭氧浓度时空分布

1064nm 波长为水汽反演的 λ_{off}，905nm 波长为 λ_{on}，进行水汽差分吸收反演。在已有水汽差分激光雷达研究中，主要利用窄线宽激光光源（作为吸收波长）对水汽进行探测。但由于水汽吸收线宽非常窄，探测光中心波长漂移以及大气中谱线加宽机制，水汽反演误差、难度和成本增加。本研究使用了 905 nm 宽带光源对水汽进行探测，避免了上述问题。近年来，在 905 nm 激光光源方面的研究已经取得长足进步，单脉冲能量 20 μJ、工作频率 2~5 kHz 的商业化半导体模块已经出现。在已有的水汽差分吸收激光雷达研究中，未见利用宽带光源的差分探测。其原因为激光雷达的信噪比与探测光的线宽及滤光片的带宽成反比，探测滤光片的带宽越窄，信噪比越高。但利用宽带光源对水汽进行探测的研究工作已大量开展，MODIS 卫星以及太阳光度计等设备被运用到研究中，如 MODIS 卫星的水汽反演波长利用水汽在近红外的吸收窗口（905 nm、936 nm 与 940 nm）与大气窗口（865 nm 和 1240 nm）进行反演，从而获得水汽柱浓度。与臭氧差分吸收反演相比较，水汽差分吸收具有更好的优势。首先，气溶胶在 905 nm 和 1064 nm 的吸收相对较小，其他痕量气体在这个波段几乎无吸收，有利于水汽浓度反演；其次，905 nm 和 1064 nm 的激光雷达光源运行更加稳定可靠，有利于长期业务化运行。

在水汽激光雷达设计过程中，需要考虑的因素很多，如水汽的散射效应会与臭氧的吸收、气溶胶散射、气溶胶或碳氢化合物产生的荧光、跟随脉冲、激光器 265 nm 以上波长的太阳光背景辐射、倍增管暗电流、不同通道之间的串扰等效应混叠。需要充分考虑诸多干扰因素，建立精确的反演模型。首先，考虑排除臭氧的干扰。臭氧在日盲紫外波段范围有很强的吸收截面，并且臭氧的密度和廓线是复杂多变的，因此必须同时测量臭氧的廓线来修正其对水汽测量的影响。其次，校正大气分子和气溶胶散射所造成的影响。拟采用 N_2 拉曼频移波长进行精确的气溶胶消光探测，对 2 km 以下的高度进行气溶胶校正，尽量减少气溶胶对水汽测量结果的影响。再通过光学和电子学的技术手段抑制暗电流、串扰和背景辐射等干扰。在水汽拉曼激光雷达的设计阶段，这些问题都需要建模和仿真计算，然后才能确定系统的关键参数。

为了研制水汽探测日盲激光雷达，实现对水汽的昼夜连续探测研究，本研究开展了日盲激光雷达的仿真设计方法研究。首先，通过模型仿真计算，对设计结果进行模拟分析，讨论了水汽雷达系统的探测能力。然后，利用标准大气模型和水汽探测日盲激光雷达方程，对水汽探测日盲激光雷达的水汽后向散射拉曼信号和米散射回波信号进行模拟计算，对不同情况下的信噪比进行分析，讨论了激光脉冲能量、发射激光脉冲数、接收望远镜口径等技术参数对激光雷达水汽探测的影响，确立了水汽探测日盲激光雷达的关键技术指标。最后，对计划研制的激光雷达系统的探测能力和水汽探测误差进行分析，该水汽探测日盲激光雷达白天（能见度为 6 km 的情况下）的最大探测高度可达 3.2 km，水汽探测浓度的相对不确定度为 15%，论证了水汽探测激光雷达原理的可行性，并确定了系统的关键参数。

从图 5.24（a）可以看出，信噪比随高度的增加而递减。在同一高度，信噪比随激光脉冲能量的增加而有所改善，对于这三种激光脉冲能量，水汽的探测信噪比为 10，分别对应高度为 2.9 km、3.8 km 和 4.5 km。为了比较激光雷达发射的脉冲数对其探测信噪比的影响（以水汽 294.6 nm 为例），设定发射时间分别为 5 min（脉冲数 3000）、10 min（脉冲数 6000）、30 min（脉冲数 18000），图 5.24（b）给出了单脉冲能量为 110 mJ，接收视场为 0.5 mrad 情况下的水汽探测信噪比。从图 5.24（b）可以看出，在同一高度上，

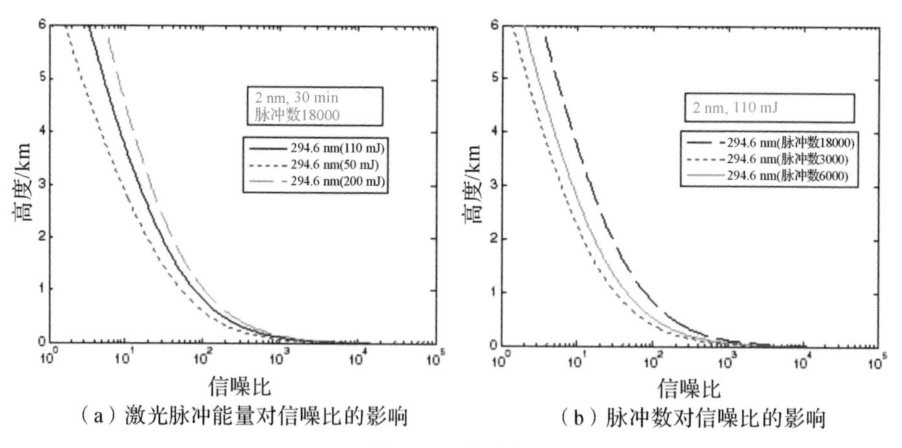

（a）激光脉冲能量对信噪比的影响

（b）脉冲数对信噪比的影响

图 5.24　信噪比

探测的信噪比随发射脉冲数的增加而增加。三种情况下对应的水汽探测信噪比为 10 的高度分别在 2.2 km、3.2 km 和 3.8 km。

图 5.25 比较了在相同情况下（110 mJ，脉冲数 18000），望远镜口径对探测信噪比的影响（以水汽 294.6 nm 为例）。从图 5.25 可以看出，在同一高度上，探测信噪比随望远镜口径的增加而增加。但望远镜口径的增大会导致望远镜接收到的背景辐射噪声增加，因此在日盲雷达的研制中必须考虑信噪比与望远镜口径的最佳匹配。

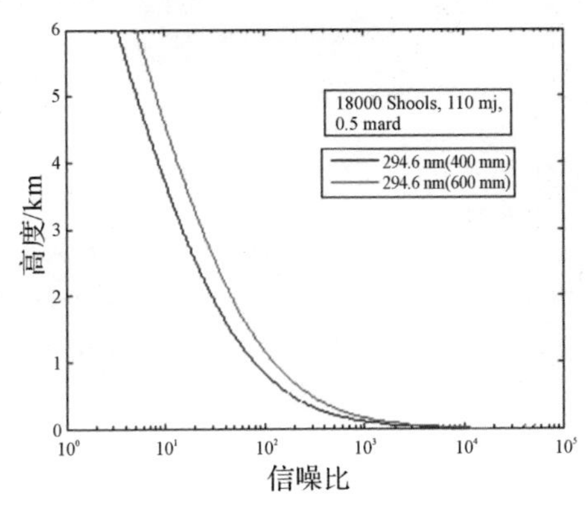

图 5.25　望远镜口径对信噪比的影响信噪比

以国外水汽拉曼激光雷达技术作为参考，本研究设计了水汽拉曼激光雷达系统。系统采用 Nd:YAG 激光器的三倍频波长（355 nm）作为光源。光波经一个 8 倍扩束镜准直后进入大气中。大气回波信号经口径 280 mm、焦距 2800 mm 的卡塞格林望远镜接收，然后进入光栅光谱仪，经光栅光谱仪分光后，分别进入 355 nm 信号通道、水汽拉曼信号通道（407.8 nm）和氮气拉曼信号通道（386.7 nm）。高能水汽拉曼激光雷达主要分为 4 个单元：①激光发射单元，主要器件为激光器和扩束镜；②接收和后继光学单元，主要器件为接收望远镜和光栅光谱仪；③信号探测和采集单元，主要器件为光电倍增管和瞬态记录仪；④运行控制单元。整个系统集成在一个可移动的机箱里面。系统结构紧凑，机械稳定，且移动方便，可用于外场实验。

光栅光谱仪位于光学接收系统中，是水汽拉曼激光雷达最关键的部分，它决定了整个系统的探测性能。本研究优化设计了基于高光谱率的紫外反射光栅和镀膜高反射透镜组成的三波长光栅光谱仪，对瑞利散射信号、拉曼散射信号进行精细分离和提取。实物如图 5.26 所示。

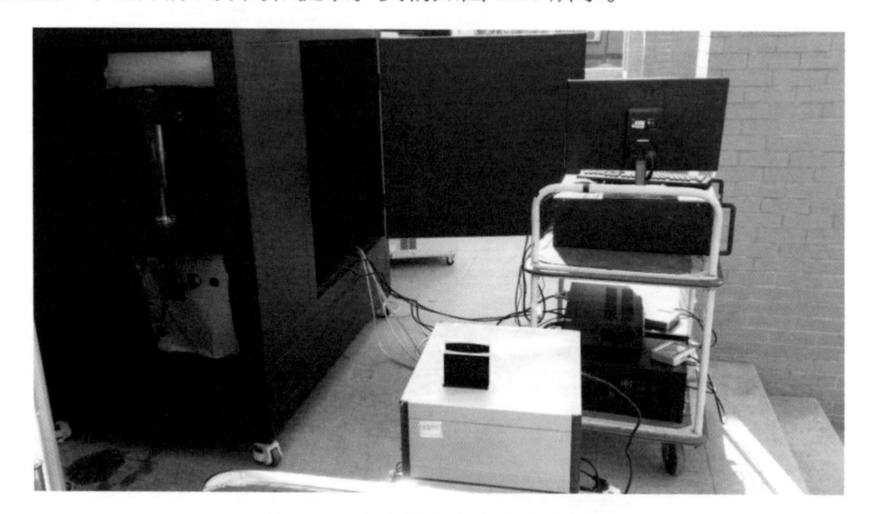

图 5.26　水汽拉曼激光雷达实物图

安庆市国家基本气象观测站为世界气象组织提供水汽探空数据，其数据准确性为世界各国气象组织所公认。因此为了进一步验证拉曼激光雷达系统探测大气边界层中水汽变化的可行性与准确性，于 2015 年 5 月 7 日至 13 日，在安庆市国家基本气象观测站（30.53N，117.05E）进行为期一周的高能水汽拉曼激光雷达与探空数据对比观测实验。两台仪器探测结果变化趋势一致，验证了高能水汽拉曼激光雷达测量边界层水汽混合比的准确性和可靠性。

图 5.27 为 2015 年 5 月 12 日 08:00 至 17:53 水汽混合比的时空变化，可以看出，08:30—10:00，在海拔 1.0 km 到 1.5 km 处有云层出现；同时，08:00—15:10，边界层大气中的水汽混合比逐渐降低；15:10 以后，大气中的水汽混合比开始升高。

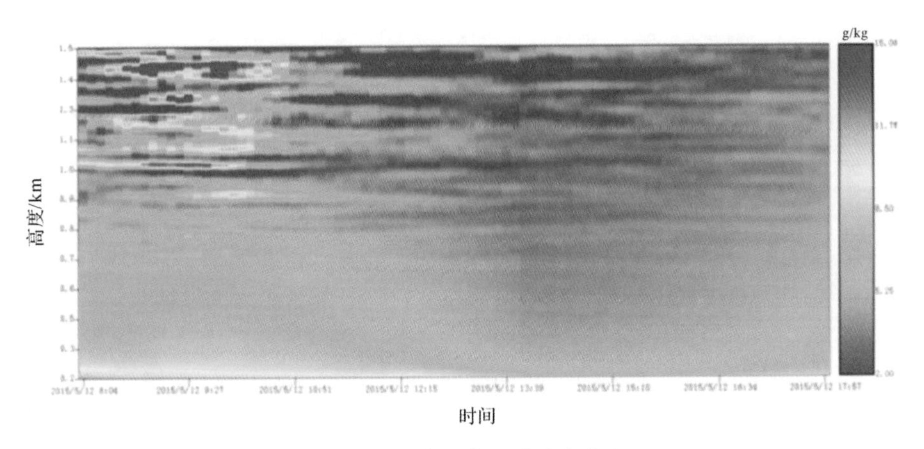

图 5.27 水汽混合比的时空变化

图 5.28 为反演获得的 2014 年 1 月 15 日水汽浓度时空分布图，色标表示水汽的不同浓度值，单位为数浓度（个·cm^{-3}）。VISALA 云高仪和微脉冲激光雷达存在盲区和过渡区，对于水汽浓度的测定从 120 m 高度起有效，120 m 以下区域的反演误差较大。此外，高度大于 2 km 后，VISALA 云高仪的原始信号有较大抖动，信噪比较差。所以，选择使用 120 m 和 2 km 之间的数据进行水汽浓度反演。在雾霾天气状况下，1064 nm 微脉冲激光雷达和 VISALA 云高仪的高空回波信号会进一步下降。当地面能见度在 1 km 左右时，水汽反演高度在 500 m 左右。为了进一步验证水汽浓度反演结果的有效性，假定 120 m 高度大气压强和温度与地面相同，将 120 m 高度处的水汽数浓度转换为水汽相对湿度，并计算 120 m 高度水汽相对湿度的小时均值。将 120 m 高度水汽相对湿度与地面水汽相对湿度进行对比，结果如图 5.29 所示，图中红色曲线为地面相对湿度，黑色曲线为差分方法反演获得的 120 m 高度水汽相对湿度小时均值。两曲线在变化趋势上具有较好的一致性，其相关性为 87.9%。

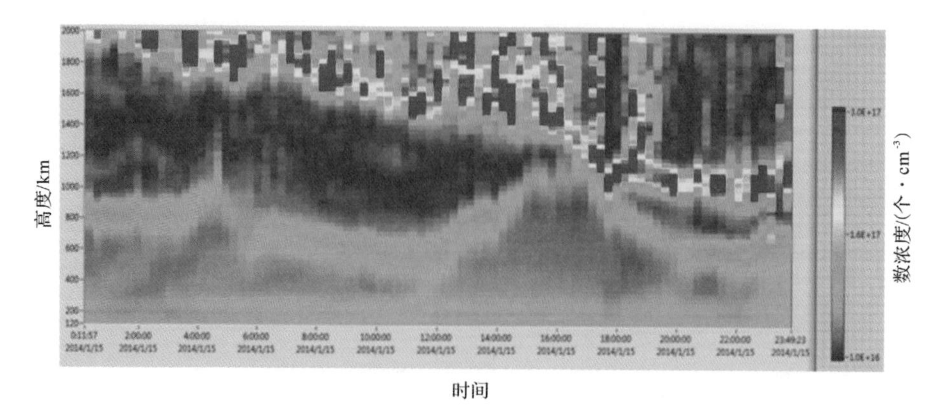

图 5.28　差分吸收激光雷达测量的水汽浓度时空分布

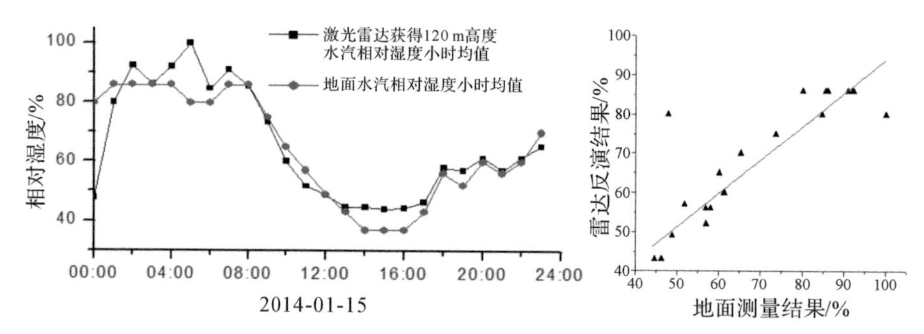

图 5.29　激光雷达测定 120 m 高度水汽相对湿度与地面测量值

6 大气灰霾关键污染物治理技术与专用装备

6.1 关键材料的研制

6.1.1 颗粒物去除无机材料制备

工业过程直接排放的细颗粒物是大气细颗粒物的主要一次来源。在不显著增加过滤风阻的条件下实现高温深度除尘，对实际工业尾气的治理具有重要的现实意义。举例来说，目前燃煤电厂的烟气需要在布袋除尘之前进行选择性催化还原（SCR）操作。SCR 催化剂必须耐受高尘、高碱的恶劣工况，因此，其硬度、耐磨性和耐碱性是一项苛刻的技术指标。布袋除尘难以耐受 250 ℃的高温，而 SCR 催化剂的窗口温度高于 300 ℃，因此，必须将 SCR 安排在除尘操作之前。然而只要在高温区内对烟气进行深度除尘，以上问题便可以迎刃而解。因此，开发具有低气阻、高通量、低压降、高强度的粉尘过滤材料，对含尘烟气的治理具有重要现实意义。能够长时间稳定耐受 300~400 ℃高温的过滤介质只有陶瓷类材料，因此多孔陶瓷管成为高温除尘介质的首选。目前，堇青石质和 SiC 质多孔陶瓷管已经有了定型产品。这两种陶瓷管均为表面涂覆纳米 Al_2O_3 过滤层的非对称陶瓷管，耐高温、防腐性能良好，颗粒过滤精度非常高，其粉尘出口浓度可以稳定控制在 5~10 $mg \cdot m^{-3}$ 以下。由于这种陶瓷管自重大，一般其直径不大于 10 cm，长度不大于 1.5 m，且为了避免因机械振动而断裂，其底部常常需要设置定位孔并用金属架支撑，因此使用该过滤介质的除尘器占地大、过滤面积有限，难以适应大气量高温气体除尘的场合。目前，该类陶瓷管一般用于整体煤气化联合循环发电（integrated gasification combined cycle，IGCC）等特殊领域。

本研究将无机纤维作为陶瓷管主要成分，成功制备了多孔纤维陶瓷管。该纤维陶瓷管抗折强度大于 8 MPa，孔隙率可达 70%，视密度小于 0.9 $g \cdot mL^{-1}$，直径可达 20 cm，长度可达 2.5 m，空管气阻低于 100 Pa，耐温大于 600 ℃，非常适用于高温工业烟气的深度除尘。由对实际工业烟气的除尘实验可知，经该类陶瓷管介质除尘后，燃煤锅炉烟气中的颗粒物浓度稳定在 5 $mg \cdot m^{-3}$ 以下，低于颗粒超净排放指标。此外，还可以通过预覆粉尘的方法来免除陶瓷管表面的过滤涂层烧制，可以在几乎不损失除尘效能的前提下大大降低制备成本。所制备的纤维陶瓷管样品的扫描电镜照片如图 6.1 所示。

图 6.1　纤维陶瓷管样品灼烧前后的扫描电镜照片

6.1.2 VOC 治理高效催化剂制备

本研究采用火焰燃烧合成技术制备复合氧化物催化剂和贵金属负载氧化物催化剂，调控催化剂组分、结构、纳米颗粒表面性能等。首先通过火焰燃烧合成法制备了不同比例的 Ce-Mn 氧化物催化材料，粒径为 20~60 nm，其中以 Ce：Mn = 1：7（物质的量比）的混合氧化物对苯的催化氧化效果最佳。进一步通过火焰燃烧法制备了 Pt/CeMnAlO 体系，考察了微乳液前驱体的制备方法对贵金属分散的影响。将贵金属活性成分 Pt 物种富集在氧化物表面，促进活性物种与目标催化氧化分子的吸附分解，解决了火焰燃烧合成中氧化物对贵金属活性物种的包覆难题，大大提高了 Pt 物种的利用率，从而提高催化燃烧活性。经测试发现，高价态的贵金属氧化物在苯的催化氧化中具有重要的作用，在 150 ℃ 条件下可实现对苯的完全催化氧化。

在此基础上，本研究尝试通过燃烧合成将纳米催化剂及负载一体化。将贵金属负载催化剂活性组分合成的过程与活性组分负载在载体上的过程偶联，创新燃烧法制备催化剂活性组分与负载过程一体化的工艺，实现贵金属负载催化剂合成和负载一体化。在堇青石基载体上（规格为 150 mm × 150 mm × 50 mm），以燃烧合成的方式沉积陶瓷基整体式催化剂，膜层厚度在 10 μm 左右。该方法通过调节沉积流速、沉积时间等参数，控制活性组分的沉积结构，得到催化活性的较优值。利用该方法制备了若干种具有催化活性的催化剂（$Ti_{1-x}Zr_xO_2$、Pt/TiO_2 及 Ag/TiO_2），如图 6.2 所示。

通过长时间的催化实验测试，两类催化剂（Pt/Al_2O_3 及 Pd/Al_2O_3）表现出不同的稳定性。前者在实验时间范围内转化率几乎没有变化，保持 100% 的转化率；而后者在实验时间范围内转化率逐渐下降，60 h 内转化率由 100% 逐渐降至 94%。

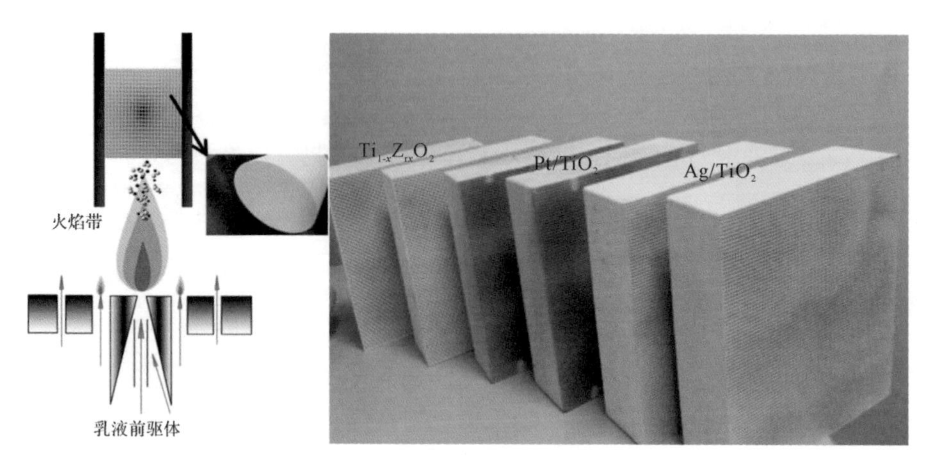

图 6.2　整体式催化剂负载技术及其沉积样品

6.1.3　蓄热催化氧化特种 VOC 降解催化剂研制

蓄热式热氧化（regenerative thermal oxidizer，RTO）技术是目前 VOC 控制的主流技术之一。蓄热催化氧化（regenerative catalytic oxidizer，RCO）技术是在 RTO 的基础上发展起来的。因为降低了工作温度，RCO 技术的节能效果更突出。RCO 技术的核心是高温下性能稳定的催化剂与蓄热体等关键材料的开发。此外，耐高温催化材料在有机废气治理方面的应用需求也日益广泛。

六铝酸盐（$AAl_{12}O_{19}$）因独特的纵向有序、横向无序的晶体结构，具有耐高温的特征（可耐受 1200 ℃高温）。同时，晶格的特殊排布可以容纳其他离子的取代，从而优化材料的催化性能。采用共沉淀法制备过渡金属掺杂的镧系六铝酸盐催化剂 $LaMnAl_{11}O_{19-\delta}$ 和 $LaFeAl_{11}O_{19-\delta}$。1,2- 二氯苯的催化氧化活性测试表明，$LaMnAl_{11}O_{19-\delta}$ 催化剂具有良好的催化氧化反应活性，副产物三氯苯以及其他含氯有机化合物随着反应温度的升高均出现了峰值，进一步升高反应温度能够抑制多氯代有机物等副产物的产生。因此，六铝酸盐催化材料有望应用于高温下含杂原子 VOC 的彻底去除［见图 6.3（a）］。

烧绿石（$A_2B_2O_7$）复合氧化物也是一类具有高热稳定性的无机材料，可耐受 1000 ℃高温。采用共沉淀方法制备 $La_2TM_{0.3}Sn_{1.7}O_{7-\delta}$（TM = Ce、Co、Fe、Ni）烧绿石催化剂，考察不同过渡金属取代改性 B 位 Sn 离子对催化剂物理化学性质及其乙烷催化氧化活性的影响。研究发现，Co 和 Fe 取代降低了烧绿石相的形成温度和 Sn—O 键的强度，Co 取代催化剂拥有最好的乙烷催化氧化活性。催化剂的还原性能和比表面积共同决定了材料的催化活性［见图 6.3（b）］。

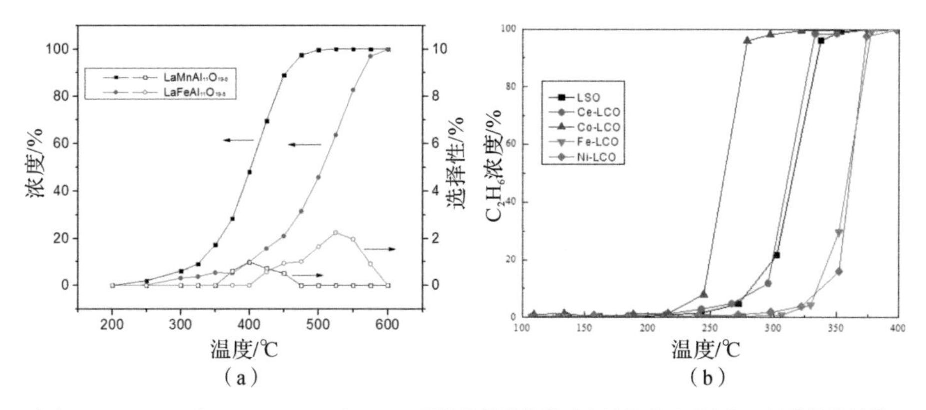

（a）$LaMnAl_{11}O_{19-\delta}$ 和 $LaFeAl_{11}O_{19-\delta}$ 对 1, 2- 二氯苯的催化氧化反应活性及对副产物三氯苯的选择性；（b）$La_2TM_{0.3}Sn_{1.7}O_{7-\delta}$ 烧绿石催化剂的乙烷催化氧化活性

图 6.3 六铝酸盐和烧绿石的催化氧化活性

6.1.4 环境大气光催化净化材料的研制

灰霾的核心问题是细粒子问题，目前已有的研究结果认为细粒子主要来源于二次生成过程。外场观测发现，北京地区灰霾天气气态污染物 VOC、SO_2 和 NO_x 的浓度远高于正常天气的浓度；颗粒物中硫酸盐、硝酸盐和铵盐的含量远高于正常天气的含量。虽然对于细粒子形成的关键物理化学机制和如何致霾尚未研究清楚，但是 NO_x、NH_3 等是二次细粒子生成的重要前体物。通过源排放控制技术，各种气态污染物的排放总量已经开始下降，但是大气中各种气态污染物的浓度仍达到 ppb 甚至 ppm 水平。若

从源排放控制技术角度出发，进一步提高排放标准，势必对现有经济技术体系提出严峻的挑战。而臭氧作为大气中的关键氧化剂，在气态污染物向颗粒物转化过程中发挥重要作用。开发针对氧化剂的控制技术，对于抑制二次颗粒物的形成有重要作用。

本研究从光催化和室温催化技术的角度出发，研究大气环境中气态污染的过程去除技术。光催化技术即利用半导体光催化材料和自然界的太阳光，低成本、长期有效地去除大气环境中低浓度的气态污染物；而室温催化技术不需要额外的光热条件即可去除大气中的臭氧。原理如图 6.4 所示。

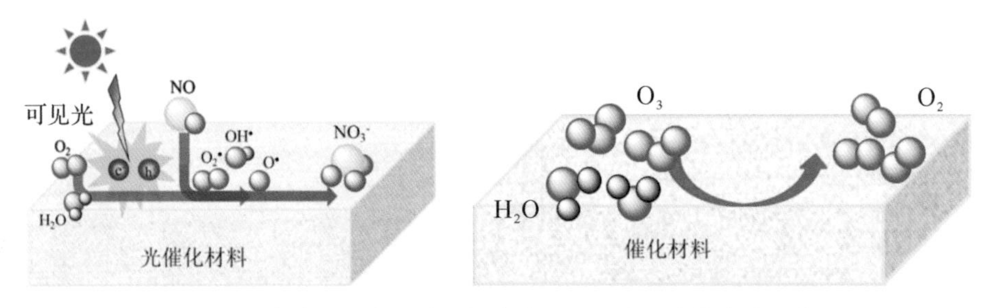

图 6.4　光催化和室温催化技术应用于环境污染物去除示意

针对 NH_3 光催化氧化，本研究开发了氟改性和高能 {001} 晶面暴露的锐钛矿 TiO_2 催化剂，通过晶面与 F 的协同作用大幅促进光生载流子的分离，从而高效去除 NH_3，并揭示了 NH_3 光催化氧化反应机理，建立了催化剂的构效关系。TiO_2 催化剂的光催化性能与其比表面积、孔结构、结晶度、禁带宽度以及光生电子和空穴的复合具有很大的关系。使用水热合成的方法制备的 TiO_2 催化剂均具有比 P25 优异的光催化性能。F-TiO_2 纳米片催化剂同时含有介孔和大孔结构，这种孔结构可以有效地传输反应物和产物。另外，F-TiO_2 催化剂中暴露了 49.3 % 的 {001} 晶面，而 {001} 晶面在光催化反应中活性较高。最关键的一点是，光生空穴易迁移到 {001} 晶面并变为氧化位点，而光生电子易迁移到 {101} 晶面并变为还原位点，因此 {001} 晶面比 {101} 晶面更具氧化能力。表面 F 离子带负电，在 TiO_2 表面形成负电场，驱动光生空穴向表面的迁移。当表面 F 离子与 {001} 晶面共存时，晶面提供了更多的空穴捕获点位，而表面 F 离子驱使空穴向 {001} 晶面移动，形成了晶面和 F 离子对电子空穴分离的协同促进效应，它可以有效地降低光生电子和空穴的复合，并且能够促进 OH 自由基的生成。因此，纳米片结构的暴露 {001} 晶面的 F-TiO_2 催化剂具有较为优异的催化性能。本研究进一步提出了 NH_3 光催化氧化的光 -iSCR 机制：当紫外光照射 TiO_2 时，产生电子空穴对并迁移到 TiO_2 的表面（步骤 1）；光生空穴激发 NH_3 的氧化并产生 NH_2 自由基（步骤 2）；NH_2 自由基与活性氧物种 O_2^- 自由基和 OH 自由基反应产生中间产物 NO_x（步骤 3）；原位形成的 NO_x 被 NH_2 自由基还原为 N_2 或者 N_2O（步骤 4）。{001} 晶面的 TiO_2 样品因具有更高的空穴迁移能力，步骤 2 更快，且由于电子空穴分离效率高，所产生的活性氧物种更多，可进一步促进步骤 3，所以 {001} 晶面的 TiO_2 表现出更好的活性。

针对 NO_x 光催化氧化，本研究从晶体结构、元素掺杂和异质结复合的角度改进了 TiO_2 催化剂，使其在可见光条件下高效去除 NO_x，并揭示了活性提高的微观机制，建立了催化剂的构效关系。利用酸催化的溶胶凝胶法在低温下制备了一系列可见光响应的、表面存在大量氧空位的 TiO_2 催化剂。理论计算结果证明，氧空位的存在会导致内建电场的产生，从而利于光生电子空穴的分离；氧空位还会导致价带宽度变化，促使低温焙烧制备的 TiO_2 催化剂具有较强的可见光吸收能力、较慢的电子空穴复合速率、较大的比表面积及较好的光催化净化 NO_x 的活性。利用共沉淀法、均匀沉淀法和浸渍法制备了 0.1%Fe 含量的 Fe/TiO_2 催化剂。物理化学表征显示，共沉淀法制备的催化剂中 Fe 取代了表面的 Ti 原子。理论计算的结果证明，Fe 改变了 TiO_2 的电子结构，导致带隙的变窄和电子空穴复合的减慢，从而使催化剂具有最佳的光催化活性。采用简易的一步焙烧法制备了 g-C_3N_4-P25 催化剂。可见光条件下，g-C_3N_4-P25 催化剂活性比 P25

催化剂和 g-C_3N_4 催化剂两者活性加和还要高；即使在紫外光条件下，其活性也比 P25 要高。物理化学表征证明两组分之间形成了异质结构，有利于电子空穴的分离。研究进一步提出了催化剂光催化去除 NO_x 的机制。在可见光条件下，g-C_3N_4 能被激发产生光生电子和空穴，且通过界面作用，电子能够从 g-C_3N_4 的导带转移到 TiO_2 的导带。由于一步焙烧法制备的 g-C_3N_4-P25 催化剂的界面作用强于直接机械混合的催化剂，更多的电子能够发生转移，产生更多的超氧自由基，从而提高了可见光下去除 NO_x 的活性。在紫外光条件下，TiO_2 和 g-C_3N_4 均能够被激发产生光生电子空穴，g-C_3N_4 的导带电子可以转移到 TiO_2 导带，且 TiO_2 的价带空穴能够转移到 g-C_3N_4 的价带，从而导致电子空穴复合的减慢。由于转移到 g-C_3N_4 价带的空穴不能直接将催化剂表面的 OH—或者 H_2O 氧化为羟基自由基，因此 g-C_3N_4-P25 催化剂表面产生较多的超氧自由基和较少的羟基自由基。这为进一步开发高效光催化材料提供了理论依据。利用流动反应装置和烟雾箱研究光催化材料在实际大气条件下对污染物的去除效果，发现光催化对各种气态污染物有较好的去除效果，并可抑制二次颗粒物的形成。

针对臭氧分解，本研究开发了新型的 OMS-2 锰基催化剂，利用其特殊的三维孔道结构来提高催化活性，确认了催化剂中三价锰（氧空位）的含量决定臭氧分解活性。在臭氧浓度 100 ppb、RH = 0 和 90% 条件下，催化剂 100% 分解臭氧，因此具有很大的应用前景。OMS-2 八面体带有负电荷，比较容易将金属离子引入到骨架或者孔道结构中。有研究表明，可以通过不同金属取代隧道中的钾离子或者骨架中的锰离子来调节 OMS-2 材料的催化性能。不同金属的掺入可以改变 OMS-2 的比表面积、孔体积和热稳定性。研究采用原位金属掺杂的方法，选取 Ce、Co、Ni、Cu、Fe 金属进行掺杂，考察了不同金属掺杂的 M-OMS-2 催化剂在高湿度条件下对臭氧的催化分解性能。Ce 的添加能够增加催化剂三价锰（氧空位）的含量，并进一步提高臭氧分解活性。

6.2 细颗粒捕集与污染物净化等功能耦合组件的发展

6.2.1 电袋复合高效除尘技术组件和工艺研究

为提高电袋复合除尘器的除尘效率，提高气流分布均匀性，本研究设计了复合导流构件，并通过计算流体动力学数值模拟方法考察气流均布作用。使用 Geometry 和 Mesh 软件进行电袋复合除尘器的三维结构建模和非结构化网格划分，百叶窗型分布板厚 20 mm，倾斜角度为 50°，下部为变开孔率分布板。初始条件：假定流体做定常流动，流体的各项运动参数与时间无关，整个模拟过程为等温过程，流体是不可压缩的。烟气湍流封闭模型选择标准 κ-ε 模型，进口气速 10 $m\cdot s^{-1}$，出口设置流出边界，壁面处气体无滑移。

通过比较加装导流板前后气流速度分布可知，导流板的加入改变了结合处气流的流向，使速度分布趋于均匀，减少了对布袋的局部集中、直接冲击。当全断面开孔时，尽管开孔率发生变化，但气流仍沿直线运动，未形成压差而导致流动的偏移。当下部开孔率一致时，加装导流板同样对气流起不到偏向引导作用；但当下部开孔率发生变化时，气流流向开始受周围流动状态的影响而发生偏移。上小下大形式的开孔板会引导底部气流斜向下运动，不利于底部粉尘的收集；上大下小形式的开孔板所引导的气流恰是我们希望得到的流型，它可与上部引导向下的气流形成冲撞，既防止了对灰斗的冲刷，又可增加颗粒碰撞概率，增强荷电粉尘的凝并。因此，本研究选择下部开孔、上大下小形式。

通过对上部百叶窗倾斜角度及相邻叶片板间距的优化，得到了电袋间结合部位最佳的导流构件（百叶窗叶片首尾相接，下部开孔由上至下逐级减小形式）。优化后的构件结构如图 6.5 所示。

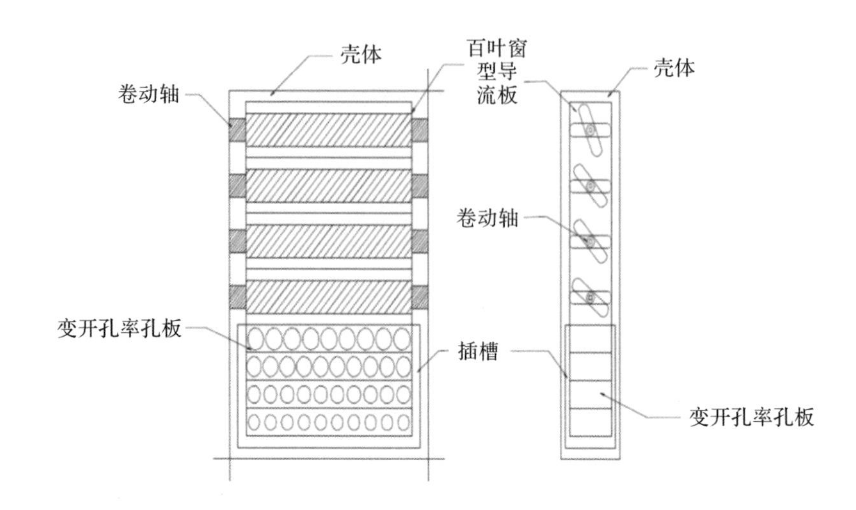

图 6.5　百叶窗型电袋结合分布板结构

研究采用氟美斯、聚苯硫醚（polyphenylene sulfide，PPS）、覆膜氟美斯、覆膜 PPS 四种滤料，在 30 kV 电压下，测试了各材料的运行阻力。其中，阻力变化最快的是覆膜氟美斯滤料，初始阻力即达到 700 Pa，经过 5 min 的粉尘积累，滤料表面阻力开始快速攀升并达到喷吹压力，反复喷吹后残余阻力增长较小。未覆膜的氟美斯滤料透气性最好，初始阻力只有 380 Pa，且颗粒层阻力增长缓慢，在开始的 2000 s 内，阻力增长不到 100 Pa。

PPS 滤料在生产过程中需要经过表面烧毛处理，因此 PPS 滤料与覆膜 PPS 滤料初始阻力只相差 50 Pa，覆膜 PPS 滤料初始阶段阻力增长速率较慢，但当达到 600 Pa 左右时，阻力开始快速上升。而未覆膜 PPS 滤料阻力增长速率明显低于覆膜滤料。由于覆膜 PPS 滤料操作稳定性好（每次喷吹后阻力变化不大）、效率高，因此将其作为主要滤料进行电袋实验。

覆膜 PPS 滤料表面压降随电场区荷电电压的升高而增长放缓，这与电场区除尘效率的提高和滤料颗粒层表面因形成链状结构而透气性增加有关。对比覆膜 PPS 滤料使用前后内部纤维的电镜照片，如图 6.6 所示。

图 6.6 覆膜 PPS 滤料使用前后对比

PPS 纤维直径约 10 μm，反吹后残留颗粒多为 2.5 μm 以下，以附着在纤维上为主，少量颗粒拦截在纤维间。$PM_{2.5}$ 附着力强，是滤料残留阻力的主要来源。

在发生粉尘浓度不变的情况下，单个布袋的粉尘排放浓度会随滤料上颗粒物的堆积，即压降的增大而降低。在实际工程上，为了保证稳定高效的除尘效率，一般会分批分组进行布袋脉冲清灰。针对单个滤袋的这一排放特点，研究不同压降工况下（600 Pa、800 Pa 和 1000 Pa）PM 的排放特性，分别进行采样测试。随着电压升高，PM_{10} 的各级捕集效率大大提高。对于 $PM_{2.5}$ 以下各区段粒径，无论是增强电压，还是压降升高，都会引起一定程度捕集效率的提升，但各粒径段的提升效果存在很大差异。对于 $PM_{1.0}$，在 0.2~0.4 μm 处捕集效率出现低谷，该粒径段正好处于扩散荷电和电场荷电的盲区（小于 0.2 μm 的颗粒以扩散荷电为主，大于 0.5 μm 的颗粒以电场荷电为主，中间区域两者都起作用，但作用都很微弱）。

6.2.2 外场强化导电陶瓷管的除尘性能研究

惯性除尘、湿法除尘、电除尘、布袋除尘和电袋复合除尘都在工业除尘领域发挥着作用。其中，惯性除尘很难去除粒径低于 2.5 μm 的颗粒，且二次扬尘明显，很难在一次大气 $PM_{2.5}$ 控制领域发挥作用；湿法除尘无法用于高温尾气的除尘且会产生除尘废水和灰泥，应用范围有限；电除尘工艺压降极小，稳定可靠，但对粉尘的电阻率有一定要求（粉尘电阻率过小容易发生二次扬尘，粉尘电阻率过大则容易发生反电晕），且对粒径 2.5 μm 左右粉尘的去除效果很低，主要因为微细颗粒的电场荷电效应比较微弱；布袋除尘是通过滤袋实现粉尘过滤的技术方法，是过滤精度最高、除尘效果最可靠的除尘工艺之一，但滤袋除尘气流压降很大，设备动力损耗较高，且纤维滤袋很难耐受高温气体或含有腐蚀性组分的气体，含有火星或者隐燃颗粒的气流液常常导致“烧袋”事故的发生，因此布袋除尘工艺在特殊的苛刻工况下往往无法使用；电袋复合除尘是目前最可靠和最广泛应用的除尘方法，该方法是利用前端的电除尘器去除大颗粒粉尘并显著降低含尘浓度，再利用后续的布袋除尘器去除残余的微细颗粒。随着我国对于工业粉尘排放浓度限值的日益降低，电袋复合除尘表现出了很强的技术优势和市场竞争力。然而如前所述，任何限制布袋除尘使用的恶劣工况同样限制电袋复合除尘工艺的使用。因此，开发一种能耐受恶劣除尘工况的除尘工艺，在除尘技术领域具有一定的意义。

用多孔陶瓷管取代布袋除尘，可以扩展该除尘技术在耐热和耐腐蚀方面的工业应用范围。多孔陶瓷管具有优异的稳定性和耐酸碱性，使过滤除尘在很多恶劣工况下的使用成为可能，尤其在净化需要余热回收的工业废气和回收有色冶金工业废气中的有价粉尘方面表现出独到的技术优势和竞争力。然而多孔陶瓷管除尘也有明显缺点：陶瓷管压降较大，且随着“除尘－再生”过程的循环往复，陶瓷管的压降会不断增大，导致“除尘－再生”

周期不断变短，最终导致陶瓷管阻塞报废。其本质原因在于：粉尘中的微小颗粒钻入陶瓷管的过滤孔道中并不断积累，而这些微细颗粒是很难被再生压缩空气反吹排出的。为了将陶瓷管充分再生，往往需要施加较大压力的反吹再生气流，这增大了陶瓷管破裂的风险。因此，陶瓷管壁往往较厚以提供较高的耐反吹机械强度，而这也提高了陶瓷管的成本。

为解决上述问题，很多研究人员构思通过外场强化的方法降低陶瓷管表面的粉饼压降，并限制粉尘进入陶瓷管的微细孔道，希望开发出能提高陶瓷管使用寿命并延长其再生周期的有效技术。由于静电力的作用较强，静电力的引入便成为首选的外场强化方法。本研究团队经过充分调研和技术方案比较，提出了粉尘预荷电与荷高压导电陶瓷管耦合的除尘新技术。在该技术方案中，首先通过预荷电器对气流中的粉尘进行荷电，然后使含尘气流通过多孔陶瓷管的壁面进行过滤除尘，同时通过外部高压电源对导电的多孔陶瓷管表面荷载高电压，其电性与粉尘所荷载的电性相同，同性电荷的推斥作用使粉尘不能进入陶瓷管的微细过滤孔道，而且粉尘之间的电荷斥力使粉尘颗粒之间疏松堆积，形成压降较小的粉饼。该技术有望降低除尘压降并提高陶瓷管的再生周期。

为了研究以上技术方案的可行性，本研究设计加工了一套耦合粉尘预荷电和荷高压导电陶瓷管的新型除尘试验装置。经风机加压排出的气流携带经压缩空气喷吹分散的粉尘进入卧式线管状预荷电器。预荷电器电晕极为外套弹簧的直径 2 mm 的圆丝，圆筒直径 12 cm，长度 1 m。电晕极荷载直流负电。经预荷电器处理后的含尘气流进入立式圆筒状除尘室中。在除尘室设置 7 根导电多孔陶瓷管（管长 1.5 m，管外径 6 cm）。通过绝缘层使陶瓷管和花板之间绝缘。陶瓷管由直流负高压电源供电。在稳定的含尘浓度和气流流量下进行除尘试验，并随着试验进行不断读取陶瓷管前后的气体压降，获得时间－压降曲线。实验中使用的粉体为经过雷蒙磨粉机粉碎的堇青石粉。实验中选择除尘气布比为 2.5 $m \cdot min^{-1}$，相应气体流量为

300 $Nm^3 \cdot h^{-1}$，含尘浓度为 6667 $mg \cdot Nm^{-3}$。

经除尘实验发现，在含尘浓度 6667 $mg \cdot Nm^{-3}$、气体流量 300 $Nm^3 \cdot h^{-1}$、气布比 2.5 $m \cdot min^{-1}$ 条件下，除尘过程开始时膜管的初始压降为 1200 Pa 左右。在保持实验过程气体流量 300 $Nm^3 \cdot h^{-1}$ 的情况下，膜管压降会随着除尘过程不断上升，一个小时后过滤阻力上升至 5500 Pa 左右，压降上升约 4300 Pa，压降和时间为近似的线性上升。

关闭预荷电器并在导电陶瓷管表面荷载 DC −5000 V 电压，对该条件下的除尘过程研究表明，膜管压降在 60 min 内从 1200 Pa 左右上升至 5400 Pa 左右。这说明单独给导电陶瓷管荷电并不能为除尘过程带来明显的改善，整个除尘过程几乎与没有任何荷电的情况完全相同。

在导电陶瓷管不荷电而预荷电器开启的情况下，进行除尘过程研究。预荷电器的电晕极荷载 DC −20 kV，其电晕电流小于 0.5 mA。由研究结果可知，由于预荷电器的使用，除尘过程的气体压降显著降低，仅由实验开始的 1218.1 Pa 上升至 60 min 后的 2814 Pa，上升约 1600 Pa，仅为不荷电情况下陶瓷管压降的 0.37 倍。这说明粉尘荷电后其滤过性能大大改善，原因在于携带同种电荷的粉尘颗粒之间存在明显的静电排斥力，使粉尘颗粒在陶瓷管表面沉积时形成疏松多孔的粉饼层，该粉饼层非常有利于含尘气体的通过，在气体压降很小的情况下滤除后续的粉尘。

在开启预荷电器并为导电陶瓷管荷电的情况下，进行除尘过程研究。预荷电器工作电压为 DC −20 kV，导电陶瓷管表面荷载 DC −5000 V 电压。由研究结果可知，除尘过程的 60 min 内，气体的压降从开始的 1257 Pa 上升到 2043.7 Pa，仅上升了 786.7 Pa。其原因除了粉尘颗粒荷电后互相排斥而导致粉饼疏松以外，还包括导电陶瓷管和粉尘颗粒荷载相同电荷而互相推斥，使粉饼与导电陶瓷管之间的结合松散，且微小的粉尘颗粒不易钻入导电陶瓷管表面的过滤孔道，所形成的粉饼的压降进一步减小。

根据以上结果可知，对粉尘进行预荷电和利用荷电的导电陶瓷管来推斥粉尘颗粒都可以提高粉体的过滤性能，其中对粉尘进行预荷电获得的效果更加明显。

图 6.7 为上述 4 个实验条件下导电陶瓷管表面粉饼的形貌照片。可以清楚地看出，在粉尘不荷电、导电陶瓷管不荷电的条件下所得的粉饼光滑平整，由于粉饼层比较致密，其压降较高，对后续的粉尘过滤非常不利。可见 2.5 $m \cdot min^{-1}$ 的气布比之下，常规的除尘工艺对于实验中的堇青石粉去除性能较差，陶瓷管容易因为致密的粉饼层带来的巨大压降而频繁再生。在粉尘不荷电、导电陶瓷管荷电条件下所得的粉饼同样平滑致密，说明仅仅给导电陶瓷管荷电不能对除尘过程带来明显改善。在粉尘荷电、导电陶瓷管不荷电的条件下所得的粉饼表现出粗糙的表面形貌，这很可能因为粉尘颗粒间的静电推斥作用导致颗粒堆积更加不规则，产生了相对疏松的粉饼。在粉尘荷电、导电陶瓷管表面也荷电的条件下所得粉饼表现出类似海绵层的凹凸和花纹，这可能因为粉饼在粉尘荷电与导电陶瓷管荷电这两个因素的共同作用下更加疏松多孔，气体压降更低。从以上研究结果可知，粉饼层的形貌与粉体颗粒是否荷电具有高度的相关性。

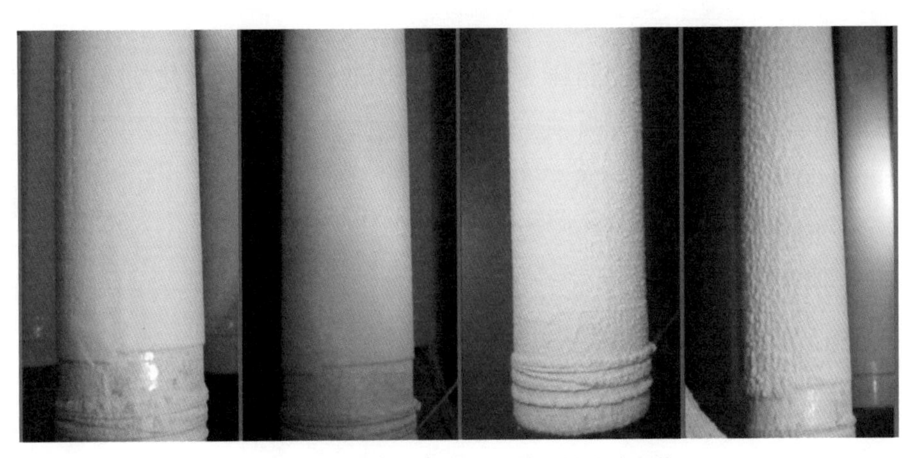

图 6.7　不同实验条件下所得粉饼层的形貌

6.2.3 纤维陶瓷管负载低温 SCR 催化剂的脱硝性能研究

无机纤维陶瓷管已经被证明可作为烟气深度除尘的优良介质，其极低的烟气出口浓度是其他除尘介质难以保证的。然而实际工业条件下，烟气常常伴随有 NO_x（如垃圾焚烧）。因此，如果能在实现深度除尘的前提下完成烟气的脱硝，则可以大大简化烟气处理装置的复杂程度。同时，由于催化组分被分散在无机纤维陶瓷管的管壁内，可以有效防止烟气中的粉尘接触催化活性表面，从而避免粉尘中的毒性元素对催化活性组分的毒害。

经过大量的研究工作发现，颗粒状的稀土基低温 SCR 催化剂和 V-W-Ti 系的高温 SCR 催化剂均无法通过浆液渗透的方法负载在无机纤维陶瓷管的内部孔隙当中，因为两种颗粒状催化剂在陶瓷管表面的渗透深度仅有 1~1.5 mm，这导致催化剂的负载量很低且陶瓷管堵塞严重。中国台湾富利康和丹麦托普索在开发相应产品过程中也遇到类似问题。富利康采用抽真空制管和蒸汽成型的工艺，避免煅烧成型，在制管过程中加入催化剂颗粒，得到了兼具孔隙率和催化剂负载量的纤维陶瓷管。托普索则在一薄层纤维陶瓷管内壁制作一层富含催化剂颗粒的多孔涂层。

本研究团队则采用大孔隙率、低视密度的无机小球为催化剂载体，将其灌注在纤维陶瓷管内壁和其内部的丝网之间的缝隙中，成功实现了高效除尘，同时完成了脱硝技术。该技术方案可实现催化剂颗粒和纤维陶瓷管管体的快速分离，大大降低了陶瓷管废弃后的处理成本，其中催化剂作为危险固废处理，而陶瓷管则可当作普通固废处理。

6.3　多污染物协同治理专用装置的工业应用示范

6.3.1　荷电强化除尘装置开发和应用

荷电强化对于纤维陶瓷管高效除尘具有突出的促进作用，可以显著降低过滤压降。由于预荷电装置必须在高含尘浓度条件下操作，因此其振打装置的设计非常重要，否则其高压荷电部件会很快积灰沾污而失去作用，甚至发生拉弧打火而导致事故。常见的电除尘装置一般会同时在集尘极和电晕极设置振打部件，对这些部件进行定期振打除灰。由于本研究装置的设备空间狭小，难以使用常见电除尘装置负载的笨重振打机械，因此本研究装置的预荷电器的振打装置需要特殊设计和加工。

为了解决电晕极和集尘极同时需要振打的难题，研究设计了采用线管式电场的预荷电器。将该预荷电器的电晕极（圆筒）固定于一块金属板上，而将集尘极也固定于该金属板上，两者间通过绝缘瓷件加以隔离，同时在该金属板上设置振打吊杆，可以通过振打金属板同时完成对集尘极和电晕极的振打，圆满解决装置的振打难题。该金属板和设备筒体之间采用翻边的迷宫式气体密封，可以大大减少解封处的烟气逃逸。由于工业现场烟气粉尘浓度较大，为了保护装置顶部高压接线绝缘部件，将装置的进气方式确定为下进上出，这样当高含尘浓度的气体进入预荷电器下部的进气口时，可以因为气速明显下降而去除一部分大颗粒粉尘，并使之落入预荷电器的灰斗中。

加工完毕后的预荷电器经后期空载升压试验可知，其最大工作电压可达 60 kV，最大工作电流在 50 mA 左右。在空气环境的空载升压试验中，预荷电器内臭氧浓度明显增加，说明该体系可以产生稳定持续的电晕放电现象。预荷电器实物图如图 6.8 所示。

图 6.8　预荷电器实物图

将除尘器设计为下进上出的结构形式，下部灰斗设置自动卸灰阀。烟气自下而上进入除尘器，并在纤维陶瓷管上完成收尘。纤维陶瓷管直径为 80 mm、长度为 180 cm。除尘器共设置 80 根过滤的纤维陶瓷管，总过滤面积为 36 m^2，过滤风速为 1~3 $m\cdot min^{-1}$，最大处理风量为 6500 $m^3\cdot h^{-1}$，反吹脉冲阀共 10 只（利用空气压缩机供气），耗气量为 1.5 $m^3\cdot min^{-1}$，气源压力为 0.4~0.6 MPa。为了降低除尘器系统对现有工业排气系统的影响，特意在除尘器后端设置一个变频风机，用以提供除尘器和预荷电器的压力损失。为了避免烟气温度较高而导致的风机故障，在风机上设置回流水冷装置（冷却水来自外部储水槽，用潜水泵完成冷却水的循环）。纤维陶瓷管除尘器实物图如图 6.9 所示。

图 6.9 纤维陶瓷管除尘器实物图

6.3.2 荷电强化除尘装置试验结果

在江苏三菱磨料有限公司的燃煤锅炉上对本研究开发的除尘装置进行了使用。现场燃煤烟气锅炉风量为 48000 $m^3 \cdot h^{-1}$，烟气温度约为 140~160 ℃，初始含尘浓度为 5~10 $g \cdot m^{-3}$，气体速度约为 1.25 $m \cdot min^{-1}$（大于常见布袋 1.0 $m \cdot min^{-1}$ 的气布比）。从图 6.10 可以看出，当除尘器的风速在 2700 $m^3 \cdot h^{-1}$ 时，装置的平均压降为 602.5 Pa，这说明预荷电器的使用显著增加了粉饼的疏松程度，显著降低了气流的阻力，有利于陶瓷管的反吹再生。从图 6.11 的出口含尘浓度数据可以看出，经过除尘器之后，出口含尘浓度保持在 0.1 $mg \cdot m^{-3}$ 左右，除尘效率大于 99.99%，这说明该装置具有良好的深度除尘效果。

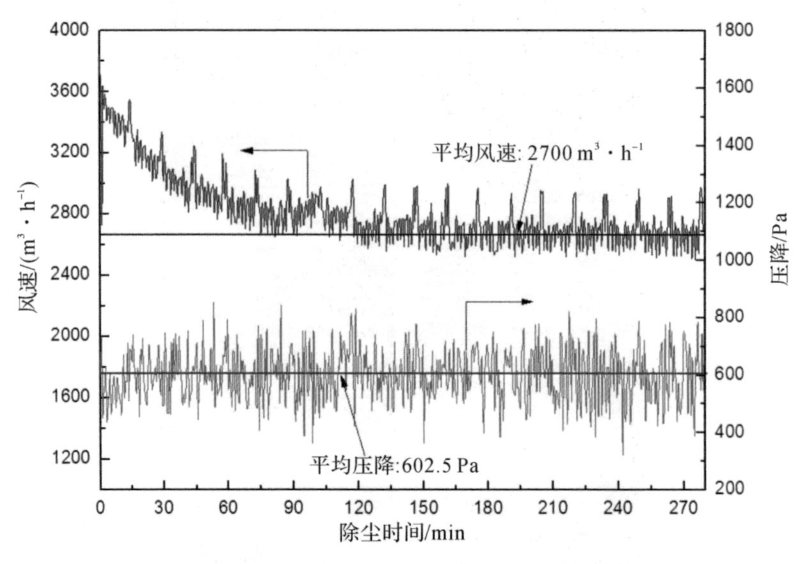

图 6.10　除尘装置风量和压降随时间变化曲线

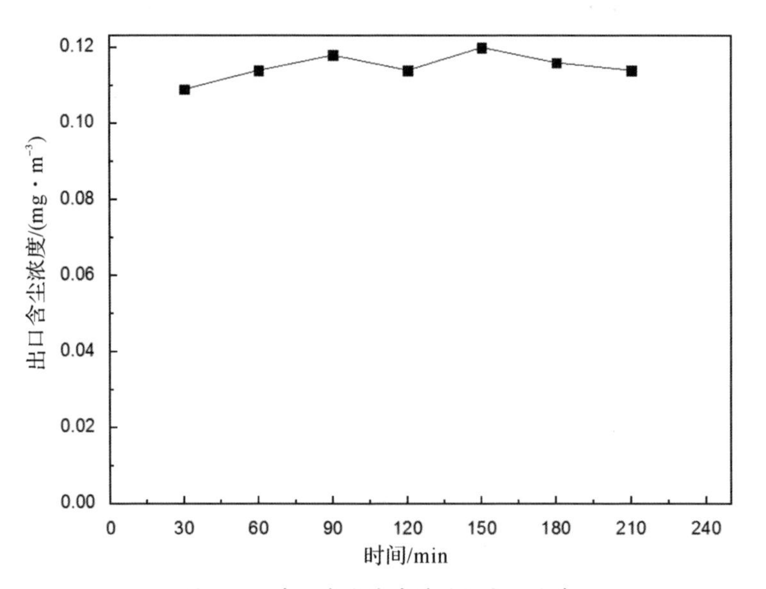

图 6.11　出口含尘浓度随时间变化曲线

6.4 散煤大气污染排放有效控制技术

传统层燃技术［包括广泛采用的正烧技术及反烧技术，见图 6.12（a）和（b）］的空气供应需要穿过煤炉中整个煤层，由于底部（正烧）或上部（反烧）煤层对氧气的大量消耗，其余煤层的燃烧缺乏充足的氧气供应，不能实现完全燃烧，从而导致污染物（包括黑烟和一氧化碳等）的严重排放。共燃技术［见图 6.12（c）］采用底部自然空气供应，气流仅穿过“燃烧区”，可确保燃烧区在任何燃烧工况下都具备充足空气供应，从而可极大程度地避免一氧化碳的产生；在“过渡区”煤炭受热产生的挥发性可燃组分（黑烟、VOC 等）在左侧烟囱驱动下经过燃烧区的赤炭，可实现充分燃烧，从而达到无烟排放（经实地考察证实），并显著提高了燃烧效率，且燃烧稳定，具有明显减排、节能效果；“备燃区”为煤炭添加区域，一次煤炭添加（约 6 kg）可保证 2 h 大火燃烧（做饭）及 8 h 以上封火燃烧，从而极大地减少居民添煤频率。因此，共燃技术克服了传统层燃技术的各项弊端，可实现全煤种、全过程的清洁高效燃烧，且操作便捷，在夜间漫长封火过程中也有充足热量供应。

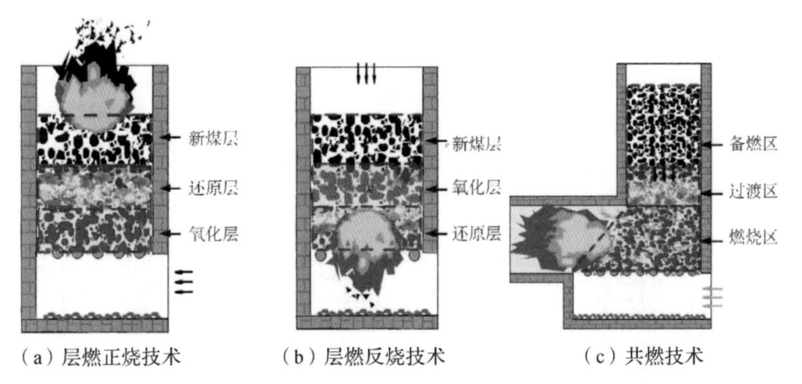

层燃正烧技术：挥发分和一氧化碳均未得到充分燃烧，燃烧不稳定；层燃反烧技术：一氧化碳没有得到充分燃烧，燃烧不稳定，易结焦；共燃技术：挥发分和一氧化碳都得到充分燃烧，燃烧稳定

图 6.12 燃烧技术原理

此外，目前居民现有煤炉水管换热器的换热效率十分低下，煤炉在煤炭充分燃烧工况下（做饭时），烟囱排烟温度可达 300 ℃以上，造成能源的极大浪费。为此，本研究发展了折流管换热器，促进烟道气在折流管换热器内部形成湍流热量交换。折流换热技术原理如图 6.13 所示。折流管换热器可保证煤炭充分燃烧工况下，烟囱排烟温度低于 150 ℃，从而达到节能减排目的。

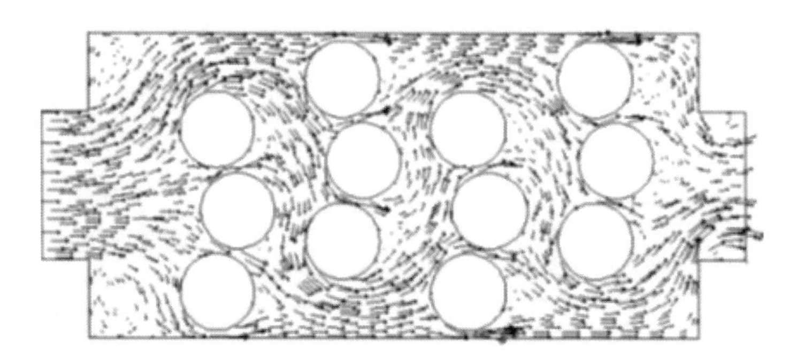

图 6.13　折流换热技术原理

经过实验研究证明，相比居民广泛使用的层燃煤炉，共燃煤炉可实现 $PM_{2.5}$、CO、NH_3、OC/EC 等减排 90% 以上（见图 6.14~6.16 及表 6.1）。

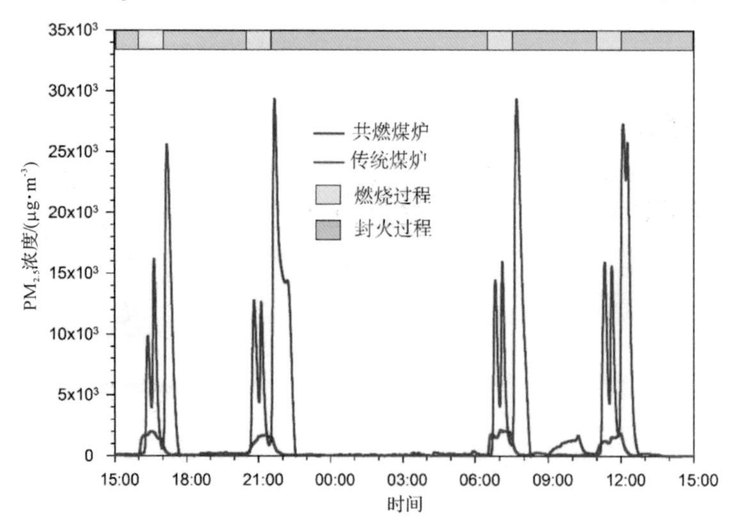

图 6.14　共燃煤炉与传统煤炉燃烧烟煤过程中 $PM_{2.5}$ 排放特征

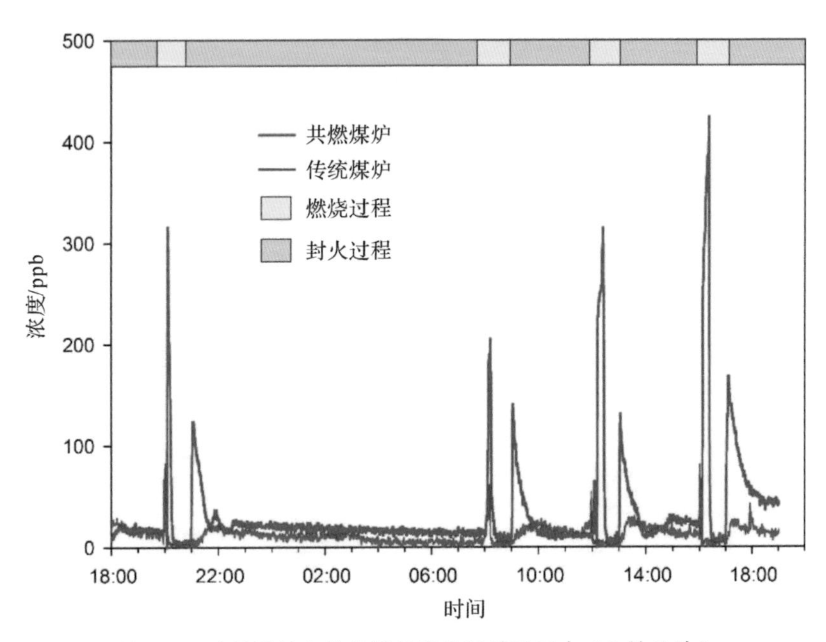

图 6.15 共燃煤炉与传统煤炉燃烧烟煤过程中 CO 排放特征

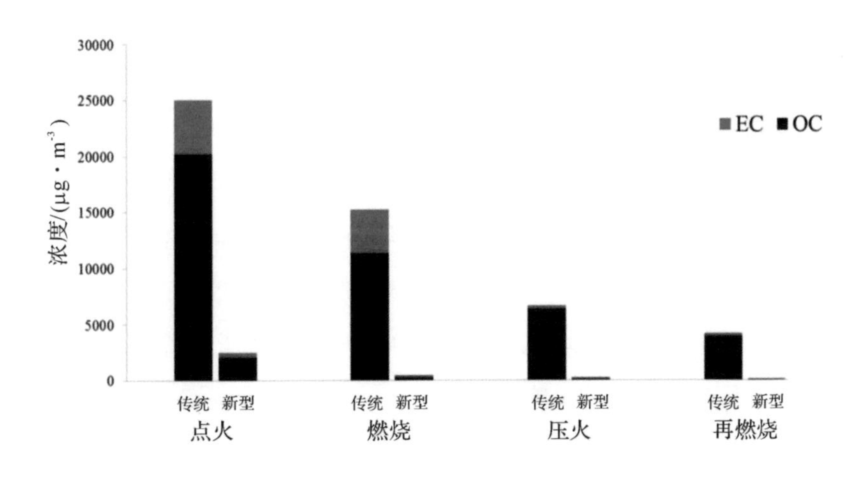

图 6.16 传统煤炉与共燃煤炉燃烧和封火过程 OC/EC 排放特征

表 6.1 关键大气污染物排放因子对比

单位：$g \cdot kg^{-1}$

因子	共燃煤炉	层燃煤炉	电厂锅炉
$PM_{2.5}$	0.06~0.81	8.9~16.8	0.37~2.5
OC	0.1~0.22	4.0~12.6	0.25
EC	~0.02	0.5~0.9	0.003~0.32
CO	6.5~20.5	172~267	0.66~8.0
VOC	0.44~0.51	2.7~6.2	0.02~0.15
NH_3	0.02~0.16	0.44~0.95	~0.02
CH_4	~1.2	5.0~12.2	0.008~0.08
COS	0.003~0.007	0.11~0.75	0.012
NO_x	1.2~1.6	0.8~1.5	3.47~9.13
SO_2	1.3~2.0	1.1~5.8	1.54~1.65
CO_2	1823~2220	1158~1296	2040~2273

基于排放因子 CO_2 测定结果，传统层燃煤炉和共燃煤炉燃烧效率分别为 57% 和 92%，即共燃煤炉可节煤 35%。综合考虑排放因子和燃烧效率，共燃煤炉相对于传统层燃煤炉可实现 SO_2 和 NO_x 综合减排约 30%。

通过经济效益分析，以京津冀地区推广 2000 万台共燃炉具为例（每台 2000 元），每年能够节煤 1.4×10^7 t，约合 112 亿元（每吨煤 800 元）。共燃煤炉的社会效益包括：节省煤炭资源，保障可持续发展和能源安全；显著降低散煤燃烧大气污染物排放，改善区域空气质量；有效避免煤气中毒等危害居民生命安全的事件发生。

目前，居民散煤洁净化前处理技术主要包括型煤及半焦（兰炭），虽然这些技术可降低散煤燃烧二氧化硫的排放，但由于其成本高、燃烧速率慢，甚至爆燃（兰炭），并不能满足居民实际需求。为此，本研究研发了一种简单廉价煤炭洁净化前处理技术——石灰水浸渍技术，该技术处理的预估成本低于煤炭价格的 2%，但很容易实现二氧化硫减排 36% 以上（见图 6.17），且不影响煤炭燃烧温度。

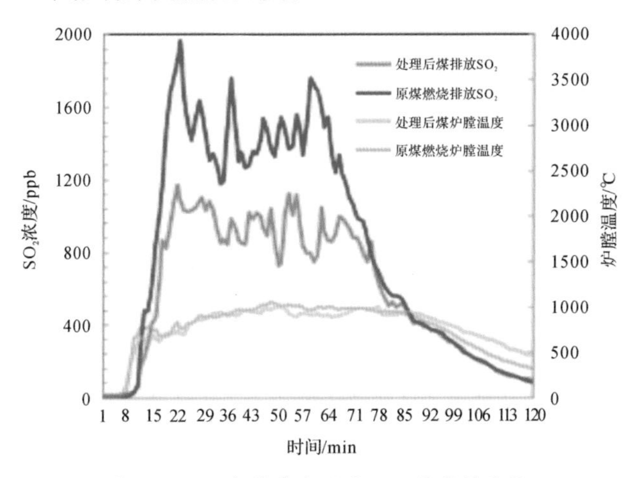

图 6.17　石灰浸渍处理后 SO_2 的减排效果

参考文献

曹国良，张小曳，王丹，等 . (2005). 中国大陆生物质燃烧排放的污染物清单 . 中国环境科学，25(25): 389–393.

王雷 . (2012). 基于流动反应装置的实验室仪器开发和应用研究 . 博士论文 . 北京：中国科学院大学 .

Aiken AC, Decarlo PF, Kroll J H, et al. (2008). O/C and OM/OC ratios of primary, secondary, and ambient organic aerosols with high-resolution time-of-flight aerosol mass spectrometry. Environ Sci Technol 42(12): 4478–4485.

Akhter MS, Chughtai AR, Smith DM. (1985). The structure of hexane soot I: Spectroscopic studies. Appl Spectrosc 39(1): 143–153.

Al-Abadleh HA, Grassian VH. (2000). Heterogeneous reaction of NO_2 on hexane soot: A knudsen cell and FT-IR study. J Phys Chem A 104(51): 11926–11933.

Allan JD, Williams PI, Morgan WT, et al. (2010). Contributions from transport, solid fuel burning and cooking to primary organic aerosols in two UK cities. Atmos Chem Phys 10(2): 647–668.

Alves NDO, Brito J, Caumo S, et al. (2015). Biomass burning in the Amazon region: Aerosol source apportionment and associated health risk assessment. Atmos Environ 120: 277–285.

Amedro D, Parker AE, Schoemaecker C, et al. (2011). Direct observation of OH radicals after 565 nm multi-photon excitation of NO_2 in the presence of H_2O. Chem Phys Lett 513(1–3): 12–16.

Andreae MO, Merlet P. (2001). Emission of trace gases and aerosols from biomass burning. Global Biogeochem Cy 15(4): 955–966.

Asman WAH. (1998). Factors influencing local dry deposition of gases with special reference to ammonia. Atmos Environ 32(3): 415–421.

Bahreini R, Keywood MD, Ng NL, et al. (2005). Measurements of secondary organic aerosol from oxidation of cycloalkenes, terpenes, and *m*-xylene using an Aerodyne aerosol mass spectrometer. Environ Sci Technol 39(15): 5674–5688.

Baltrusaitis J, Cwiertny DM, Grassian VH. (2007). Adsorption of sulfur dioxide on hematite and goethite particle surfaces. Phys Chem Chem Phys 9(41): 5542–5554.

Bateman AP, Gong Z, Liu P, et al. (2015). Sub-micrometre particulate matter is primarily in liquid form over Amazon rainforest. Nat Geosci 9(1): 34–37.

Benner WH, Ogorevc B, Novakov T. (1992). Oxidation of SO_2 in thin water films containing NH_3. Atmos Environ 26(9): 1713–1723.

Betha R, Spracklen DV, Balasubramanian R. (2013). Observations of new aerosol particle formation in a tropical urban atmosphere. Atmos Environ 71: 340–351.

Bloss C, Wagner V, Jenkin ME, et al. (2005). Development of a detailed chemical mechanism (MCMv3.1) for the atmospheric oxidation of aromatic hydrocarbons. Atmos Chem Phys 5: 641–664.

Bouwman AF, Lee DS, Asman WAH, et al. (1997). A global high-resolution emission inventory for ammonia. Global Biogeochem Cy 11(4): 561–587.

Breitner S, Liu L, Cyrys J, et al. (2011). Sub-micrometer particulate air pollution and cardiovascular mortality in Beijing, China. Sci Total Environ 409: 5196–5204.

Bruns EA, El Haddad I, Slowik JG, et al. (2016). Identification of significant precursor gases of secondary organic aerosols from residential wood combustion. Sci Rep 6: 27881.

Burgard DA, Bishop GA, Stedman DH. (2006). Remote sensing of ammonia and sulfur dioxide from on-road light duty vehicles. Environ Sci Technol 40(22): 7018–7022.

Busca G. (1986). FT-IR study of the surface chemistry of anatase-supported vanadium oxide monolayer catalysts. Langmuir 2(5): 577–582.

Cain JP, Gassman PL, Wang H, et al. (2010). Micro-FTIR study of soot chemical composition—evidence of aliphatic hydrocarbons on nascent soot surfaces. Phys Chem Chem Phys 12(20): 5206–5218.

Calvert JG, Su F, Bottenheim JW, et al. (1978). Mechanism of the homogeneous oxidation of sulfur dioxide in the troposphere. Atmos Environ 12(1–3): 197–226.

Cao G, Jang M. (2007). Effects of particle acidity and UV light on secondary organic aerosol formation from oxidation of aromatics in the absence of NO_x. Atmos Environ 41(35): 7603–7613.

Cao G, Zhang X, Gong S, et al. (2008a). Investigation on emission factors of particulate matter and gaseous pollutants from crop residue burning. J Environ Sci 20(1): 50–55.

Cao G, Zhang X, Wang Y, et al. (2008b). Estimation of emissions from field burning of crop straw in China. Chinese Sci Bull 53(5): 784–790.

Cao JJ, Lee SC, Chow JC, et al. (2007). Spatial and seasonal distributions of carbonaceous aerosols over China. J Geophys Res-Atmos 112: D22S11.

Carr S, Heard DE, Blitz MA. (2009). Comment on "Atmospheric hydroxyl radical production from electronically excited NO_2 and H_2O". Science 324(5925): 336.

Centeno MA, Carrizosa I, Odriozola JA. (1998). In situ DRIFTS study of the SCR reaction of NO with NH_3 in the presence of O_2 over lanthanide doped V_2O_5-Al_2O_3 catalysts. Appl Catal B 19(1): 67–73.

Chan CK, Yao X. (2008). Air pollution in mega cities in China. Atmos Environ 42(1): 1–42.

Chen H, Kong L, Chen J, et al. (2007). Heterogeneous uptake of carbonyl sulfide on hematite and hematite-NaCl mixtures. Environ Sci Technol 41(18): 6484–6490.

Chen J, Li C, Ristovski Z, et al. (2017). A review of biomass burning: Emissions and impacts on air quality, health and climate in China. Sci Total Environ 579: 1000–1034.

Cheng S, Lang J, Zhou Y, et al. (2013). A new monitoring-simulation-source apportionment approach for investigating the vehicular emission contribution to the $PM_{2.5}$ pollution in Beijing, China. Atmos Environ 79: 308–316.

Chirico R, DeCarlo PF, Heringa MF, et al. (2010). Impact of aftertreatment deviceson primary emissions and secondary organic aerosol formation potential from in use diesel vehicles: Results from smog chamber experiments. Atmos Chem Phys 10(23): 11545–11563.

Chow JC, Watson JG, Fujita EM, et al. (1994). Temporal and spatial variations of $PM_{2.5}$ and PM_{10} aerosol in the Southern California air quality study. Atmos Environ 28(12): 2061–2080.

Christian TJ, Kleiss B, Yokelson RJ, et al. (2003). Comprehensive laboratory measurements of biomass-burning emissions: 1. Emissions from Indonesian, African, and other fuels. J Geophys Res-Atmos 108(D23): 4719.

Chu BW, Hao JM, Takekawa H, et al. (2012). The remarkable effect of $FeSO_4$ seed aerosols on secondary organic aerosol formation from photooxidation of α-pinene/NO_x and toluene/NO_x. Atmos Environ 55: 26–34.

Chughtai AR, Welch WF, Akhter MS, et al. (1990). A spectroscopic study of gaseous products of soot-oxides of nitrogen/water reactions. Appl Spectrosc 44(2): 294–298.

Clarke AD, Owens SR, Zhou JC. (2006). An ultrafine sea-salt flux from breaking waves: Implications for cloud condensation nuclei in the remote marine atmosphere. J Geophys Res-Atmos 111(D6).

Cocker DR, Mader BT, Kalberer M, et al. (2001). The effect of water on gas-particle partitioning of secondary organic aerosol: II. *m*-xylene and 1,3,5-trimethylbenzene photooxidation systems. Atmos Environ 35(35): 6073–6085.

Cooke WF, Liousse C, Cachier H, et al. (1999). Construction of a 1 degrees × 1 degrees fossil fuel emission data set for carbonaceous aerosol and implementation and radiative impact in the ECHAM4 model. J Geophys Res-Atmos 104(D18): 22137–22162.

Crawford T M. (1985). Error sources in the “ring down” optical cavity decay time mirror reflectometer. Proceedings of the Society of Photo-Optical Instrumentation Engineers 540: 295–302.

Crilley LR, Jayaratne ER, Ayoko GA, et al. (2014). Observations on the formation, growth and chemical composition of aerosols in an urban environment. Environ Sci Technol 48(12): 6588–6596.

Crippa M, El Haddad I, Slowik JG, et al. (2013). Identification of marine and continental aerosol sources in Paris using high resolution aerosol mass spectrometry. J Geophys Res-Atmos 118(4): 1950–1963.

Cross ES, Sappok AG, Wong VW, et al. (2015). Load-dependent emission factors and chemical characteristics of IVOCs from a medium-duty diesel engine. Environ Sci Technol 49(22): 13483–13491.

Crounse JD, Knap HC, Ørnsø KB, et al. (2012). Atmospheric fate of methacrolein. 1. Peroxy radical isomerization following addition of OH and O_2. J Phys Chem A 116(24): 5756–5762.

Crounse JD, Nielsen LB, Jørgensen S, et al. (2013). Autoxidation of organic compounds in the atmosphere. J Phys Chem Lett 4(20): 3513–3520.

Crounse JD, Paulot F, Kjaergaard HG, et al. (2011). Peroxy radical isomerization in the oxidation of isoprene. Phys Chem Chem Phys 13(30): 13607–13613.

Daly HM, Horn AB. (2009). Heterogeneous chemistry of toluene, kerosene and diesel soots. Phys Chem Chem Phys 11(7): 1069–1076.

Datta A, Cavel RG, Tower RW, et al. (1985). Claus catalysis.1. Adsorption of SO_2 on the alumina catalyst studied by FTIR and EPR spectroscopy. J Phys Chem 89(3): 443–449.

David O, De Haan, Ashley L, et al. (2009). Secondary organic aerosol formation by self-reactions of methylglyoxal and glyoxal in evaporating droplets. Environ Sci Technol 43(21): 8184–8190.

Deng W, Hu Q, Liu T, et al. (2017a). Primary particulate emissions and secondary organic aerosol (SOA) formation from idling diesel vehicle exhaust in China. Sci Total Enrivon 593–594(1): 462–469.

Deng W, Liu T, Zhang Y, et al. (2017b). Secondary organic aerosol formation from photo-oxidation of toluene with NO_x and SO_2: Chamber simulation with purified air versus urban ambient air as matrix. Atmos Environ 150: 67–76.

Dentener F, Kinne S, Bond T, et al. (2006). Emissions of primary aerosol and precursor gases in the years 2000 and 1750 prescribed data-sets for AeroCom. Atmos Chem Phys 6(12): 4321–4344.

Du Q, Zhang C, Mu Y, et al. (2016). An important missing source of atmospheric carbonyl sulfide: Domestic coal combustion. Geophys Res Lett 43(16): 8720–8727.

Du Z, He K, Cheng Y, et al. (2014). A yearlong study of water-soluble organic carbon in Beijing I: Sources and its primary vs. secondary nature. Atmos Environ 92: 514–521.

Dupart Y, King SM, Nekat B, et al. (2012). Mineral dust photochemistry induces nucleation events in the presence of SO_2. Proc Natl Acad Sci USA 109(51): 20842–20847.

Edney EO, Kleindienst TE, Jaoui M, et al. (2005). Formation of 2-methyl tetrols and 2-methylglyceric acid in secondary organic aerosol from laboratory irradiated isoprene/NO_x/SO_2/air mixtures and their detection in ambient $PM_{2.5}$ samples collected in the eastern United States. Atmos Environ 39(29): 5281–5289.

Fanning PE, Vannice MA. (1993). A DRIFTS study of the formation of surface groups on carbon by oxidation. Carbon 31(5): 721–730.

Fenske JD, Hasson AS, Ho AW, et al. (2000). Measurement of absolute unimolecular and bimolecular rate constants for CH_3CHOO generated by the *trans*-2-butene reaction with ozone in the gas phase. J Phys Chem A 104(44): 9921–9932.

Fraser MP, Cass GR. (1998). Detection of excess ammonia emissions from in-use vehicles and the implications for fine particle control. Environ Sci Technol 32(8): 1053–1057.

Fu H, Wang X, Wu H, et al. (2007). Heterogeneous uptake and oxidation of SO_2 on iron oxides. J Phys Chem C 111(16): 6077–6085.

Fu TM, Jacob DJ, Heald CL. (2009). Aqueous-phase reactive uptake of dicarbonyls as a source of organic aerosol over eastern North America. Atmos Environ 43(10): 1814–1822.

Fu TM, Jacob DJ, Wittrock F, et al. (2008). Global budgets of atmospheric glyoxal and methylglyoxal, and implications for formation of secondary organic aerosols. J Geophys Res-Atmos 113(D15).

Fuchs H, Acir IH, Bohn B, et al. (2014). OH regeneration from methacrolein oxidation investigated in the atmosphere simulation chamber SAPHIR. Atmos Chem Phys 14(4): 7895–7908.

Fuchs H, Hofzumahaus A, Rohrer F, et al. (2013). Experimental evidence for efficient hydroxyl radical regeneration in isoprene oxidation. Nat Geosci 6(12): 1023–1026.

Gentner DR, Isaacman G, Worton DR, et al. (2012). Elucidating secondary organic aerosol from diesel and gasoline vehicles through detailed characterization of organic carbon emissions. Proc Natl Acad Sci USA 109(45): 18318–18323.

Gerber HE. (1985). Relative-humidity parameterization of the Navy Aerosol Model (NAM). Washington, DC: Naval Research Lab.

Goodman AL, Bernard ET, Grassian VH. (2001a). Spectroscopic study of nitric acid and water adsorption on oxide particles: Enhanced nitric acid uptake kinetics in the presence of adsorbed water. J Phys Chem A 105(26): 6443–6457.

Goodman AL, Li P, Usher CR, et al. (2001b). Heterogeneous uptake of sulfur dioxide on aluminum and magnesium oxide particles. J Phys Chem A 105(25): 6109–6120.

Gordon TD, Presto AA, May AA, et al. (2014a). Secondary organic aerosol formation exceeds primary particulate matter emissions for light-duty gasoline vehicles. Atmos Chem Phys 14(9): 4661–4678.

Gordon TD, Presto AA, Nguyen NT, et al. (2014b). Secondary organic aerosol production from diesel vehicle exhaust: impact of aftertreatment, fuel chemistry and driving cycle. Atmos Chem Phys 14(9): 4643–4659.

Grosjean D. (1985). Wall loss of gaseous pollutants in outdoor Teflon chambers. Environ Sci Technol 19(11): 1059–1065.

Han C, Liu Y, He H. (2013). Role of organic carbon in heterogeneous reaction of NO_2 with soot. Environ Sci Technol 47(7): 3174–3181.

Han C, Liu Y, Ma J, et al. (2012a). Effect of soot microstructure on its ozonization reactivity. J Chem Phys 137(8): 084507.

Han C, Liu Y, Ma J, et al. (2012b). Key role of organic carbon in the sunlight-enhanced atmospheric aging of soot by O_2. Proc Natl Acad Sci USA 109(52): 21250–21255.

Hansen ADA, Benner WH, Novakov T. (1991). Sulfur dioxide oxidation in laboratory clouds. Atmos Environ 25A(11): 2521–2530.

Hayes PL, Carlton AG, Baker KR, et al. (2015). Modeling the formation and aging of secondary organic aerosols in Los Angeles during CalNex 2010. Atmos Chem Phys 15(10): 5773–5801.

He H, Wang Y, Ma Q, et al. (2014). Mineral dust and NO_2 promote the conversion of SO_2 to sulfate in heavy pollution days. Sci Rep 4: 4172.

He KB, Yang FM, Ma YL, et al. (2001). The characteristics of $PM_{2.5}$ in Beijing, China. Atmos Environ 35(29): 4959–4970.

Heard DE, Carpenter LJ, Creasey DJ, et al. (2004). High levels of the hydroxyl radical in the winter urban troposphere. Geophys Res Lett 31(18): L18112.

Hens K, Novelli A, Martinez M, et al. (2014). Observation and modelling of HO_x radicals in a boreal forest. Atmos Chem Phys 14: 8723–8747.

Herbelin JM, Mckay JA. (1980). Sensitive measurement of photo lifetime and true reflectances in an optical cavity by a phase-shift method. Appl Optics 19(1): 144–147.

Hofzumahaus A, Rohrer F, Lu K, et al. (2009). Amplified trace gas removal in the troposphere. Science 324(5935): 1702–1704.

Hosseini S, Urbanski SP, Dixit P, et al. (2013). Laboratory characterization of PM emissions from combustion of wildland biomass fuels. J Geophys Res-Atmos 118(17): 9914–9929.

Hosseini SM. (2013). Chemical pretreatment and thermophilic composting process for rapid biodergradation of rice straw. PhD Thesis. Penang: Universiti Sains Malaysia.

Huang X, Song Y, Li MM, et al. (2012). A high-resolution ammonia emission inventory in China. Global Biogeochem Cy 26: GB1030.

Huang XF, He LY, Hu M, et al. (2011). Characterization of submicron aerosols at a rural site in Pearl River Delta of China using an Aerodyne High-Resolution Aerosol Mass Spectrometer. Atmos Chem Phys 11: 1865–1877.

Huang Y, Lee SC, Ho KF, et al. (2012). Effect of ammonia on ozone-initiated formation of indoor secondary products with emissions from cleaning products. Atmos Environ 59: 224–231.

Hug SJ. (1997). In situ fourier transform infrared measurements of sulfate adsorption on hematite in aqueous solutions. J Colloid Interface Sci 188(2): 415–422.

Ianniello A, Spataro F, Esposito G, et al. (2011). Chemical characteristics of inorganic ammonium salts in $PM_{2.5}$ in the atmosphere of Beijing (China). Atmos Chem Phys 11: 10803–10822.

Jacobson MZ. (1994). Developing, coupling, and applying a gas, aerosol, transport, and radiation model to study urban and regional air pollution. PhD Thesis. Los Angeles: University of California.

Jang MS, Czoschke NM, Lee S, et al. (2002). Heterogeneous atmospheric aerosol production by acid-catalyzed particle-phase reactions. Science 298(5594): 814–817.

Jaoui M, Edney EO, Kleindienst TE, et al. (2008). Formation of secondary organic aerosol from irradiated alpha-pinene/toluene/NO_x mixtures and the effect of isoprene and sulfur dioxide. J Geophys Res-Atmos 113(D9).

Jiang BQ, Wu ZB, Liu Y, et al. (2010). DRIFT study of the SO_2 effect on low-temperature SCR reaction over Fe-Mn/TiO_2. J Phys Chem C 114(11): 4961–4965.

Jimenez JL, Canagaratna MR, Donahue NM, et al. (2009). Evolution of organic aerosols in the atmosphere. Science 326(5959): 1525–1529.

Jin R, Liu Y, Wu Z, et al. (2010). Low-temperature selective catalytic reduction of NO with NH_3 over Mn-Ce oxides supported on TiO_2 and Al_2O_3: A comparative study. Chemosphere 78(9): 1160–1166.

Johnson D, Jenkin ME, Wirtz K, et al. (2004). Simulating the formation of secondary organic aerosol from the photooxidation of toluene. Environ Chem 1(3): 150.

Jokinen T, Sipilä M, Richters S, et al. (2014). Rapid autoxidation forms highly oxidized RO_2 radicals in the atmosphere. Angew Chem Int Edit 53(52): 14596–14600.

Kalberer M, Paulsen D, Sax M, et al. (2004). Identification of polymers as major components of atmospheric organic aerosols. Science 303(5664): 1659–1662.

Kalberer M, Sax M, Samburova V. (2006). Molecular size evolution of oligomers in organic aerosols collected in urban atmospheres and generated in a smog chamber. Environ Sci Technol 40(19): 5917–5922.

Kamm S, Möhler O, Naumann KH, et al. (1999). The heterogeneous reaction of ozone with soot aerosol. Atmos Environ 33(28): 4651–4661.

Kean AJ, Littlejohn D, Ban-Weiss GA, et al. (2009). Trends in on-road vehicle emissions of ammonia. Atmos Environ 43(8): 1565–1570.

Keywood MD, Varutbangkul V, Bahreini R, et al. (2004). Secondary organic aerosol formation from the ozonolysis of cycloalkenes and related compounds. Environ Sci Technol 38(15): 4157–4164.

Kijlstra WS, Brands DS, Poels EK, et al. (1997). Mechanism of the selective catalytic reduction of NO by NH_3 over MnO_x/Al_2O_3. I. Adsorption and desorption of the single reaction components. J Catal 171(1): 208–218.

Kim H, Barkey B, Paulson SE. (2010). Real refractive indices of α-and β-pinene and toluene secondary organic aerosols generated from ozonolysis and photo-oxidation. J Geophys Res-Atmos 115(D24).

Kim H, Barkey B, Paulson SE. (2012). Real refractive indices and formation yields of secondary organic aerosol generated from photooxidation of limonene and alpha-pinene: The effect of the HC/NO_x ratio. J Phys Chem A 116(24): 6059–6067.

Kim H, Paulson SE. (2013). Real refractive indices and volatility of secondary organic aerosol generated from photooxidation and ozonolysis of limonene, α-pinene and toluene. Atmos Chem Phys 13(15): 7711–7723.

Kim Oanh NT, Tipayarom A, Bich TL, et al. (2015). Characterization of gaseous and semi-volatile organic compounds emitted from field burning of rice straw. Atmos Environ 119: 182–191.

Kinne S, Lohmann U, Feichter J, et al. (2003). Monthly averages of aerosol properties: A global comparison among models, satellite data, and AERONET ground data. J Geophys Res-Atmos 108(D20).

Kircgstetter TW, Singer BC, Harley RA, et al. (1999). Impact of California reformulated gasoline on motor vehicle emissions. 2. Volatile organic compound speciation and reactivity. Environ Sci Technol 1999 33(2): 329–336.

Kirchner U, Scheer V, Vogt R. (2000). FTIR Spectroscopic Investigation of the Mechanism and Kinetics of the Heterogeneous Reactions of NO_2 and HNO_3 with Soot. J Phys Chem A 104(39): 8908–8915.

Kirchner U, Vogt R, Natzeck C, et al. (2003). Single particle MS, SNMS, SIMS, XPS, and FTIR spectroscopic analysis of soot particles during the AIDA campaign. J Aerosol Sci 34(10): 1323–1346.

Kirkby J, Curtius J, Almeida J, et al. (2011). Role of sulphuric acid, ammonia and galactic cosmic rays in atmospheric aerosol nucleation. Nature 476: 429–433.

Klein F, Farren N, Bozzetti C, et al. (2016). Indoor terpene emissions from cooking with herbs and pepper and their secondary organic aerosol production potential. Sci Rep 6: 36623.

Kleindienst TE, Edney EO, Lewandowski M, et al. (2006). Secondary organic carbon and aerosol yields from the irradiations of isoprene and α-pinene in the presence of NO_x and SO_2. Environ Sci Technol 40(12): 3807–3812.

Kolb CE, Cox RA, Abbatt JPD, et al. (2010). An overview of current issues in the uptake of atmospheric trace gases by aerosols and clouds. Atmos Chem Phys 10(21): 10561–10605.

Kong LD, Zhao X, Sun ZY, et al. (2014). The effects of nitrate on the heterogeneous uptake of sulfur dioxide on hematite. Atmos Chem Phys 14(17): 9451–9467.

Kroll JH, Chan AWH, Ng NL, et al. (2007). Reactions of semivolatile organics and their effects on secondary organic aerosol formation. Environ Sci Technol 41(10): 3545–3550.

Kroll JH, Donahue NM, Jimenez JL, et al. (2011). Carbon oxidation state as a metric for describing the chemistry of atmospheric organic aerosol. Nat Chem 3: 133–139.

Kulmala M, Kontkanen J, Junninen H, et al. (2013). Direct observations of atmospheric aerosol nucleation. Science 339(6122): 943–946.

Kwamena NOA, Abbatt JPD. (2008). Heterogeneous nitration reactions of polycyclic aromatic hydrocarbons and *n*-hexane soot by exposure to $NO_3/NO_2/N_2O_5$. Atmos Environ 42(35): 8309–8314.

Lee BP, Li YJ, Yu JZ, et al. (2015). Characteristics of submicron particulate matter at the urban roadside in downtown Hong Kong—Overview of 4 months of continuous high-resolution aerosol mass spectrometer measurements. J Geophys Res-Atmos 120(14): 7040–7058.

Leitte AM, Schlink U, Herbarth O, et al. (2011). Size-segregated particle number concentrations and respiratory emergency room visits in Beijing, China. Environ Health Perspect 119(4): 508–513.

Lelieveld J, Heintzenberg J. (1992). Sulfate cooling effect on climate through in-cloud oxidation of anthropogenic SO_2. Science 258(5079): 117–120.

Lelièvre S, Bedjanian Y, Pouvesle N, et al. (2004). Heterogeneous reaction of ozone with hydrocarbon flame soot. Phys Chem Chem Phys 6(6): 1181–1191.

Li C, Hu Y, Zhang F, et al. (2017). Multi-pollutant emissions from the burning of major agricultural residues in China and the related health-economic effects. Atmos Chem Phys 17: 4957–4988.

Li J, Wong JGD, Dobbie JS, et al. (2001). Parameterization of the optical properties of sulfate aerosols. J Atmos Sci 58(2): 193–209.

Li L, Chen ZM, Zhang YH, et al. (2006). Kinetics and mechanism of heterogeneous oxidation of sulfur dioxide by ozone on surface of calcium carbonate. Atmos Chem Phys 6(9): 2453–2464.

Li X, Wang S, Duan L, et al. (2007). Particulate and trace gas emissions from open burning of wheat straw and corn stover in China. Environ Sci Technol 41(17): 6052–6058.

Li X, Wang S, Duan L, et al. (2009). Characterization of non-methane hydrocarbons emitted from open burning of wheat straw and corn stover in China. Environ Res Lett 4(4): 044015.

Liggio J, Li SM, McLaren R. (2005a). Heterogeneous reactions of glyoxal on particulate matter: Identification of acetals and sulfate esters. Environ Sci Technol 39(6): 1532–1541.

Liggio J, Li SM, McLaren R. (2005b). Reactive uptake of glyoxal by particulate matter. J Geophys Res-Atmos 110(D10).

Lim YB, Tan Y, Turpin BJ. (2013). Chemical insights, explicit chemistry, and yields of secondary organic aerosol from OH radical oxidation of methylglyoxal and glyoxal in the aqueous phase. Atmos Chem Phys 13(17): 8651–8667.

Lisovskii A, Semiat R, Aharoni C. (1997). Adsorption of sulfur dioxide by active carbon treated by nitric acid: I. Effect of the treatment on adsorption of SO_2 and extractability of the acid formed. Carbon 35(10–11): 1639–1643.

Liu C, Ma Q, Liu Y, et al. (2012). Synergistic reaction between SO_2 and NO_2 on mineral oxides: A potential formation pathway of sulfate aerosol. Phys Chem Chem Phys 14(5): 1668–1676.

Liu H, He K, Lents JM, et al. (2009). Characteristics of diesel truck emission in China based on portable emissions measurement systems. Environ Sci Technol 43(24): 9507–9511.

Liu PF, Abdelmalki N, Hung HM, et al. (2015). Ultraviolet and visible complex refractive indices of secondary organic material produced by photooxidation of the aromatic compounds toluene and *m*-xylene. Atmos Chem Phys 15(3): 1435–1446.

Liu Q, Li C, Li Y. (2003). SO_2 removal from flue gas by activated semi-cokes: 1. The preparation of catalysts and determination of operating conditions. Carbon 41(12): 2217–2223.

Liu T, Wang X, Hu Q, et al. (2016). Formation of secondary aerosols from gasoline vehicle exhaust when mixing with SO_2. Atmos Chem Phys 16(2): 675–689.

Liu T, Wang X, Wang B, et al. (2014). Emission factor of ammonia (NH_3) from on-road vehicles in China: Tunnel tests in urban Guangzhou. Environ Res Lett 9(6): 064027.

Liu Y, Han C, Ma J, et al. (2015a). Influence of relative humidity on heterogeneous kinetics of NO_2 on kaolin and hematite. Phys Chem Chem Phys 17(29): 19424–19431.

Liu Y, Liggio J, Staebler R, et al. (2015b). Reactive uptake of ammonia to secondary organic aerosols: Kinetics of organonitrogen formation. Atmos Chem Phys

15(23): 13569–13584.

Liu Y, Liu C, Ma J, et al. (2010). Structural and hygroscopic changes of soot during heterogeneous reaction with O_3. Phys Chem Chem Phys 12(36): 10896–10903.

Liu Y, Shao M. (2007). Estimation and prediction of black carbon emissions in Beijing City. Chinese Sci Bull 52(9): 1274–1281.

Lizzio AA, DeBarr JA. (1997). Mechanism of SO_2 Removal by Carbon. Energy Fuels 11(2): 284–291.

Lockhart J, Blitz M, Heard D, et al. (2013). Kinetic study of the OH+glyoxal reaction: Experimental evidence and quantification of direct OH recycling. J Phys Chem A 117(43): 11027–11037.

Longfellow CA, Ravishankara AR, Hanson DR. (2000). Reactive and nonreactive uptake on hydrocarbon soot: HNO_3, O_3, and N_2O_5. J Geophys Res-Atmos 105(D19): 24345–24350.

Lu KD, Hofzumahaus A, Holland F, et al. (2013). Missing OH source in a suburban environment near Beijing: Observed and modelled OH and HO_2 concentrations in summer 2006. Atmos Chem Phys 13(2): 1057–1080.

Lu KD, Rohrer F, Holland F, et al. (2012). Observation and modelling of OH and HO_2 concentrations in the Pearl River Delta 2006: A missing OH source in a VOC rich atmosphere. Atmos Chem Phys 12(3): 1541–1569.

Marcolli C, Luo BP, Peter T. (2004). Mixing of the organic aerosol fractions: Liquids as the thermodynamically stable phases. J Phys Chem A 108(12): 2216–2224.

Martin-Reviejo M, Wirtz K. (2005). Is benzene a precursor for secondary organic aerosol? Environ Sci Technol 39(4): 1045–1054.

McCabe J, Abbatt JPD. (2009). Heterogeneous loss of gas-phase ozone on *n*-hexane soot surfaces: Similar kinetics to loss on other chemically unsaturated solid surfaces. J Phys Chem C 113(6): 2120–2127.

McMurry PH, Grosjean D. (1985a). Gas and aerosol wall losses in Teflon film smog chambers. Environ Sci Technol 19(12): 1176–1182.

McMurry PH, Rader DJ. (1985b). Aerosol wall losses in electrically charged chambers. Aerosol Sci Technol 4(3): 249–268.

Meng ZY, Lin WL, Jiang XM, et al. (2011). Characteristics of atmospheric ammonia over Beijing, China. Atmos Chem Phys 11(12): 6139–6151.

Metts T, Batterman S, Fernandes G, et al. (2005). Ozone removal by diesel particulate matter. Atmos Environ 39(18): 3343–3354.

Michel FJ, Bar-Or RZ, Bluvshtein N, et al. (2012). Absorbing aerosols at high relative humidity: Linking hygroscopic growth to optical properties. Atmos Chem Phys 12(12): 5511–5521.

Miller CC, Jacob DJ, González Abad D, et al. (2016). Hotspot of glyoxal over the Pearl River delta seen from the OMI satellite instrument: Implications for emissions of aromatic hydrocarbons. Atmos Chem Phys 16(7): 4631–4639.

Mogili PK, Kleiber PD, Young MA, et al. (2006). Heterogeneous uptake of ozone on reactive components of mineral dust aerosol: An environmental aerosol reaction chamber study. J Phys Chem A 110(51): 13799–13807.

Mohr C, DeCarlo PF, Heringa MF, et al. (2012). Identification and quantification of organic aerosol from cooking and other sources in Barcelona using aerosol mass spectrometer data. Atmos Chem Phys 12(4): 1649–1665.

Muckenhuber H, Grothe H. (2006). The heterogeneous reaction between soot and NO_2 at elevated temperature. Carbon 44(3): 546–559.

Muenter AH, Koehler BG. (2000). Adsorption of ammonia on soot at low temperatures. J Phys Chem A 104(37): 8527–8534.

Müller JO, Su DS, Jentoft RE, et al. (2005). Morphology-controlled reactivity of carbonaceous materials towards oxidation. Catal Today 102–103: 259–265.

Müller JO, Su DS, Wild U, et al. (2007). Bulk and surface structural investigations of diesel engine soot and carbon black. Phys Chem Chem Phys 9(30): 4018–4025.

Na K, Song C, Switzer C, et al. (2007). Effect of ammonia on secondary organic aerosol formation from α-pinene ozonolysis in dry and humid conditions. Environ Sci Technol 41(17): 6096–6102.

Nakao S, Shrivastava M, Nguyen A, et al. (2011). Interpretation of secondary organic aerosol formation from diesel exhaust photooxidation in an environmental chamber. Aerosol Sci Technol 45(8): 964–972.

Nakayama T, Matsumi Y, Sato K, et al. (2010). Laboratory studies on optical properties of secondary organic aerosols generated during the photooxidation of toluene and the ozonolysis of α-pinene. J Geophys Res-Atmos 115(D24).

Nanayakkara CE, Pettibone J, Grassian VH. (2012). Sulfur dioxide adsorption and photooxidation on isotopically-labeled titanium dioxide nanoparticle surfaces: Roles of surface hydroxyl groups and adsorbed water in the formation and stability of adsorbed sulfite and sulfate. Phys Chem Chem Phys 14(19): 6957–6966.

Ndour M, D'Anna B, George C, et al. (2008). Photoenhanced uptake of NO_2 on mineral dust: Laboratory experiments and model simulations. Geophys Res Lett 35(5), L05812.

Nehr S, Bohn B, Dorn HP, et al. (2014). Atmospheric photochemistry of aromatic hydrocarbons: OH budgets during SAPHIR chamber experiments. Atmos Chem Phys 14(13): 6941–6952.

Nehr S, Bohn B, Fuchs H, et al. (2011). HO_2 formation from the OH plus benzene reaction in the presence of O_2. Phys Chem Chem Phys 13(22): 10699–10708.

Nehr S, Bohn B, Wahner A. (2012). Prompt HO_2 formation following the reaction of OH with aromatic compounds under atmospheric conditions. J Phys Chem A 116(24): 6015–6026.

Ng NL, Chhabra PS, Chan AWH, et al. (2007a). Effect of NO_x level on secondary organic aerosol (SOA) formation from the photooxidation of terpenes. Atmos Chem Phys 7(19): 5159–5174.

Ng NL, Kroll JH, Chan AWH, et al. (2007b). Secondary organic aerosol formation from *m*-xylene, toluene, and benzene. Atmos Chem Phys 7(14): 3909–3922.

Nguyen TL, Vereecken L, Peeters J. (2010). HO_x regeneration in the oxidation of isoprene III: Theoretical study of the key isomerisation of the *Z*-δ-hydroxy-peroxy isoprene radicals. Chem Phys Chem 11: 3996–4001.

Ni H, Han Y, Cao J, et al. (2015). Emission characteristics of carbonaceous particles and trace gases from open burning of crop residues in China. Atmos Environ 123: 399–406.

Nieto-Gligorovski L, Net S, Gligorovski S, et al. (2008). Interactions of ozone with organic surface films in the presence of simulated sunlight: Impact on wettability of aerosols. Phys Chem Chem Phys 10(20): 2964–2971.

Niki H, Maker PD, Savage CM, et al. (1980). Fourier transform infrared study of the hydroxyl radical initiated oxidation of sulfur dioxide. J Phys Chem 84(1): 14–16.

Nordin E, Eriksson A, Roldin P, et al. (2013). Secondary organic aerosol formation from gasoline passenger vehicle emissions investigated in a smog chamber. Atmos Chem Phys 13(12): 6101–6116.

O'Keefe A, Deacon DAG. (1988). Cavity ring-down optical spectrometer for absorption measurements using pulsed laser sources. Rev Sci Instrum 59(12): 2544–2551.

Odum JR, Jungkamp TPW, Griffin RJ, et al. (1997a). The atmospheric aerosol-forming potential of whole gasoline vapor. Science 276(5309): 96–99.

Odum JR, Jungkamp TPW, Griffin RJ, et al. (1997b). Aromatics, reformulated gasoline, and atmospheric organic aerosol formation. Environ Sci Technol 31(7): 1890–1897.

Ortega IK, Kurten T, Vehkamaki H, et al. (2008). The role of ammonia in sulfuric acid ion induced nucleation. Atmos Chem Phys 8(11): 2859–2867.

Ou XM, Zhang XL, Chang SY. (2010). Scenario analysis on alternative fuel/vehicle for China's future road transport: Life-cycle energy demand and GHG emissions. Energy Policy 38(8): 3943–3956.

Pan X, Yang MQ, Fu X, et al. (2013). Defective TiO_2 with oxygen vacancies: Synthesis, properties and photocatalytic applications. Nanoscale 5(9): 3601–3614.

Peak D, Ford RG, Sparks DL. (1999). An in situ ATR-FTIR investigation of sulfate bonding mechanisms on goethite. J Colloid Interface Sci 218(1): 289–299.

Peeters J, Nguyen TL, Vereecken L. (2009). HO_x radical regeneration in the oxidation of isoprene. Phys Chem Chem Phys 11(28): 5935–5939.

Persson P, Lovgren L. (1996). Potentiometric and spectroscopic studies of sulfate complexation at the goethite-water interface. Geochim Cosmochim Acta 60(15): 2789–2799.

Phillips JA, Canagaratna M, Goodfriend H, et al. (1995). Microwave detection of a key intermediate in the formation of atmospheric sulfuric acid: The structure of H_2O-SO_3. J Phys Chem 99(2): 501–504.

Pinder RW, Adams PJ, Pandis SN. (2007). Ammonia emission controls as a cost-effective strategy for reducing atmospheric particulate matter in the eastern United States. Environ Sci Technol 41(2): 380–386.

Pirjola L, Dittrich A, Niemi JV, et al. (2016). Physical and chemical characterization of real-world particle number and mass emissions from city buses in Finland. Environ Sci Technol 50: 294–304.

Pirjola L, Rönkkö T, Saukko E, et al. (2017). Exhaust emissions of non-road mobile machine: Real-world and laboratory studies with diesel and HVO fuels. Fuel 202: 154–164.

Platt SM, El Haddad I, Zardini AA, et al. (2013). Secondary organic aerosol formation from gasoline vehicle emissions in a new mobile environmental reaction chamber. Atmos Chem Phys 13(18): 9141–9158.

Popovicheva OB, Persiantseva NM, Lukhovitskaya EE, et al. (2004). Aircraft engine soot as contrail nuclei. Geophys Res Lett 31(11): L11104.

Praske E, Crounse JD, Bates KH, et al. (2015). Atmospheric fate of methyl vinyl ketone: Peroxy radical reactions with NO and HO_2. J Phys Chem A 119(19): 4562–4572.

Presto AA, Miracolo MA, Kroll JH, et al. (2009). Intermediate-volatility organic compounds: A potential source of ambient oxidized organic aerosol. Environ Sci Technol 43(13): 4744–4749.

Quan J, Tie X, Zhang Q, et al. (2014). Characteristics of heavy aerosol pollution during the 2012–2013 winter in Beijing, China. Atmos Environ 88: 83–89.

Querry MR, Waring RC, Holland WE, et al. (1974). Optical constants in the infrared for K_2SO_4, $NH_4H_2PO_4$, and H_2SO_4 in water. J Opt Soc Am 64(1): 39–46.

Robinson AL, Donahue NM, Shrivastava MK, et al. (2007). Rethinking organic aerosols: Semivolatile emissions and photochemical aging. Science 315(5816): 1259–1262.

Rogaski CA, Golden DM, Williams LR. (1997). Reactive uptake and hydration experiments on amorphous carbon treated with NO_2, SO_2, O_3, HNO_3, and H_2SO_4. Geophys Res Lett 24(4): 381–384.

Rohrer F, Lu KD, Hofzumahaus A, et al. (2014). Maximum efficiency in the hydroxyl-radical-based self-cleansing of the troposphere. Nat Geosci 7: 559–563.

Rubio B, Izquierdo MT. (1998). Low cost adsorbents for low temperature cleaning of flue gases. Fuel 77(6): 631–637.

Sanchis E, Ferrer M, Calvet S, et al. (2014). Gaseous and particulate emission profiles during controlled rice straw burning. Atmos Environ 98: 25–31.

Saur O, Bensitel M, Mohammed Saad AB, et al. (1986). The structure and stability of sulfated alumina and titania. J Catal 99(1): 104–110.

Schauer JJ, Fraser MP, Cass GR, et al. (2002a). Source reconciliation of atmospheric gas-phase and particle has epollutants during a severe photochemical smog episode. Environ Sci Technol 36(17): 3806–3814.

Schauer JJ, Kleeman MJ, Cass GR, et al. (2002b). Measurement of emissions from air pollution sources. 5. C-1-C-32 organic compounds from gasoline-powered motor vehicles. Environ Sci Technol 36(6): 1169–1180.

Shah SD, Cocker DR, Miller JW, et al. (2004). Emission rates of particulate matter and elemental and organic carbon from in-use diesel engines. Environ Sci Technol 38(9): 2544–2550.

Shen G, Tao S, Wei S, et al. (2012). Reductions in emissions of carbonaceous particulate matter and polycyclic aromatic hydrocarbons from combustion of biomass pellets in comparison with raw fuel burning. Environ Sci Technol 46(11): 6409–6416.

Shilling JE, Chen Q, King SM, et al. (2009). Loading-dependent elemental composition of α-pinene SOA particles. Atmos Chem Phys 9(3): 771–782.

Sipila M, Berndt T, Petaja T, et al. (2010). The role of sulfuric acid in atmospheric nucleation. Science 327(5970): 1243–1246.

Smirnov MY, Kalinkin AV, Pashis AV, et al. (2005). Interaction of Al_2O_3 and CeO_2 surfaces with SO_2 and SO_2+O_2 studied by X-ray photoelectron spectroscopy.

J Phys Chem B 109(23): 11712–11719.

Smith DM, Akhter MS, Jassim JA, et al. (1989a). Studies of the structure and reactivity of soot. Aerosol Sci Technol 10(2): 311–325.

Smith DM, Keifer JR, Novicky M, et al. (1989b). An FT-IR study of the effect of simulated solar radiation and various particulates on the oxidation of SO_2. Appl Spectrosc 43(1): 103–107.

Song C, Na K, Warren B, et al. (2007a). Secondary organic aerosol formation from the photooxidation of *p*- and *o*-xylene. Environ Sci Technol 41(21): 7403–7408.

Song C, Na K, Warren B, et al. (2007b). Impact of propene on secondary organic aerosol formation from *m*-xylene. Environ Sci Technol 41(20): 6990–6995.

Stockwell CE, Veres PR, Williams J, et al. (2015). Characterization of biomass burning emissions from cooking fires, peat, crop residue, and other fuels with high-resolution proton-transfer-reaction time-of-flight mass spectrometry. Atmos Chem Phys 15(2): 845–865.

Streets DG, Yarber KF, Woo JH, et al. (2003). Biomass burning in Asia: Annual and seasonal estimates and atmospheric emissions. Global Biogeochem Cy 17(4): 1099.

Sugimoto T, Wang Y. (1998). Mechanism of the shape and structure control of monodispersed α-Fe_2O_3 particles by sulfate ions. J Colloid Interface Sci 207(1): 137–149.

Sun T, Wang Y, Zhang C, et al. (2011). The chemical mechanism of the limonene ozonolysis reaction in the SOA formation: A quantum chemistry and direct dynamic study. Atmos Environ 45(9): 1725–1731.

Sun Y, Jiang Q, Wang Z, et al. (2014). Investigation of the sources and evolution processes of severe haze pollution in Beijing in January 2013. J Geophys Res-Atmos 119(7): 4380–4398.

Sun Y, Wang Z, Fu P, et al. (2013). Aerosol composition, sources and processes during wintertime in Beijing, China. Atmos Chem Phys 13(9): 4577–4592.

Takekawa H, Minoura H, Yamazaki S. (2003). Temperature dependence of secondary organic aerosol formation by photo-oxidation of hydrocarbons. Atmos Environ 37(24): 3413–3424.

Tan Z, Lu K, Jiang M, et al. (2018). Exploring ozone pollution in Chengdu, southwestern China: A case study from radical chemistry to O_3-VOC-NO_x sensitivity. Sci Total Environ 636: 775–786.

Tian H, Dan Z. (2011). Emission inventories of atmospheric pollutants discharged from biomass burning in China. Acta Scientiae Circumstantiae 31(2): 349–357.

Tian Q, Wang L, Bao Y, et al. (2011). A straw extraction and straw-burning fire detection mode using HJ-1B satellite measurements. Scientia Sinica Informationis 41(S): 117–127.

Tkacik DS, Lambe AT, Jathar S, et al. (2014). Secondary organic aerosol formation from in-use motor vehicle emissions using a potential aerosol mass reactor. Environ Sci Technol 48(19): 11235–11242.

Tsang SC, Chen YK, Harris PJ, et al. (1994). A simple chemical method of opening and filling carbon nanotubes. Nature 372: 159–162.

Turšič J, Berner A, Podkrajšek B, et al. (2004). Influence of ammonia on sulfate formation under haze conditions. Atmos Environ 38(18): 2789–2795.

Ullerstam M, Vogt R, Langer S, et al. (2002). The kinetics and mechanism of SO_2 oxidation by O_3 on mineral dust. Phys Chem Chem Phys 4(19): 4694–4699.

Usher CR, Al-Hosney H, Carlos-Cuellar S, et al. (2002). A laboratory study of the heterogeneous uptake and oxidation of sulfur dioxide on mineral dust particles. J Geophys Res-Atmos 107(D23): 4713–4722.

Vander Wal RL, Tomasek AJ, Pamphlet MI, et al. (2004). Analysis of HRTEM images for carbon nanostructure quantification. J Nanopart Res 6(6): 555–568.

Vander Wal RL, Tomasek AJ. (2003). Soot oxidation: Dependence upon initial nanostructure. Combust Flame 134(1–2): 1–9.

Varutbangkul V, Brechtel FJ, Bahreini R, et al. (2006). Hygroscopicity of secondary organic aerosols formed by oxidation of cycloalkenes, monoterpenes, sesquiterpenes, and related compounds. Atmos Chem Phys 6(9): 2367–2388.

Virtanen A, Joutsensaari J, Koop T, et al. (2010). An amorphous solid state of biogenic secondary organic aerosol particles. Nature 467: 824–827.

Wang HL, Lou SR, Huang C, et al. (2014). Source profiles of volatile organic compounds from biomass burning in Yangtze River delta, China. Aerosol Air Qual Res 14(3): 818–828.

Wang L, Khalizov AF, Zheng J, et al. (2010). Atmospheric nanoparticles formed from heterogeneous reactions of organics. Nat Geosci 3(4): 238–242.

Wang M, Shao M, Chen W, et al. (2015). Trends of non-methane hydrocarbons (NMHC) emissions in Beijing during 2002–2013. Atmos Chem Phys 15(3): 1489–1502.

Wang X, Ding X, Fu X, et al. (2012). Aerosol scattering coefficients and major chemical compositions of fine particles observed at a rural site in the central Pearl River Delta, South China. J Environ Sci 24(1): 72–77.

Wang X, Liu T, Bernard F, et al. (2014). Design and characterization of a smog chamber for studying gas-phase chemical mechanisms and aerosol formation. Atmos Meas Tech 7(1): 301–313.

Wang Y, Yao L, Wang L, et al. (2014). Mechanism for the formation of the January 2013 heavy haze pollution episode over central and eastern China. Sci China Earth Sci 57(1): 14–25.

Warschkow O, Ellis DE, Hwang JH. (2002). Defects and charge transport near the hematite (0001) surface: An atomistic study of oxygen vacancies. J Am Ceram Soc 85(1): 213–220.

Weitkamp EA, Sage AM, Pierce JR, et al. (2007). Organic aerosol formation from photochemical oxidation of diesel exhaust in a smog chamber. Environ Sci Technol 41(20): 6969–6975.

Welz O, Savee JD, Osborn DL, et al. (2012). Direct kinetic measurements of criegee intermediate (CH_2OO) formed by reaction of CH_2I with O_2. Science 335(6065): 204–207.

Wu RR, Wang SN, Wang LM. (2015). New mechanism for the atmospheric oxidation of dimethyl sulfide: the importance of intramolecular hydrogen shift in a CH_3SCH_2OO radical. J Phys Chem A 119(1): 112–117.

Wu S, Lu Z, Hao J, et al. (2007). Construction and characterization of an atmospheric simulation smog chamber. Adv Atmos Sci 24(2): 250–258.

Xiao R, Takegawa N, Kondo Y, et al. (2009). Formation of submicron sulfate and organic aerosols in the outflow from the urban region of the Pearl River Delta in China. Atmos Environ 43(24): 3754–3763.

Yang F, Tan J, Zhao Q, et al. (2011). Characteristics of $PM_{2.5}$ speciation in representative megacities and across China. Atmos Chem Phys 11(11): 5207–5219.

Yang Q, Xie C, Xu Z, et al. (2005). Synthesis of highly active sulfate-promoted rutile titania nanoparticles with a response to visible light. J Phys Chem B 109(12): 5554–5560.

Yang W, He H, Ma Q, et al. (2016). Synergistic formation of sulfate and ammonium resulting from reaction between SO_2 and NH_3 on typical mineral dust. Phys Chem Chem Phys 18(2): 956–964.

Yasmeen F, Sauret N, Gal JF, et al. (2010). Characterization of oligomers from methylglyoxal under dark conditions: A pathway to produce secondary organic aerosol through cloud processing during nighttime. Atmos Chem Phys 10(8): 3803–3812.

Ye J, Gordon CA, Chan AWH. (2016). Enhancement in secondary organic aerosol formation in the presence of preexisting organic particle. Environ Sci Technol 50(7): 3572–3579.

Ye PL, Ding X, Hakala J, et al. (2016). Vapor wall loss of semi-volatile organic compounds in a Teflon chamber. Aerosol Sci Technol 50(8): 822–834.

Yu FQ. (2010). Ion-mediated nucleation in the atmosphere: Key controlling parameters, implications, and look-up table. J Geophys Res-Atmos 115(D3).

Yu L, Wang G, Zhang R, et al. (2013). Characterization and source apportionment of $PM_{2.5}$ in an urban environment in Beijing. Aerosol Air Qual Res 13(2): 574–583.

Zarzana KJ, De Haan DO, Freedman MA, et al. (2012). Optical properties of the products of alpha-dicarbonyl and amine reactions in simulated cloud droplets. Environ Sci Technol 46(9): 4845–4851.

Zawadzki J. (1978). IR spectroscopy studies of oxygen surface compounds on carbon. Carbon 16(6): 491–497.

Zawadzki J. (1987a). Infrared studies of SO_2 on carbons—I. Interaction of SO_2 with carbon films. Carbon 25(3): 431–436.

Zawadzki J. (1987b). Infrared studies of SO_2 on carbons—II. the SO_2 species adsorbed on carbon films. Carbon 25(4): 495–502.

Zelenay V, Monge ME, D'Anna B, et al. (2011). Increased steady state uptake of ozone on soot due to UV/Vis radiation. J Geophys Res-Atmos 116(D11).

Zhang L, He H. (2009). Mechanism of selective catalytic oxidation of ammonia to nitrogen over Ag/Al_2O_3. J Catal 268(1): 18–25.

Zhang P, Wanko H, Ulrich J. (2007). Adsorption of SO_2 on activated carbon for low gas concentrations. Chem Eng Technol 30(5): 635–641.

Zhang Q, He K, Huo H. (2012). Policy: Cleaning China's air. Nature 484: 161–162.

Zhang Q, Quan J, Tie X, et al. (2015). Effects of meteorology and secondary particle formation on visibility during heavy haze events in Beijing, China. Sci Total Environ 502: 578–584.

Zhang Q, Stanier CO, Canagaratna MR, et al. (2004). Insights into the chemistry of new particle formation and growth events in Pittsburgh based on aerosol mass spectrometry. Environ Sci Technol 38(18): 4797–4809.

Zhang R, Liu N, Lei Z, et al. (2016). Selective transformation of various nitrogen-containing exhaust gases toward N_2 over zeolite catalysts. Chem Rev 116(6): 3658–3721.

Zhang R, Wooldridge PJ, Abbatt JPD, et al. (1993). Physical chemistry of the sulfuric acid/water binary system at low temperatures: stratospheric implications. J Phys Chem 97(28): 7351–7358.

Zhang X, Schwantes RH, McVay RC, et al. (2015). Vapor wall deposition in Teflon chambers. Atmos Chem Phys 15(8): 4197–4214.

Zhang X, Zhuang G, Chen J, et al. (2006). Heterogeneous reactions of sulfur dioxide on typical mineral particles. J Phys Chem B 110(25): 12588–12596.

Zhang Y, Dou H, Chang B, et al. (2008). Emission of polycyclic aromatic hydrocarbons from indoor straw burning and emission inventory updating in China. Ann NY Acad Sci 1140(1): 218–227.

Zhang Y, Wang X, Wen S, et al. (2016). On-road vehicle emissions of glyoxal and methylglyoxal from tunnel tests in urban Guangzhou, China. Atmos Environ 127: 55–60.

Zhang YM, Zhang XY, Sun JY, et al. (2011). Characterization of new particle and secondary aerosol formation during summertime in Beijing, China. Tellus B 63(3): 382–394.

Zhao J, Levitt NP, Zhang R, et al. (2006). Heterogeneous reactions of methylglyoxal in acidic media: Implications for secondary organic aerosol formation. Environ Sci Technol 40(24): 7682–7687.

Zhao X, Wang X, Ding X, et al. (2014). Compositions and sources of organic acids in fine particles ($PM_{2.5}$) over the Pearl River Delta region, south China. J Environ Sci 26(1): 110–121.

Zhao Y, Liu Y, Ma J, et al. (2017). Heterogeneous reaction of SO_2 with soot: the roles of relative humidity and surface properties of soot in surface sulfate formation. Atmos Environ 152: 465–476.

Zhao Y, Nguyen NT, Presto AA, et al. (2015). Intermediate volatility organic compound emissions from on-road diesel vehicles: chemical composition, emission factors, and estimated secondary organic aerosol production. Environ Sci Technol 49(19): 11516–11526.

Zheng X, Wu Y, Jiang J, et al. (2015). Characteristics of on-road diesel vehicles: black carbon emissions in Chinese cities based on portable emissions measurement. Environ Sci Technol 49(22): 13492–13500.

Zhu L, Henze D, Bash J, et al. (2015). Global evaluation of ammonia bidirectional exchange and livestock diurnal variation schemes. Atmos Chem Phys 15: 12823–12843.

Zhu YJ, Sabaliauskas K, Liu XH, et al. (2014). Comparative analysis of new particle formation events in less and severely polluted urban atmosphere. Atmos Environ 98: 655–664.

Zotter P, El-Haddad I, Zhang Y, et al. (2014). Diurnal cycle of fossil and nonfossil carbon using radiocarbon analyses during CalNex. J Geophys Res-Atmos 119(11): 6818–6835.

索　引

图书在版编目（CIP）数据

大气灰霾追因与控制 / 贺泓等主编 . —杭州 : 浙江大学出版社，2020.10

ISBN 978-7-308-20742-3

Ⅰ.①大… Ⅱ.①贺… Ⅲ.①霾—研究—中国
Ⅳ.①P427.1

中国版本图书馆 CIP 数据核字（2020）第 263957 号

大气灰霾追因与控制

贺 泓 王新明 王跃思 王自发 刘建国 陈运法 主编

策　　划 许佳颖
责任编辑 金佩雯 潘晶晶
责任校对 汪淑芳 郑孝天
封面设计 程 晨
出版发行 浙江大学出版社
（杭州市天目山路 148 号 邮政编码 310007）
（网址：http://www.zjupress.com）
排　　版 杭州青翊图文设计有限公司
印　　刷 浙江海虹彩色印务有限公司
开　　本 710mm×1000mm 1/16
印　　张 18.25
字　　数 256 千
版 印 次 2020 年 10 月第 1 版 2020 年 10 月第 1 次印刷
书　　号 ISBN 978-7-308-20742-3
定　　价 149.00 元